科学出版社"十四五"普通高等教育研究生规划教材

导弹总体设计

刘新建　编著

科 学 出 版 社
北 京

内 容 简 介

本书主要讲述有关导弹总体设计的基本知识和设计方法，内容包括设计基础、气动外形设计、弹体稳定性和操控性及部位安排、推进系统选择、总体参数设计、综合设计与实践、姿态控制设计和总体方案性能评估。

本书内容侧重导弹总体设计的基本原理、设计与分析方法的阐述，强调各部分之间的设计逻辑、前因后果和数学物理关系，概念和条理较为清晰，注重基础性、理论性和系统性，图文并茂，配有适当的例题和实践题，适合初学者系统地学习。

本书在我校经过 20 多年的教学实践，可作为高等院校本科生和研究生导弹总体设计课程的教材，也可作为国防工业部门和军队中从事导弹等飞行器总体设计与论证、制导与控制、作战指挥与飞行仿真等的技术人员的参考书。

图书在版编目（CIP）数据

导弹总体设计 / 刘新建编著. -- 北京：科学出版社，2024. 12. -- (科学出版社"十四五"普通高等教育研究生规划教材). -- ISBN 978-7-03-080693-2

Ⅰ. TJ760.2

中国国家版本馆 CIP 数据核字第 202451SS30 号

责任编辑：潘斯斯 张丽花 / 责任校对：王 瑞
责任印制：师艳茹 / 封面设计：马晓敏

科 学 出 版 社 出版
北京东黄城根北街 16 号
邮政编码：100717
http://www.sciencep.com

三河市骏杰印刷有限公司印刷
科学出版社发行 各地新华书店经销
*
2024 年 12 月第 一 版　开本：787×1092　1/16
2024 年 12 月第一次印刷　印张：17 1/2
字数：426 000
定价：**128.00 元**
（如有印装质量问题，我社负责调换）

前　言

导弹总体设计课程是高等院校航空宇航科学与技术学科下属飞行器设计方向的一门专业核心课程。在我上大学的时候，就渴望找到一本适合高年级本科生和研究生学习的教材或参考书，既能体现这类人员的学习特点，又通俗易懂，且能系统解答学习上的困惑，例如，导弹大致是怎样设计出来的？基本的原理、方法与流程是什么？数学物理模型是什么？前因后果是什么？各部分的关系是什么？能否图文并茂、条理清晰、案例点缀、一目了然？导弹概论之类的书籍似乎过于简单，工程设计之类的书籍似乎又有些深奥。

目前，世界导弹技术已发展到空前的程度，导弹总体设计方面的教材却较为稀少。在党和政府的英明领导，以及国防工业部门科研人员的团结协作与奋斗之下，我国的导弹武器事业取得了举世瞩目的光辉成就。党的二十大报告指出："坚持面向世界科技前沿、面向经济主战场、面向国家重大需求、面向人民生命健康，加快实现高水平科技自立自强。"国防事业需要一代接一代的学子去传承，并发扬光大，一本合适的教材或参考书就是引导他们学习的好老师。

为此，怀着这个目标和愿望，我在 30 多年的教学和科研工作中，博览群书，采各家之长，系统归纳总结教学过程中出现的疑点难点，融入科学研究中的心得体会，按照自己的研究思路，几经修改和完善，综合撰写了本书。本书还加强了案例教学和综合设计实践。

本书内容涉及弹道导弹和飞航导弹，特别是近来兴起的助推滑翔导弹和超声速巡航导弹。授课教师在安排教学内容时，可根据本科生和研究生不同层次的教学要求和课时情况加以选取。可将第 1～5 章和第 6 章的综合实践(一)作为本科生的基本教学内容，大致 50 学时。为避免重复，研究生教学可在此基础上围绕总体设计各领域以专题深化和案例教学为主，例如，增加第 6 章的综合实践(二)和(三)、第 7 章和第 8 章的内容。

本书的习题参考答案，请扫描书中的二维码进行查看和下载。本书的部分内容参考了前辈和同行的成果，谨致以衷心的感谢！在编著过程中，CFD 数值分析计算得到了国防科技大学空天科学学院丰志伟博士的帮助和支持，在此表示感谢。

由于个人知识水平的局限，书中难免有疏漏之处，敬请各位读者批评指正。

刘新建

2024 年 6 月于长沙

目　　录

第1章 设 计 基 础

1.1 飞行器分类、战术技术要求和研制过程

飞行器的范围较为宽广，包括各类航空航天及临近空间飞行器。航空飞行器通常指的是稠密大气层内(如 20km 高度以下)的飞行器，如各类飞机、飞航导弹。航天飞行器指的是在大气层外的轨道飞行器，轨道高度通常大于 200km，如各类围绕地球运转的空间飞行器，包括飞船、卫星以及深空探测器。临近空间飞行器指的是在空气较为稀薄、较高范围内(20～100km)的飞行器，如高超声速冲压燃烧巡航导弹、长航时的太阳能无人机、高超声速助推滑翔飞行器或导弹。还有一类亚轨道飞行器，轨道高度在 100～200km 范围内，如 X-37B 空天战机。跨大气层飞行器的高度范围就较为宽广，其既能在稠密大气层中飞行，又能在真空中飞行，如运载火箭、中远程弹道导弹、可重复使用运载器、部分轨道轰炸系统，各类典型飞行器如图 1.1-1 所示。

(a)战斗机

(b)巡航导弹

(c)地空导弹

(d)载人飞船

(e)通信卫星

(f)空空导弹

(g)X-37B 空天战机

(h)太阳能无人机

(i)运载火箭

(j)弹道导弹

(k)飞马火箭

(l)助推滑翔导弹

图 1.1-1　各类典型飞行器

　　除卫星、飞船之外,其他各类飞行器的轨迹特征主要表现为弹道式、飞航式或二者兼顾,总体设计时虽有一定的差别,但设计思想和方法基本是类似的,大同小异,只不过要考虑用途、技术指标、飞行范围的不同。飞行器的用途分为军用和民用,军用多以导弹为主,因此本书主要阐述弹道导弹、飞航导弹和巡航导弹的总体设计思想和方法,其他飞行器可以触类旁通。

1. 导弹分类

　　按照作战使命,导弹分为战略导弹和战术导弹,战略导弹主要保持战略威慑,用以攻击敌方战略目标(如政治经济中心、重要城市、战略导弹储存发射基地、指挥中心、机场港口、交通枢纽、工业基地与发电厂等),战术导弹用以完成战役和战斗任务,攻击地面、海面或空中目标，其类型很多。习惯上按照弹道特征将导弹分为弹道导弹和有翼导弹，但也存在二者相结合的类型，如 MGM-31C 弹道导弹(潘兴-Ⅱ)、飞马火箭。弹道导弹按射程远近又可划分为洲际导弹(>8000km)、远程导弹(4000～8000km)、中程导弹(1000～4000km)、近程导弹(<1000km)。有翼导弹又分为巡航(飞航)导弹和其他有翼导弹。导弹按级数可分为一级导弹和多级导弹；按照发射点位置可分为陆基、海基、空基和天基导弹；按照攻击目标可分为防空导弹、反舰导弹、反卫星导弹、反坦克导弹、反辐射导弹和对地攻击导弹；按照战斗部可分为常规战斗部导弹和核弹头导弹。

弹道导弹由于战斗部爆炸当量大、较重(下至 300kg，上至 3t)和射程远，起飞重量、推力和体量尺寸远大于有翼导弹，而且要用燃气舵、摆动喷管等推力矢量控制；有翼导弹主要攻击或拦截小型目标，起飞加速快，多为空气舵操纵，可没有常规爆破战斗部而依靠高速动能和精确制导进行打击。

2. 战术技术要求

战术技术要求是导弹武器系统为完成特定战斗任务所需要的战术飞行性能、技术条件和使用维修性能的总称。战术飞行性能包括导弹的射程、机动过载、精度指标、作战高度、作战速度、突防能力、命中概率等。技术条件包括战斗部重量和尺寸、毁伤威力、导引头探测能力、发动机和控制设备的可生产或购买能力、研制与生产成本等。使用维修性能包括发射平台、发射方式、运输和储存各阶段的尺寸限制、作战响应时间、伪装隐蔽特性、使用维护的方便性及其储存寿命和可靠性。

3. 导弹武器系统研制过程

导弹武器系统有一定的研制程序，大致分为以下几个过程。

1) 立项论证(project demonstration)

使用部门根据作战需求和装备发展规划，提出型号研制任务，会同工业部门进行调查研究，进行技术可行性论证，包括武器装备构成、作战能力、现有预先研究基础和技术风险、军事和经济效益、经费需求和研制周期等。

论证工作结束后，提出战术技术指标、可行性论证报告及立项申请，报请有关部门批准。

2) 方案设计(conceptual design)

战术技术指标是方案设计的依据，总体部门要先依据战术技术指标进行初步论证，抛出一个基本可行的概念和方案，如级数、结构方案、动力方案、控制方案、总体参数、大致尺寸和起飞重量等，本书的主要内容其实主要就是讲方案设计。之后，进一步会同推进系统部门、制导控制系统部门、地勤发射系统部门等进行方案的论证，包括导弹武器系统的组成、技术方案、采取的技术途径、关键技术攻关项目、产品质量可靠性指标及控制措施、成本估算、各阶段的关键原材料、设备、器件、各分系统的部门分工、研制计划路线图和网络图，编制研究任务书。

3) 初步设计(preliminary design)

总体部门在方案设计的基础上，要会同各分系统部门开展总体方案的初步设计，各分系统部门依据总体部门提出的技术指标和参数论证技术可行性，如果难以满足，就需要与总体部门协调，修改总体方案，直到与分系统的实现是匹配的，才算确定导弹武器系统的总体方案。

4) 详细设计(detailed design)

在初步设计之后，各分系统部门依据总体部门确定的任务、技术指标和参数开展下一轮的详细设计和试制，精确到对每一部件、零件都要设计、计算和分析，并加工试制和试验。

5) 加工测试(process test)

把设计加工出来的分系统、部件或导弹称为样机。有了样机，还要进行各种地面模拟试验和仿真试验，如外形风洞试验、发动机点火试车、战斗部试验、引信试验、制导系统半实物仿真试验、结构强度和振动试验等。

6) 试飞定型(flight finalize)

经过若干次的飞行试验，考核各项战术技术指标和技术要求，并根据试验数据对设计进行改进，最后由承担设计定型试验任务的部门依据定型计划和大纲、试飞数据进行全面的试验鉴定，完成设计定型。

设计定型后，工业部门按照设计定型的图纸、技术文件和资料，进行试生产和鉴定，确定达到生产定型标准后，方可申请生产定型。批准生产定型后，整个导弹武器系统的研制才算结束。

导弹是武器系统中的主要部件，导弹本体的设计是关键。要想学会导弹总体设计，先要清楚其力学特性和表征，因为在飞行过程中作用在导弹上的空气动力(简称气动力)是复杂的分布力系。

1.2　压力中心、空气动力和焦点

空气动力是空气对飞行器(如导弹)的反作用力。当黏性气流流经飞行器各部件的表面时，整个包络面上出现不对称压差，因此就有压力；空气对表面又有黏性摩擦，产生摩擦力，这两部分力合在一起，就形成了作用在飞行器上的空气动力，空气动力的作用线一般不通过导弹的质心，形成了对质心的气动力矩。

推力是发动机工作时，推进剂在燃烧室产生的高温高压燃气流经拉瓦尔喷管加速喷出所形成的与喷流方向相反的作用力。推力矢量理论上假设与弹体纵轴重合，若推力矢量的作用线不通过导弹的质心，就将形成推力偏心矩。

作用于导弹上的引力是地球的吸引力，而重力应是地心引力和地球自转所产生的离心惯性力的合力。

控制力是空气舵等发生主动偏转而受到的气流反作用力，而燃气舵、摆动喷管的控制力是推力矢量非轴向方向的正交分量，控制力对导弹质心的力矩就是操纵力矩(或控制力矩)。

1.2.1　坐标系

空气动力的大小与气流相对于弹体的方位有关，常把作用在导弹上的空气动力 R 沿着速度坐标系(简称速度系)与弹体坐标系(简称弹体系)分解成三个分量进行研究，而相应的气动力矩 M 则沿弹体坐标系分解成三个分量，因此先介绍三个重要的坐标系。

1) 弹体坐标系 $cx_1y_1z_1$

如图 1.2-1 所示，原点取在导弹的质心 c 上，cx_1 轴与弹体纵轴重合，指向头部为正，cy_1 轴在弹体纵向对称平面内，垂直于 cx_1 轴，向上为正，cz_1 轴垂直于 x_1cy_1 平面，方向按右手定则确定。此坐标系与弹体固连,用于描述导弹相对发射坐标系或发射惯性坐标系 $ox_0y_0z_0$ 的俯仰、偏航和滚动角 φ、ψ、γ。弹道导弹常用 3-2-1 欧拉角,而飞航导弹用 2-3-1 欧拉角较方便,可避免欧拉运动学方程出现奇异。

2) 弹道坐标系 $cx_2y_2z_2$

如图 1.2-2 所示,为研究导弹相对地面的飞行方向以及建立运动方程式,要用到弹道坐标系,坐标系原点取为导弹质心 c,cx_2 轴沿导弹飞行速度方向,cy_2 轴在铅垂平面内垂直于速度 V,向上为正,cz_2 按右手定则确定,用弹道倾角 θ 和弹道偏角 σ 表示与惯性坐标系 $ox_0y_0z_0$ 的关系。

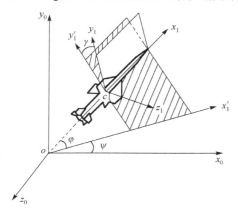

图 1.2-1 弹体坐标系描述的姿态角

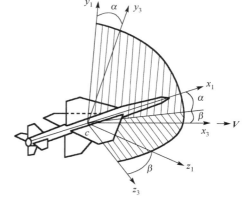

图 1.2-2 弹道坐标系

3) 速度坐标系 $cx_3y_3z_3$

如图 1.2-3 所示,原点取在导弹的质心 c 上,cx_3 轴与导弹速度矢量 V 重合,cy_3 轴位于弹体纵向对称面内,与 cx_3 轴垂直,向上为正,cz_3 轴垂直于 x_3cy_3 平面,其方向按右手定则确定,此坐标系与导弹速度矢量固连,也是一个动坐标系,方便描述阻力、升力。

其他坐标系如发射系、发射惯性系、地心系、视线系、地理系参见有关飞行力学书籍。

4) 欧拉角和气动力符号

参数符号在编写弹道与飞行控制程序时很重要,不能弄错。

图 1.2-3 弹体坐标系与速度坐标系

攻角、侧滑角、倾侧角、速度倾角、速度偏角、俯仰角、偏航角和滚动角、升降舵和方向舵偏转角(简称偏角)等的符号定义,通常按照右手定则,以绕各自转轴正方向的偏转为正,对应的气动力和力矩若沿弹体坐标轴的指向也取正,举例如下。

攻角 α:速度矢量 V 在纵向对称平面上的投影与纵轴 cx_1 的夹角(图 1.2-3),按上述符号法则,当纵轴位于投影线的上方时,攻角 α 为正;反之为负。

侧滑角 β:速度矢量 V 与纵向对称平面之间的夹角,若来流从右侧(沿飞行方向观察)流向弹体,则所对应的侧滑角 β 为正;反之为负。

升降舵偏角 δ_z："+"形布局时，若空气舵相对尾翼后缘的转轴向下偏转，舵偏角定义为正。

5) 速度坐标系与弹体坐标系之间的相对关系

由上述坐标系的定义可知，速度坐标系与弹体坐标系之间的相对关系为速度坐标系到弹体坐标系的两个欧拉角(气流角 α 、 β)转换矩阵：

$$\boldsymbol{B}_V = M_3[\alpha]M_2[\beta] = \begin{bmatrix} \cos\alpha & \sin\alpha & 0 \\ -\sin\alpha & \cos\alpha & 0 \\ 0 & 0 & 1 \end{bmatrix}\begin{bmatrix} \cos\beta & 0 & -\sin\beta \\ 0 & 1 & 0 \\ \sin\beta & 0 & \cos\beta \end{bmatrix}$$

速度坐标系与弹道坐标系之间差一个对速度轴方向矢量的滚动角(或倾侧角) γ_V ，滚动角 γ 和倾侧角 γ_V 是两个不同的欧拉角。

1.2.2　压力中心和空气动力

导弹在大气层中飞行时，空气来流与导弹表面发生作用，产生一个复杂的分布力系，为研究这个气动力系对导弹作用的效应，借助力系简化理论，在弹体上找一点，若使作用在该点上的一个合力的作用效应与这个气动力系等效，那么该点称为导弹空气动力的压力中心，简称压心，如图 1.2-4 所示 P 点，而 C 点是质心。

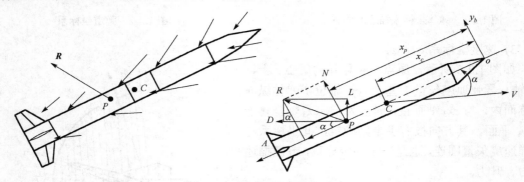

图 1.2-4　导弹压心与空气动力

空气动力矢量 $\boldsymbol{R}$ 沿着速度坐标系分解为三个分量，分别称为阻力(用 X 或 D 表示)、升力(用 Y 或 L 表示)、侧向力(用 Z 表示)；空气动力矢量也可沿弹体坐标系分解为三个分量，分别称为轴向力 X_1 或 A 、法向力 Y_1 或 N 和横向力 Z_1 ，这些力的符号统一规定为沿坐标轴的正向取正。为方便使用，空气动力的大小可表示成如下规范化的表达形式：

$$\begin{cases} X = C_x qS \\ Y = C_y qS \\ Z = C_z qS \\ q = \dfrac{1}{2}\rho V^2 \end{cases} \tag{1.2-1}$$

式中， C_x 、 C_y 、 C_z 为无量纲比例系数，分别称为阻力系数、升力系数和侧向力系数，显然它们是导弹速度、高度、攻角、侧滑角以及舵偏角等的函数； ρ 为空气密度； V 为导弹飞行速度； S 为参考面积； q 为动压(为来流单位体积的动能)。

可见，在导弹外形尺寸、飞行速度和高度(影响空气密度)给定的情况下，导弹的气动力计算就简化成了气动力系数 C_x、C_y、C_z 的计算或测量，但要注意风洞试验测量给出的是轴向力系数、法向力系数和横向力系数 C_A、C_N、C_{Z1}，它们之间存在坐标系的转换关系：

$$[-C_x \quad C_y \quad C_z]^T = V_B[-C_A \quad C_N \quad C_{Z1}]^T \tag{1.2-2}$$

其中，$C_x > 0$，$C_A > 0$。

1) 升力

弹体升力可以近似为弹翼、弹身、尾翼，还有舵面等各部件产生的升力与各部件之间相互干扰所引起的附加升力之和。在亚声速情况下，弹翼为导弹主要的升力部件，而尾翼、舵面和弹身产生的升力相对较小，尾翼是起稳定作用的部件，舵面是控制部件，总升力 Y 的计算公式为

$$Y = C_y \frac{1}{2} \rho V^2 S \tag{1.2-3}$$

在导弹气动布局和外形尺寸给定的条件下，升力系数 C_y 基本上取决于马赫数 Ma、攻角 α 和升降舵偏转角 δ_z，即

$$C_y = f(Ma, \alpha, \delta_z) \tag{1.2-4}$$

在攻角和舵偏角不大的情况下，升力系数可以表示为 α 和 δ_z 的线性函数，即

$$C_y = C_{y0} + C_y^\alpha \alpha + C_y^{\delta_z} \delta_z \tag{1.2-5}$$

式中，C_{y0} 为攻角和升降舵偏角均为零时的升力系数，主要是由导弹气动外形不对称产生的。

对于气动外形轴对称的导弹而言，$C_{y0} = 0$，于是有

$$C_y = C_y^\alpha \alpha + C_y^{\delta_z} \delta_z \tag{1.2-6}$$

式中，$C_y^\alpha = \partial C_y / \partial \alpha$，为升力系数对攻角的偏导数，也称为升力线斜率，它表示攻角增量为单位角度时升力系数的改变量；$C_y^{\delta_z} = \partial C_y / \partial \delta_z$，为升力系数对舵偏角的导数，它表示仅当舵偏角增量为单位角度时升力系数的改变量。

当导弹外形尺寸给定时，C_y^α、$C_y^{\delta_z}$ 是马赫数 Ma 的函数。C_y^α-Ma 的函数关系如图 1.2-5 所示，$C_y^{\delta_z}$-Ma 的关系曲线与此相似。

当马赫数 Ma 固定时，升力系数 C_y 随着攻角 α 的增大而增大，但升力曲线的线性关系只能保持在攻角不大的范围内，而且随着攻角的继续增大，升力线斜率可能还会下降。当攻角增至一定程度时，升力系数将达到其极值，与极值相对应的攻角称为临界攻角。超过临界攻角以后，由于气流分离迅速加剧，升力急剧下降，这种现象称为失速(图 1.2-6)。

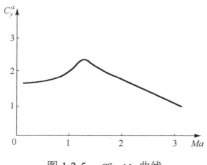

图 1.2-5　C_y^α - Ma 曲线

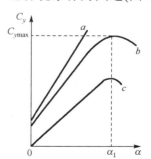

图 1.2-6　升力曲线示意图

因此，对于给定的气动布局和外形尺寸，升力可以看成速度、高度、攻角和升降舵偏角4 个主要参数的函数。

在升力公式(1.2-5)中，由攻角所引起的那部分升力 $Y^\alpha\alpha$ 的作用点称为导弹的焦点，由升降舵偏转所引起的那部分升力 $Y^{\delta_z}\delta_z$ 等效作用在舵的压力中心上。

压心位置常用其至导弹头部顶点的距离 x_p 来表示。一般情况下，焦点 x_f 并不与压力中心 x_p 重合，仅当 $\delta_z=0$ 且导弹相对于 x_1oz_1 平面完全对称(即 $C_{y0}=0$)时，焦点才与压力中心重合。焦点或压心位置在很大程度上取决于弹翼和尾翼相对于弹身的安装位置，此外还与飞行马赫数 Ma、攻角 α、舵偏角 δ_z 等参数有关，这是因为当这些参数变化时，改变了导弹上的压力分布。

2) 侧向力

侧向力(简称侧力)Z 与升力 Y 类似，在导弹气动布局和外形尺寸给定的情况下，侧向力系数基本上取决于马赫数 Ma、侧滑角 β 和方向舵的偏转角 δ_y。当 β、δ_y 较小时，侧向力系数 C_z 可以表示为

$$C_z = C_z^\beta \beta + C_z^{\delta_y}\delta_y \tag{1.2-7}$$

根据右手定则，正的 β 角对应负的 C_z 值，正的 δ_y 角也对应负的 C_z 值，因此，系数 C_z^β 和 $C_z^{\delta_y}$ 永远是负值，如图 1.2-7 所示。

显然，对外形轴对称的导弹，有

$$C_z^\beta = -C_y^\alpha$$

$$C_z^{\delta_y} = -C_y^{\delta_z}$$

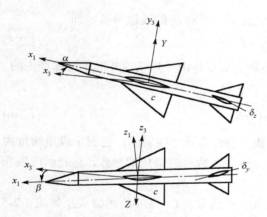

图 1.2-7　导弹的升力和侧向力

3) 阻力

作用在导弹上的空气动力在速度方向的分量称为阻力，它总是与速度方向相反，阻碍导弹的运动。导弹阻力的计算方法是：先分别计算出弹翼、弹身、尾翼、舵面等部件的阻力，再求和，然后加以适当的修正(一般是放大 10%)。但无论采用理论方法还是风洞试验方法，要想求得精确的阻力都比较困难。

导弹的空气阻力通常分成两部分来进行研究：一部分与升力无关，称为零升阻力(即升力为零时的阻力)；另一部分取决于升力的大小，称为诱导阻力。空气阻力 X 为

$$X = X_0 + X_i \tag{1.2-8}$$

式中，X_0 为零升阻力；X_i 为诱导阻力。

零升阻力包括表面摩擦阻力(简称摩阻)和压差阻力(简称压阻)，表面摩擦阻力是由气体的黏性引起的，与表面的摩阻系数和迎风浸湿面积有关。压差阻力是由气流分离引起的前后压差产生的阻力。亚声速时，对于流线型物体，表面摩擦阻力是阻力的主要部分，而压差阻力相应要小；对于钝性物体，如圆柱体，摩擦阻力较小，而压差阻力占绝大部分。在超声速情况下，因激波的出现，还会产生另一种形式的压差阻力——激波阻力(简称波阻)。

诱导阻力也称为升致阻力，是法向力在来流方向的一个分量，由弹体攻角产生，其实与侧向力大小有关的那部分阻力也属于诱导阻力。计算分析表明，诱导阻力近似与导弹的攻角、侧滑角的平方成正比。

定义阻力系数 C_x 为

$$C_x = \frac{X}{\dfrac{\rho V^2}{2} S} \tag{1.2-9}$$

相应地，阻力系数也可表示成两部分，即

$$C_x = C_{x0} + C_{xi} \tag{1.2-10}$$

式中，C_{x0} 为零升阻力系数；C_{xi} 为诱导阻力系数。

阻力系数 C_x 可通过理论计算或试验确定。在导弹气动布局和外形尺寸给定的条件下，C_x 主要取决于马赫数 Ma、雷诺数 Re、攻角 α 和侧滑角 β。C_x-Ma 的关系曲线如图 1.2-8 所示。

当 Ma 接近于 1 时，阻力系数急剧增大。这种现象主要由导弹头部形成的激波来解释，随着马赫数的增加，阻力系数 C_x 逐渐减小。

因此，在导弹气动布局和外形尺寸给定的条件下，阻力随着导弹的速度、攻角和侧滑角的增大而增大。但是，随着飞行高度的增加，阻力将减小。

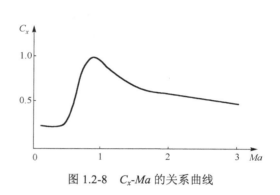

图 1.2-8 C_x-Ma 的关系曲线

1.3 气 动 力 矩

1.3.1 气动力矩表达式

如果压力中心与质心不重合，就会产生气动力矩。为了便于分析导弹的旋转运动，把总的气动力矩 M 沿弹体坐标系 $cx_1y_1z_1$ 分解为三个分量，如图 1.3-1 所示，分别称为滚动力矩 M_{x1}、偏航力矩 M_{y1} 和俯仰力矩 M_{z1}，气动力矩的符号如前所述，规定为沿坐标轴正向取正。与研究气动力时一样，用对气动力矩系数的研究来取代对气动力矩的研究，气动力矩的规范表达式为

$$\begin{cases} M_{x1} = m_{x1}qSl \\ M_{y1} = m_{y1}qSl \\ M_{z1} = m_{z1}qSl \end{cases} \tag{1.3-1}$$

式中，m_{x1}、m_{y1}、m_{z1} 为无量纲的比例系数，分别称为滚动力矩系数、偏航力矩系数和俯仰力矩系数；l 为特征长度或参考长

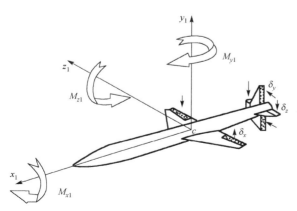

图 1.3-1 气动力矩示意图

度。

当涉及气动力、气动力矩的具体数值时，应注意它们所对应的参考面积和特征尺寸，工程上对于导弹通常选用弹身长度为特征长度，弹身截面积为参考面积；对于面对称飞行器(如飞机)，常选翼展长度或平均气动弦长度为参考长度，机翼面积为参考面积。如果所选择的特征长度和参考面积不同，对应的气动力和力矩的系数就不同，但所表征的气动力和力矩与流场对弹体的作用效果在物理上等效。

另外，在不产生混淆的情况下，为书写方便，通常将与弹体坐标系相关的下标"1"省略。

1.3.2　俯仰力矩

俯仰力矩 M_z 又称为纵向力矩，它的作用是使导弹绕横轴 cz_1 做抬头或低头的转动。在气动布局和外形参数给定的情况下，俯仰力矩的大小不仅与飞行马赫数 Ma、飞行高度 H 有关，还与飞行攻角 α、升降舵偏转角 δ_z、导弹绕 cz_1 轴的旋转角速度 ω_z (下标"1"也省略，以下同)、攻角的变化率 $\dot{\alpha}$ 以及升降舵的偏转角速度 $\dot{\delta}_z$ 等有关。因此，俯仰力矩的函数形式为

$$M_z = f(Ma, H, \alpha, \delta_z, \omega_z, \dot{\alpha}, \dot{\delta}_z) \tag{1.3-2}$$

当 α、δ_z、$\dot{\alpha}$、$\dot{\delta}_z$ 和 ω_z 较小时，俯仰力矩与这些量的关系是近似线性的，其一般表达式可写为零阶与一阶线性项之和：

$$M_z = M_{z0} + M_z^\alpha \alpha + M_z^{\delta_z} \delta_z + M_z^{\omega_z} \omega_z + M_z^{\dot{\alpha}} \dot{\alpha} + M_z^{\dot{\delta}_z} \dot{\delta}_z \tag{1.3-3}$$

严格地说，俯仰力矩还取决于其他一些参数，如侧滑角 β、副翼偏转角 δ_x、导弹绕 cx_1 轴的旋转角速度 ω_x 等，通常这些参数的影响不大，一般予以忽略。

为了讨论方便，俯仰力矩用无量纲力矩系数来表示，即

$$m_z = m_{z0} + m_z^\alpha \alpha + m_z^{\delta_z} \delta_z + m_z^{\bar{\omega}_z} \bar{\omega}_z + m_z^{\bar{\alpha}} \bar{\alpha} + m_z^{\bar{\delta}_z} \bar{\delta}_z \tag{1.3-4}$$

式中，$\bar{\omega}_z = \omega_z l / V$，$\bar{\alpha} = \dot{\alpha} l / V$，$\bar{\delta}_z = \dot{\delta}_z l / V$，分别是与旋转角速度 ω_z、攻角变化率 $\dot{\alpha}$ 及升降舵的偏转角速度 $\dot{\delta}_z$ 对应的无量纲参数；m_z^α、$m_z^{\delta_z}$、$m_z^{\bar{\omega}_z}$、$m_z^{\bar{\alpha}}$、$m_z^{\bar{\delta}_z}$ 分别是 m_z 关于 α、δ_z、$\bar{\omega}_z$、$\bar{\alpha}$、$\bar{\delta}_z$ 的偏导数；m_{z0} 是 $\alpha = \delta_z = \bar{\omega}_z = 0$，$\bar{\alpha} = \bar{\delta}_z = 0$ 时的俯仰力矩系数，是由导弹气动外形不对称引起的，主要取决于飞行马赫数、导弹的几何形状、弹翼或尾翼的安装角等。

由攻角 α 引起的力矩 $M_z(\alpha)$ 是俯仰力矩中较为重要的一项，是作用在焦点的法向力 $N_z^\alpha \alpha$ 对质心的力矩，即

$$M_z(\alpha) = N_z^\alpha \alpha (x_c - x_f) = C_N^\alpha \alpha q S (x_c - x_f) \tag{1.3-5}$$

式中，x_f、x_c 分别为导弹的焦点、质心至头部顶点的距离。又因为

$$M_z(\alpha) = m_z^\alpha \alpha q S l$$

小攻角时，有

$$m_z^\alpha = -C_N^\alpha (x_f - x_c) / l \approx -C_y^\alpha (x_f - x_c) / l = -C_y^\alpha (\bar{x}_f - \bar{x}_c) \tag{1.3-6}$$

式中，$\bar{x}_f = x_f / l$，$\bar{x}_c = x_c / l$，分别为导弹的焦点、重心位置对应的无量纲值。

为方便起见，先讨论定常飞行情况下(此时 $\omega_z = \dot{\alpha} = \dot{\delta}_z = 0$)的俯仰力矩。

1. 俯仰操纵力矩

对于正常式气动布局，如图 1.3-2 所示，当空气舵向上偏转一个角度 $\delta_z < 0$ 时，舵面上会产生向下的操纵力，则 $C_y^{\delta_z} > 0$，同时有相对于导弹质心的抬头力矩 $M_z(\delta_z) > 0$，即操纵力矩，其值为

$$M_z^{\delta_z} \delta_z = m_z^{\delta_z} \delta_z qSl = -C_y^{\delta_z} \delta_z qS(x_r - x_c) \tag{1.3-7}$$

由此得

$$m_z^{\delta_z} = -C_y^{\delta_z}(\bar{x}_r - \bar{x}_c) \tag{1.3-8}$$

式中，$\bar{x}_r = x_r / l$ 为空气舵压力中心至弹身头部顶点距离的无量纲值；$m_z^{\delta_z}$ 为空气舵偏转单位角度时所引起的操纵力矩系数；$C_y^{\delta_z}$ 为控制力系数，大致变化规律如图 1.3-3 所示。

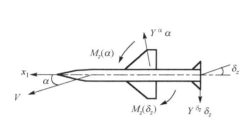

图 1.3-2 操纵力矩的示意图

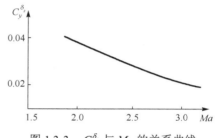

图 1.3-3 $C_y^{\delta_z}$ 与 Ma 的关系曲线

对于正常式导弹，重心总在舵之前，故 $m_z^{\delta_z} > 0$；而对于鸭式导弹，则 $m_z^{\delta_z} > 0$。

2. 定常直线飞行俯仰力矩

定常飞行是指导弹的飞行速度 V、攻角 α、舵偏角 δ_z 等不随时间变化的飞行状态，但是导弹几乎不会有严格的定常飞行。即使导弹等速直线飞行，由于燃料的消耗，导弹质量发生变化，保持等速直线飞行所需的攻角也要随之改变，因此只能说导弹在一段比较短的距离上接近于定常飞行。

若导弹定常直线飞行，即 $\omega_z = \dot{\alpha} = \dot{\delta}_z = 0$，则俯仰力矩系数的表达式为

$$m_z = m_{z0} + m_z^\alpha \alpha + m_z^{\delta_z} \delta_z \tag{1.3-9}$$

如果外形轴对称，$m_{z0} = 0$，则有

$$m_z = m_z^\alpha \alpha + m_z^{\delta_z} \delta_z \tag{1.3-10}$$

偏导数 m_z^α 和 $m_z^{\delta_z}$ 主要取决于马赫数、重心位置和导弹的几何外形。对应于一组舵偏角 δ_z，可画出一组 m_z 随 α 的变化曲线，如图 1.3-4 所示。这些曲线与横轴的交点满足 $m_z = 0$；偏导数 m_z^α 表示这些曲线相对于横轴的斜率；m_{z0} 代表 $\alpha = 0$ 时的 $m_z = m_z(\alpha)$ 曲线在纵轴上的截距。

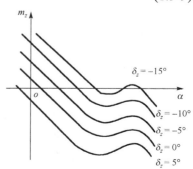

图 1.3-4 不同舵偏角下
俯仰力矩系数随攻角的变化

3. 纵向静平衡状态

$m_z(\alpha)$ 曲线与横轴的交点称为静平衡点，对应于 $m_z = 0$，作用在导弹上的法向力对重心的力矩为零，导弹处于力矩平衡状态，这种俯仰力矩的平衡又称为纵向静平衡。

为使导弹在某一飞行攻角 α_b 下处于力矩平衡状态或配平状态，必须使升降舵偏转一个相应的角度，称为升降舵的平衡舵偏角，以符号 δ_{zb} 表示。二者之间的关系可通过令式(1.3-10)等号右端为零求得，即

$$\left(\frac{\delta_z}{\alpha}\right)_b = -\frac{m_z^{\alpha}}{m_z^{\delta_z}} \tag{1.3-11}$$

或

$$\delta_{zb} = -\frac{m_z^{\alpha}}{m_z^{\delta}} \alpha_b$$

式中，$m_z^{\alpha} / m_z^{\delta_z}$ 除了与飞行马赫数有关外，还随导弹气动布局的不同而不同(正常式布局 $m_z^{\alpha} / m_z^{\delta_z} > 0$，鸭式布局 $m_z^{\alpha} / m_z^{\delta_z} < 0$)。在导弹飞行过程中，这个比值一般来说是变化的，因为马赫数和重心位置均会发生变化，m_z^{α} 和 $m_z^{\delta_z}$ 也要相应地改变。

平衡状态时的全弹升力称为平衡升力，平衡升力系数的计算方法为

$$C_{yb} = C_y^{\alpha} \alpha_b + C_y^{\delta_z} \delta_{zb} = \left(C_y^{\alpha} - C_y^{\delta_z} \frac{m_z^{\alpha}}{m_z^{\delta_z}}\right) \alpha_b \tag{1.3-12}$$

在进行弹道计算时，若假设每一瞬时导弹都处于平衡状态，则可用式(1.3-12)来计算导弹在弹道各点上的平衡升力，称为瞬时平衡假设，即认为导弹从某一平衡状态改变到另一平衡状态是瞬时完成的，也就是忽略了导弹绕质心的旋转运动过程，此时作用在导弹上的俯仰力矩只有 $m_z^{\alpha} \alpha_b$ 和 $m_z^{\delta_z} \delta_{zb}$，而且此两力矩总是处于平衡状态，即

$$m_z^{\alpha} \alpha_b + m_z^{\delta_z} \delta_{zb} = 0 \tag{1.3-13}$$

导弹初步设计阶段或弹道设计时采用瞬时平衡假设，可大大减少计算工作量。

4. 纵向静稳定性

静稳定针对飞行器的姿态，是指平衡受到扰动后，飞行器外形布局所产生的气动力本身能够提供恢复力矩，具有回到原来平衡状态的趋势。

如果压心位于质心之后，那么导弹的气动外形就是静稳定的；反之，如果压心位于质心之前，就是静不稳定的；如果重合，称为临界稳定。

当导弹处于平衡状态时，如零攻角状态，一旦受到外界扰动，平衡状态将被打破，产生一个攻角增量 $\Delta\alpha$，如图 1.3-5 所示，在导弹上就会有相应的气动力 R，如果外形布局是静稳定的，那么气动力的合力作用点即压心必在质心的后面，就产生了相应的恢复力矩，使攻角增量减小并有回到原来平衡状态的趋势。反之，如果静不稳定，攻角增量就会越来越大，出现翻滚现象。静稳定的例子有羽毛球、飞镖、标枪、再入弹头、载人飞船返回舱、民航客机、无人机、探空火箭等。

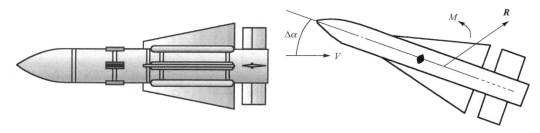

图 1.3-5　静稳定外形的恢复力矩

导弹静稳定性严格来说是要根据压心与质心的相对位置进行判别的，但有时候大致可以根据气动外形看出来是静稳定的还是静不稳定的。图 1.3-6 中，Sea Wolf 导弹和 Gladiator SA-12 导弹可能是静稳定的，因为有靠后的弹翼、尾翼或锥形弹体。U-Darter 可能是静不稳定的，因为在质心前面有前置翼面和鸭式舵，面积大于尾翼。THAAD 是二级导弹，第一级的静稳定性很小，因为只有一小裙部，第二级是静不稳定的。

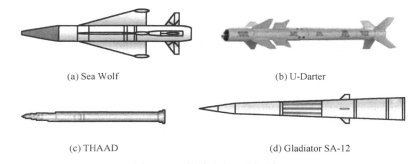

(a) Sea Wolf　　　　　　　　　　　　　　(b) U-Darter

(c) THAAD　　　　　　　　　　　　　　(d) Gladiator SA-12

图 1.3-6　静稳定外形判别实例

静稳定与静不稳定是弹体气动外形的固有属性，判别导弹某一状态下的纵向静稳定性还可以看俯仰力矩系数曲线 $m_z(\alpha)$ 的偏导数 m_z^α 的性质，即：

当 $m_z^\alpha\big|_{\alpha=\alpha_b} < 0$ 时，为纵向静稳定；

当 $m_z^\alpha\big|_{\alpha=\alpha_b} > 0$ 时，为纵向静不稳定；

当 $m_z^\alpha\big|_{\alpha=\alpha_b} = 0$ 时，为中立稳定，因为当 α 稍离开 α_b 时，它不会产生附加力矩。

图 1.3-7 给出了 $m_z = m_z(\alpha)$ 的三种典型情况，它们分别对应于静稳定、静不稳定和中立稳定的三种气动特性。

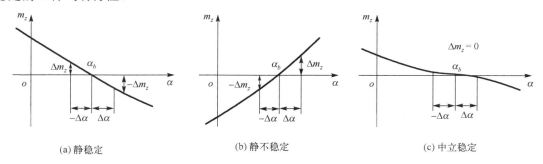

(a) 静稳定　　　　　　　　　　(b) 静不稳定　　　　　　　　　　(c) 中立稳定

图 1.3-7　　$m_z = m_z(\alpha)$ 的三种典型情况

图 1.3-7(a)所示力矩系数曲线中，$m_z^\alpha\big|_{\alpha=\alpha_b}<0$。如果导弹在平衡状态下 $(\alpha=\alpha_b)$ 飞行，由于某一微小扰动的瞬时作用，攻角 α 偏离平衡攻角 α_b，增加了一个小量 $\Delta\alpha>0$，那么在焦点上将有一附加升力 ΔY 产生，它对重心形成附加俯仰力矩，即 $\Delta M_z=m_z^\alpha\Delta\alpha qSL$，由于 $m_z^\alpha<0$，故 ΔM_z 是个负值，它使导弹低头，力图减小攻角，由 $\alpha_b+\Delta\alpha$ 值恢复到原来的 α_b 值。

图 1.3-7(b)所示力矩系数曲线表示导弹静不稳定的情况 $(m_z^\alpha\big|_{\alpha=\alpha_b}>0)$。

图 1.3-7(c)所示力矩系数曲线表示导弹中立稳定的情况 $(m_z^\alpha\big|_{\alpha=\alpha_b}=0)$。

工程上用 $m_z^{C_y}$ 评定导弹的静稳定性。与偏导数 m_z^α 一样，偏导数 $m_z^{C_y}$ 也能对导弹的静稳定性给出评价，其计算表达式为

$$m_z^{C_y}=\frac{\partial m_z}{\partial C_y}=\frac{\partial m_z}{\partial\alpha}\frac{\partial\alpha}{\partial C_y}=\frac{m_z^\alpha}{C_y^\alpha}=\overline{x}_c-\overline{x}_f \tag{1.3-14}$$

显然，对于具有纵向静稳定性的导弹，存在关系式 $m_z^{C_y}<0$，因为重心位于焦点之前 $(\overline{x}_c<\overline{x}_f)$。当重心逐渐向焦点靠近时，静稳定性逐渐降低。当重心后移到与焦点重合 $(\overline{x}_c=\overline{x}_f)$ 时，导弹是中立稳定的。当重心后移到焦点之后 $(\overline{x}_c>\overline{x}_f)$ 时，$m_z^{C_y}>0$，导弹则是静不稳定的。因此，把焦点无量纲坐标与重心无量纲坐标之间的差值 $\overline{x}_f-\overline{x}_c$ 称为静稳定度。

5. 俯仰阻尼力矩

俯仰阻尼力矩是由导弹绕 cz_1 轴的旋转运动所引起的，其大小与旋转角速度 ω_z 成正比，而方向与 ω_z 相反，该力矩总是阻止导弹的旋转运动，故称为俯仰阻尼力矩(或纵向阻尼力矩)。

假定导弹质心速度为 V，同时又以角速度 ω_z 绕 cz_1 轴旋转。旋转使导弹表面上各点均获得一附加的速度，其方向垂直于连接重心与该点的矢径 r，大小等于 $\omega_z r$ (图 1.3-8)，改变了该点总的速度大小和方向，也就改变了对应的攻角。若 $\omega_z>0$，则重心之前的导弹表面上各点的攻角将减小一个 $\Delta\alpha$，其值为

$$\Delta\alpha=\arctan\frac{\omega_z r}{V} \tag{1.3-15}$$

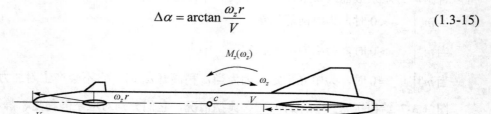

图 1.3-8　俯仰阻尼力矩

而处于重心之后的导弹表面上各点将增加一个 $\Delta\alpha$。攻角的变化导致附加升力的出现，在重心之前附加升力向下，而在重心之后附加升力向上，因此所产生的俯仰力矩与 ω_z 的方向相反，即力图阻止导弹绕 cz_1 轴的旋转运动。

俯仰阻尼力矩常用无量纲俯仰阻尼力矩系数来表示，即有

$$M_z(\omega_z)=m_z^{\overline{\omega}_z}\overline{\omega}_z qSl \tag{1.3-16}$$

式中，$\overline{\omega}_z=\omega_z l/V$；$l$ 是参考长度；$m_z^{\overline{\omega}_z}$ 总是一个负值，它的大小主要取决于飞行马赫数、导

弹的几何外形和质心位置。

一般情况下，阻尼力矩相对于稳定力矩和操纵力矩来说是比较小的，当旋转角速度 ω_z 较小时，甚至可以忽略它对导弹运动的影响。

6. 下洗延迟俯仰力矩

前面所述关于计算升力和俯仰力矩的方法，严格地说仅适用于导弹定常飞行这一特殊情况，在一般情况下导弹非定常飞行，其运动参数、空气动力和力矩都是时间的函数，这时的空气动力系数和力矩系数不仅取决于该瞬时的 α、δ_z、ω_z、Ma 等参数值，还取决于这些参数随时间变化的特性，但初步近似计算时，可以认为作用在导弹上的空气动力和力矩仅取决于该瞬时的运动参数，这称为"定常假设"，采用此假设不但可以大大减少计算工作量，而且由此所求得的空气动力和力矩也非常接近实际值，但在某些情况下，如在研究下洗对导弹飞行的影响时，按"定常假设"计算的结果是有偏差的。

对于正常式布局的导弹，流经弹翼和弹身的气流受到弹翼、弹身的反作用，导致气流速度方向发生偏斜，这种现象称为下洗。由于下洗，尾翼处的实际攻角将不同于导弹的飞行攻角，若导弹以随时间变化的攻角(如 $\dot{\alpha} \neq 0$)非定常飞行，则弹翼后的气流也是随时间变化的，但是被弹翼下压了的气流不可能瞬间到达尾翼，而是必须经过某一时间间隔 Δt (其大小取决于弹翼与尾翼间的距离和气流速度)，此即"下洗延迟"现象，因此尾翼处的实际下洗角 $\varepsilon(t)$ 是与间隔 Δt 以前的攻角 $\alpha(t - \Delta t)$ 相对应的，例如，在 $\dot{\alpha} > 0$ 的情况下，实际下洗角 $\varepsilon(t) = \varepsilon^\alpha (\alpha(t) - \dot{\alpha} \Delta t)$ 将比定常飞行时的下洗角 $\varepsilon^\alpha \alpha(t)$ 小些，也就是说，按"定常假设"计算得到的尾翼升力偏小，应在尾翼上增加一个向上的附加升力，由此形成的附加气动力矩将使导弹低头，其作用是使攻角减小(阻止 α 值的增大)；当 $\dot{\alpha} < 0$ 时，"下洗延迟"引起的附加气动力矩将使导弹抬头以阻止 α 值的减小，总之，"下洗延迟"引起的附加气动力矩相当于一种阻尼力矩，力图阻止 α 值的变化。

同样，若导弹外形为鸭式或旋转弹翼式的气动布局，当舵面或旋转弹翼的偏转角速度 $\dot{\delta}_z \neq 0$ 时，也存在"下洗延迟"现象，同理由 δ_z 引起的附加气动力矩也是一种阻尼力矩。

当 $\dot{\alpha} \neq 0$ 和 $\dot{\delta}_z \neq 0$ 时，由"下洗延迟"引起的两个附加俯仰力矩系数分别写成 $m_z^{\bar{\dot{\alpha}}} \bar{\dot{\alpha}}$ 和 $m_z^{\bar{\dot{\delta}}_z} \bar{\dot{\delta}}_z$，为书写方便，简记作 $m_z^{\dot{\alpha}} \dot{\alpha}$ 和 $m_z^{\dot{\delta}_z} \dot{\delta}_z$，它们都是无量纲量。

以上分析了俯仰力矩的各项组成，必须强调指出，尽管影响俯仰力矩的因素很多，但通常情况下，起主要作用的是由攻角引起的 $m_z^\alpha \alpha$ 和由舵偏角引起的 $m_z^{\delta_z} \delta_z$。

1.3.3 偏航力矩

偏航力矩 M_y 是空气动力矩在弹体坐标系 cy_1 轴上的分量，它将使导弹绕 cy_1 轴转动，偏航力矩与俯仰力矩的物理成因是相同的。

对于轴对称导弹而言，偏航力矩系数的表达式可仿照式(1.3-4)写成如下形式：

$$m_y = m_y^\beta \beta + m_y^{\delta_y} \delta_y + m_y^{\bar{\omega}_y} \bar{\omega}_y + m_y^{\bar{\dot{\beta}}} \bar{\dot{\beta}} + m_y^{\bar{\dot{\delta}}_y} \bar{\dot{\delta}}_y \tag{1.3-17}$$

式中，$\bar{\omega}_y = \omega_y l / V$，$\bar{\dot{\beta}} = \dot{\beta} l / V$，$\bar{\dot{\delta}}_y = \dot{\delta}_y l / V$，均是无量纲参数；$m_y^\beta$、$m_y^{\delta_y}$、$m_y^{\bar{\omega}_y}$、$m_y^{\bar{\dot{\beta}}}$、$m_y^{\bar{\dot{\delta}}_y}$ 分别是 m_y 关于 β、δ_y、$\bar{\omega}_y$、$\bar{\dot{\beta}}$、$\bar{\dot{\delta}}_y$ 的偏导数。

由于所有导弹外形相对于 $x_1 cy_1$ 平面都是对称的，故在偏航力矩系数中不存在 m_{y0} 这一项。

m_y^β 表征着导弹航向静稳定性，若 $m_y^\beta < 0$，则是航向静稳定的。对于正常式导弹，$m_y^{\delta_y} < 0$；而对于鸭式导弹，则 $m_y^{\delta_y} > 0$。

如图 1.3-9 所示，对于面对称（飞机型）导弹，当存在绕 cx_1 轴的滚动角速度 ω_x 时，安装在弹身上方的垂直尾翼的各个剖面上将产生附加的侧滑角 $\Delta\beta$，且

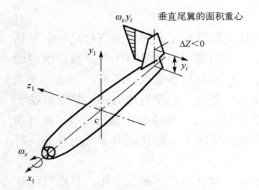

图 1.3-9　垂直尾翼螺旋偏航力矩

$$\Delta\beta = \frac{\omega_x}{V} y_t \qquad (1.3\text{-}18)$$

式中，y_t 是从弹身纵轴到垂直尾翼所选剖面的距离。

由于附加侧滑角 $\Delta\beta$ 的存在，垂直尾翼将产生侧向力，从而产生相对于 cy_1 轴的偏航力矩，这个力矩对于面对称导弹是不可忽视的，因为它的力臂大，该力矩有使导弹做螺旋运动的趋势，故称为螺旋偏航力矩。

螺旋偏航力矩偏导数又称为交叉导数，其值为负，因此对于面对称导弹，式(1.3-17)等号右端必须加上一项 $m_y^{\bar\omega_x}\bar\omega_x$，即

$$m_y = m_y^\beta \beta + m_y^{\delta_y}\delta_y + m_y^{\bar\omega_y}\bar\omega_y + m_y^{\bar\omega_x}\bar\omega_x + m_y^{\dot{\bar\beta}}\dot{\bar\beta} + m_y^{\dot{\bar\delta}_y}\dot{\bar\delta}_y \qquad (1.3\text{-}19)$$

式中，$\bar\omega_x = \omega_x l / V$，$m_y^{\bar\omega_x} = \partial m_y / \partial \bar\omega_x$，均是无量纲参数。

1.3.4　滚动力矩

滚动力矩或倾斜力矩 M_x 是绕导弹纵轴 cx_1 的气动力矩，它是由于迎面气流不对称流过导弹而产生的。当存在侧滑角、操纵机构偏转，或导弹绕 cx_1 轴旋转时，会使气流流动的对称性受到破坏。此外，因制造误差而造成的弹翼(或安定面)不对称安装或尺寸大小的不一致，也会破坏气流流动的对称性，因此滚动力矩的大小取决于导弹的形状和尺寸、速度、高度、攻角、侧滑角、舵偏转角、角速度及制造误差等多种因素。

与分析其他气动力矩一样，只讨论滚动力矩的无量纲力矩系数，即

$$m_x = \frac{M_x}{qSl} \qquad (1.3\text{-}20)$$

当影响滚动力矩的上述参数都比较小时，可略去一些次要因素，则滚动力矩系数可用线性关系近似地表示为

$$m_x = m_{x0} + m_x^\beta \beta + m_x^{\delta_x}\delta_x + m_x^{\delta_y}\delta_y + m_x^{\bar\omega_x}\bar\omega_x + m_x^{\bar\omega_y}\bar\omega_y \qquad (1.3\text{-}21)$$

式中，m_{x0} 是由制造误差引起的外形不对称产生的；m_x^β、$m_x^{\delta_x}$、$m_x^{\delta_y}$、$m_x^{\bar\omega_x}$、$m_x^{\bar\omega_y}$ 分别是滚动力矩系数 m_x 关于 β、δ_x、δ_y、$\bar\omega_x$、$\bar\omega_y$ 的偏导数，主要与导弹的几何参数和马赫数有关。

1. 横向静稳定性

偏导数 m_x^β 表征导弹的横向静稳定性，它对面对称导弹或无人驾驶飞行器来说具有重要意义。为了说明这一概念，以巡航导弹水平直线飞行为例，假定由于某种原因导弹突然向右

倾斜了某一角度 γ (图 1.3-10),因升力 Y 总在纵向对称平面内,故当导弹倾斜时产生正侧向力分量 $Y\sin\gamma$,导弹正侧滑。

若 $m_x^\beta < 0$,则 $m_x^\beta \beta < 0$,于是该力矩使导弹具有消除由于某种原因而产生的向右倾斜运动的趋势,可见导弹具有横向静稳定性;若 $m_x^\beta > 0$,则导弹是横向静不稳定的。

影响面对称导弹横向静稳定性的因素比较复杂,但横向稳定性主要是由弹翼和垂直尾翼产生的,而弹翼的 m_x^β 又主要与弹翼的后掠角和上反角有关。

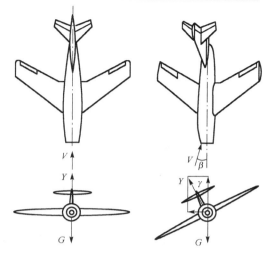

图 1.3-10 倾斜时产生的侧滑

2. 弹翼后掠角的影响

导弹空气动力学中曾指出,弹翼的升力与弹翼的后掠角和展弦比有关。设气流以某侧滑角流经具有后掠角的平置弹翼,则左、右两侧弹翼的实际后掠角和展弦比将不同,如图 1.3-11 所示。当 $\beta > 0$ 时,左翼的实际后掠角为 $\chi + \beta$,而右翼的实际后掠角则为 $\chi - \beta$,所以来流速度 V 在右翼前沿的垂直速度分量(称有效速度)为 $V\cos(\chi - \beta)$,大于左翼前缘的垂直速度分量 $V\cos(\chi + \beta)$;此外,右翼侧缘的一部分变成了前缘,左翼侧缘的一部分却变成了后缘,因此右翼产生的升力大于左翼,这就导致弹翼产生负的滚动力矩,即 $m_x^\beta \beta < 0$,由此增加了横向静稳定性。

3. 弹翼上反角的影响

弹翼上反角 ψ_w 是翼弦平面与 $x_1 oz_1$ 平面之间的夹角(图 1.3-12)。翼弦平面在 $x_1 oz_1$ 平面之上时,ψ_w 角为正。设导弹以 $\beta > 0$ 侧滑飞行,由于上反角 ψ_w 的存在,$V\cos\beta$ 部分产生轴向力,垂直于右翼面的速度分量 $V\sin\beta\sin\psi_w$ 才会对翼面有升力,并使该翼面的攻角有一个增量,其值为

$$\sin\Delta\alpha = \frac{V\sin\beta\sin\psi_w}{V} = \sin\beta\sin\psi_w \tag{1.3-22}$$

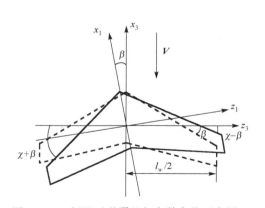

图 1.3-11 侧滑时弹翼几何参数变化示意图

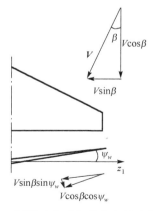

图 1.3-12 侧滑时上反角导致有效攻角的变化

当 β 和 ψ_w 都较小时,式(1.3-22)可写成

$$\Delta \alpha = \beta \psi_w$$

左翼则有与其大小相等、方向相反的攻角增量。

不难看出，在 $\beta > 0$ 和 $\psi_w > 0$ 的情况下，右翼 $\Delta \alpha > 0$，$\Delta Y > 0$；左翼 $\Delta \alpha < 0$，$\Delta Y < 0$，于是产生负的滚动力矩，即 $m_x^\beta < 0$，因此正上反角将增强横向静稳定性。

4. 滚动阻尼力矩

当导弹绕纵轴 cx_1 旋转时，将产生滚动阻尼力矩 $M_x^{\omega_x} \omega_x$，该力矩的物理成因与俯仰阻尼力矩类似，滚动阻尼力矩主要是由弹翼产生的，从图 1.3-13 可以看出，导弹绕 cx_1 轴的旋转使得弹翼的每个剖面均获得相应的附加速度：

$$V_y = -\omega_x z \tag{1.3-23}$$

式中，z 为弹翼所选剖面至导弹纵轴 cx_1 的垂直距离。

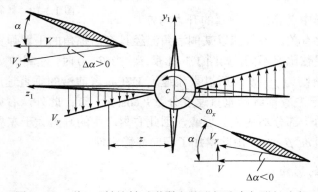

图 1.3-13　绕 cx_1 轴旋转时弹翼上的附加速度与附加攻角

当 $\omega_x > 0$ 时，左翼(前视)每个剖面的附加速度方向是向下的，而右翼与之相反，所以左翼任一剖面上的攻角增量为

$$\Delta \alpha = \frac{\omega_x z}{V} \tag{1.3-24}$$

而右翼对称剖面上的攻角则减小了同样的数值。

左、右翼攻角的差别将引起两侧升力的不同，从而产生滚动力矩，该力矩总是阻止导弹绕纵轴 cx_1 转动，故称该力矩为滚动阻尼力矩。不难证明，滚动阻尼力矩系数与无量纲角速度 $\bar{\omega}_x$ 成正比，即

$$m_x(\omega_x) = m_x^{\bar{\omega}_x} \bar{\omega}_x \tag{1.3-25}$$

5. 交叉导数

以无后掠弹翼为例，解释 $m_x^{\bar{\omega}_y}$ 的物理成因。当导弹绕向上的 cy_1 轴转动时，弹翼的每一个剖面将获得沿 cx_1 轴方向的附加速度(图 1.3-14)：

$$\Delta V = \omega_y z \tag{1.3-26}$$

如果 $\omega_y > 0$，则附加的速度在右翼上是正的，而在左翼上是负的，这就导致右翼的绕流速度大于左翼的绕流速度，使左、右弹翼的攻角发生不同改变，即右翼的攻角减小了 $\Delta\alpha$，而左翼的攻角则增加了一个 $\Delta\alpha$ 角，但更主要的还是由于左、右翼动压头的改变而引起左、右翼面的升力差，综合效应是：右翼面升力大于左翼面升力，形成了负的滚动力矩。当 $\omega_y < 0$ 时，将产生正的滚动力矩，因此 $m_x^{\bar{\omega}_y} > 0$，并且交叉滚动力矩系数与无量纲角速度 $\bar{\omega}_y$ 成正比，即

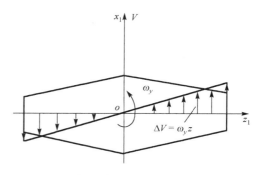

图 1.3-14　绕 oy_1 轴转动时弹翼上的附加速度

$$m_x(\omega_y) = m_x^{\bar{\omega}_y} \bar{\omega}_y \tag{1.3-27}$$

6. 滚动操纵力矩

面对称飞行器(如飞机)绕纵轴 cx_1 转动或保持倾斜稳定，主要是由一对副翼产生滚动操纵力矩实现的，副翼一般安装在弹翼后缘的翼梢处，两边副翼的偏转角方向相反，称为差动。

轴对称导弹则常利用一对升降舵或一对方向舵各自的差动实现副翼的功能，如果一对升降舵同时向上或向下偏转，那么它将产生俯仰力矩；如果一对方向舵同时向左或向右偏转，则产生偏航力矩；如果升降舵或方向舵不对称偏转(方向相反或大小不同)，那么它们还将产生滚动力矩。

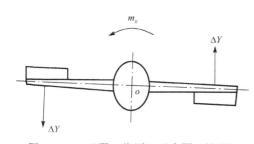

图 1.3-15　副翼工作原理示意图(后视图)

现以副翼偏转一个 δ_x 角后产生的滚动操纵力矩为例进行讨论，由图 1.3-15 可以看出，后缘向下偏转的右副翼产生正的升力增量 ΔY，而后缘向上偏转的左副翼则使升力减小了 ΔY，由此产生了负的滚动操纵力矩，$m_x < 0$，该力矩一般与副翼的小幅偏转角 δ_x 成正比，即

$$m_x(\delta_x) = m_x^{\delta_x} \delta_x \tag{1.3-28}$$

式中，$m_x^{\delta_x}$ 为副翼的操纵力矩系数。通常定义右副翼下偏、左副翼上偏时的 δ_x 为正，因此 $m_x^{\delta_x} < 0$。

对于面对称导弹，单一垂直尾翼相对于 $x_1 cz_1$ 平面是非对称的，如果在垂直尾翼后缘安装方向舵，那么当舵面偏转 δ_y 角时，作用于舵面上的侧向力不仅使导弹绕 oy_1 轴转动，还将产生一个与舵偏角 δ_y 成比例的滚动力矩，即

$$m_x(\delta_y) = m_x^{\delta_y} \delta_y \tag{1.3-29}$$

式中，$m_x^{\delta_y}$ 为滚动力矩系数 m_x 对 δ_y 的交叉偏导数，易知 $m_x^{\delta_y} < 0$。

1.4　铰 链 力 矩

图 1.4-1 中，当操纵面偏转一个角度时，除了产生相对于质心的操纵力矩之外，还会产

生相对于操纵面铰链轴(转轴)O 的力矩，称为铰链力矩，表达式为

$$M_h = -Y_r h \cos(\alpha \pm \delta_z) - X_r h \sin(\alpha \pm \delta_z) = m_h q_r S_r b_r \tag{1.4-1}$$

式中，m_h 为铰链力矩系数；q_r 为流经舵面气流的动压头；S_r 为舵面积；b_r 为参考长度，可取舵面弦长；对于尾控舵，括号中的符号"$\pm$"取"$-$"号。

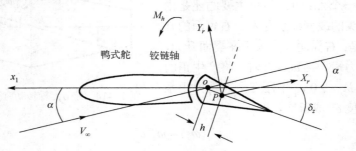

图 1.4-1　铰链力矩

驱动操纵面偏转的舵机所需的功率取决于铰链力矩的大小。显然，舵机输出力矩应大于飞行过程中的最大铰链力矩。以升降舵为例，当攻角为 α，舵偏角为 δ_z 时(图 1.2-12)，铰链力矩主要由舵面上垂直速度 V 的升力 Y_r 产生。若忽略舵的阻力对铰链力矩的影响，则铰链力矩的表达式为

$$M_h = -Y_r h \cos(\alpha \pm \delta_z) \approx -Y_r h \tag{1.4-2}$$

式中，h 为舵面压心至铰链轴的距离。

当攻角 α 和舵偏角 δ_z 较小时，式(1.4-2)中的升力 Y_r 可视为与 α 和 δ_z 成线性关系，则式(1.4-2)可改写成

$$M_h = -(Y_r^\alpha \alpha + Y_r^{\delta_z} \delta_z)h = M_h^\alpha \alpha + M_h^{\delta_z} \delta_z \tag{1.4-3}$$

相应的铰链力矩系数也可写成

$$m_h = m_h^\alpha \alpha + m_h^{\delta_z} \delta_z \tag{1.4-4}$$

铰链力矩系数 m_h 主要取决于操纵面的类型、形状、马赫数、攻角、操纵面的偏转角以及铰链轴的位置等因素。

1.5　推　　力

推力是导弹飞行的动力，常采用固体火箭发动机或空气喷气发动机，发动机的类型不同，推力特性也不一样。

固体火箭发动机的推力可在地面试验台上测定，推力的表达式为

$$P = \dot{m} U_e + A_e (p_e - p_a) \tag{1.5-1}$$

式中，$\dot{m}$ 为单位时间内的燃料消耗量；U_e 为燃气介质相对弹体的有效喷气速度；A_e 为发动机喷管出口处的横截面积；p_e 为发动机喷管出口处燃气流的压强；p_a 为导弹所处高度的大气压强。

由式(1.5-1)可以看出，火箭发动机推力的大小主要取决于发动机性能参数，也与导弹的飞行高度有关，而与导弹的飞行速度无关，式(1.5-1)中等号右端第一项是由于燃气介质高速喷出而产生的推力，称为反推力；第二项是由发动机喷管出口处的燃气流压强 p_e 与大气压强

p_a 的压差引起的推力，一般称为静推力，它与导弹的飞行高度有关。

空气喷气发动机的推力不仅与导弹飞行高度有关，还与导弹的飞行速度 V、攻角 α、侧滑角 β 等运动参数有关。

发动机推力 P 的作用方向在理想情况下沿弹体纵轴 cx_1，并通过导弹质心，因此不存在推力矩，即 $\boldsymbol{M}_p = \boldsymbol{0}$，推力矢量 $\boldsymbol{P}$ 在弹体坐标系 $cx_1y_1z_1$ 各轴上的投影分量可写成

$$\begin{bmatrix} P_{x1} \\ P_{y1} \\ P_{z1} \end{bmatrix} = \begin{bmatrix} P \\ 0 \\ 0 \end{bmatrix} \tag{1.5-2}$$

如果推力矢量 $\boldsymbol{P}$ 不通过导弹质心，且与弹体纵轴构成某夹角，那么推力将产生偏心力矩。设推力喷口作用线至质心的偏心矢径为 $\boldsymbol{R}_p$，它在弹体坐标系中的投影分量分别为 $[x_{1p} \quad y_{1p} \quad z_{1p}]^T$，推力产生的力矩 $\boldsymbol{M}_p$ 可表示为

$$\boldsymbol{M}_p = \boldsymbol{R}_p \times \boldsymbol{P} = \hat{\boldsymbol{R}}_p P \tag{1.5-3}$$

式中

$$\hat{\boldsymbol{R}}_p = \begin{bmatrix} 0 & -z_{1p} & y_{1p} \\ z_{1p} & 0 & -x_{1p} \\ -y_{1p} & x_{1p} & 0 \end{bmatrix}$$

是矢量 $\boldsymbol{R}_p$ 的反对称阵，所以

$$\begin{bmatrix} M_{x1p} \\ M_{y1p} \\ M_{z1p} \end{bmatrix} = \begin{bmatrix} 0 & -z_{1p} & y_{1p} \\ z_{1p} & 0 & -x_{1p} \\ -y_{1p} & x_{1p} & 0 \end{bmatrix} \begin{bmatrix} P_{x1} \\ P_{y1} \\ P_{z1} \end{bmatrix} = \begin{bmatrix} P_{z1}y_{1p} - P_{y1}z_{1p} \\ P_{x1}z_{1p} - P_{z1}x_{1p} \\ P_{y1}x_{1p} - P_{x1}y_{1p} \end{bmatrix} \tag{1.5-4}$$

1.6 引力和重力

由《远程火箭弹道学》可知，引力 $\boldsymbol{G}_1$ 在导弹地心矢径方向和地球自转轴方向的引力加速度分量分别为

$$g_r' = -\frac{\mu}{r^2}\left[1 + J\left(\frac{a_e}{r}\right)^2 (1 - 5\sin^2\phi)\right] \tag{1.6-1}$$

$$g_{\omega_e} = -2\frac{\mu}{r^2} J\left(\frac{a_e}{r}\right)^2 \sin^2\phi \tag{1.6-2}$$

式中，μ 为地球引力常数；$J = 1.5J_2$，$J_2 = 1.086 \times 10^{-3}$，为地球扁率引起的非球形引力摄动项；$a_e = 6378140\text{m}$，为地球长半轴；$\phi$ 为导弹的地心纬度；r 为地心矢径。

重力和引力既有区别又有联系。如图 1.6-1 所示，在考虑地球自转的情况下，导弹除受地心引力 G_1 外，还受到因地球自转而产生的离心惯性力 F_e，作用于导弹上的重力就是地心引力和离心惯性力的矢量和，即

$$G = G_1 + F_e \tag{1.6-3}$$

重力 G 的大小和方向与导弹所处的地理位置有关。根据牛顿万有引力定律，引力 G_1 与地心至导弹的距离的平方成反比，而离心惯性力 F_e 则与导弹至地球自转轴的距离有关。

实际上，地球的外形是个凸凹不平的不规则几何体，其质量分布也不均匀。为了研究方便，通常把它看作均质的椭球，如图 1.6-1 所示的那样。若物体在椭球地球表面上的质量为 m，地心至该物体的矢径为 R_e，地理纬度为 φ_e，地球绕自转轴的旋转角速度为 Ω_e，则地球对物体的引力 G_1 与 R_e 共线，方向相反；而离心惯性力的大小则为

$$F_e = mR_e\Omega_e^2\cos\varphi_e \qquad (1.6-4)$$

式中，$\Omega_e = 7.2921\times10^{-5}\,\mathrm{rad/s}$。

重力的作用方向与悬垂线的方向一致，即与物体所在处的地面法线 n 共线，方向相反。计算表明，离心惯性力 F_e 比地心引力 G_1 的量值小得多，因此有时把引力 G_1 视为重力，即

$$G = G_1 = mg \qquad (1.6-5)$$

如图 1.6-2 所示，这时作用在物体上的重力总是指向地心，即视地球为假想的圆球。

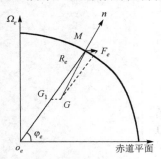

图 1.6-1　椭球模型上 M 点的重力方向

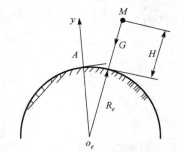

图 1.6-2　圆球模型上 M 点的重力方向

重力加速度 g 的大小与导弹的飞行高度有关，即

$$g = g_0\frac{R_e^2}{(R_e + H)^2} \qquad (1.6-6)$$

式中，g_0 为地球表面处的重力加速度，一般取值为 $9.81\mathrm{m/s^2}$；H 为距离地球表面的高度。

由式(1.6-6)可知，重力加速度是高度 H 的函数。当 $H = 32\mathrm{km}$ 时，$g = 0.99g_0$，重力加速度仅减小 1%。因此，对于短程导弹，在整个飞行过程中，重力加速度可认为是常量，且可视航程内的地面为平面，即重力场是平行力场。对于中远程导弹，必须按式(1.6-1)和式(1.6-2)的描述考虑引力，并考虑地球的自转离心惯性力、哥氏惯性力的影响。

1.7　制导控制系统及设备的工作原理

制导控制系统像发动机一样，是导弹的重要组成部分，设计人员需要熟悉制导控制系统及设备的工作原理。

1.7.1　系统组成与功能

导弹的制导、导航与控制系统简称 GNC，如图 1.7-1 所示。制导是在导航基础上，根据状态误差对飞行器质心运动轨迹进行校正，提供制导指令给姿态控制(简称姿控)系统，如姿态角指令或者加速度指令。导航是为飞行器本身提供定位、定速、定姿信息或者目标相对飞行器的运动状态，是制导控制的基础。姿态控制系统则根据制导指令和当前飞行器的状态误差，驱动舵机偏转控制

面进行姿态稳定与操纵，跟踪制导指令，从而完成精确打击目标的任务，可见制导是校正质心运动的上层控制，姿态操纵是底层控制，导航是提供质心运动和姿态运动校正所必需的当前飞行状态，才能有误差反馈，如果考虑到舵机控制环，还有第三层控制。

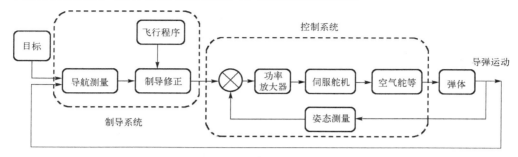

图 1.7-1 制导、导航与控制系统原理图

导航根据任务需要分为绝对导航和相对导航。绝对导航为飞行器提供相对某一参考坐标系(简称参考系)的位置、速度、姿态、姿态角速率，如惯性导航、卫星导航、天文导航。相对导航是用雷达、红外导引头、可见光、多普勒效应、激光测距设备等提供目标相对飞行器的运动状态，如相对距离、高低角、方位角、相对速度等信息。对如弹道导弹、巡航导弹、滑翔飞行器等长航时、高动态和高精度打击的问题，单纯依靠纯惯性导航的方案很难满足高精度导航性能要求，需要制订惯性制导为主体，其他测量设备为辅的复合制导控制系统设备方案，借助信息融合导航技术，把如惯性导航、卫星定位导航(GPS)，甚至地图或景象匹配、SAR 制导和红外(毫米波、雷达)末制导、星光等设备组合成一个有效的精确打击控制系统。

弹载制导控制系统设备组成与导弹的工作任务、导弹类型、工作时间、设备精度等有关，图 1.7-2 为某制导控制系统设备组成示意图。

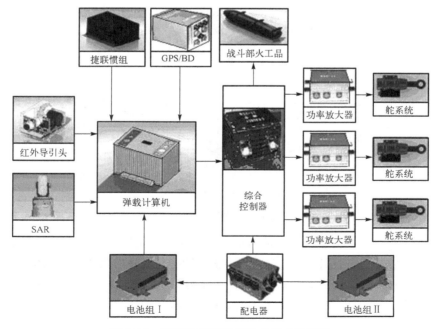

图 1.7-2 某制导控制系统设备组成示意图

1.7.2　惯性导航

惯性导航(简称惯导)以牛顿运动定律为基础,测量载体运动加速度,经积分运算得到载体的运动速度和位置坐标等导航信息,惯性导航系统按照所采用的平台形式分为平台惯导系统和捷联惯导系统。

利用陀螺仪(简称陀螺)在惯性空间使平台主轴保持方位不变的装置称为陀螺稳定平台,它是惯性导航系统中的重要部件,分为当地水平惯导系统和空间稳定惯导系统。

1) 平台惯性导航

空间稳定惯性导航系统的陀螺稳定平台,其台体在飞行过程中一直平行于发射时刻的当地水平面,从而提供了一个惯性参考坐标系,适合中远程弹道导弹和运载火箭。它是以陀螺仪为敏感元件,以台体和框架为稳定对象的自动调节系统,主要由相互垂直的三个陀螺仪(至少两个定位陀螺仪或三个姿态积分陀螺仪)、框架角度传感器和力矩电机组成。陀螺仪敏感台体三个姿态角的变化,通过误差反馈和电子线路使力矩电机转动,然后带动平台台体向反方向偏转同样的角度,从而使平台在空间的方位角保持不变,并通过框架角传感器输出飞行器的姿态。

具体如图 1.7-3 所示的两框架陀螺稳定平台,惯性平台由台体(固连高速自旋陀螺的转子轴,自旋陀螺未绘出)、三个单轴陀螺仪、内框架、外框架、力矩电机、角度传感器和伺服电子线路等组成。台体通过内框架和外框架支承在基座上,基座与飞行器固连。飞行器转动时,陀螺仪台体在惯性空间的方位保持不变,由装在 X、Y、Z 轴上的框架角传感器输出飞行器相对于惯性坐标系(简称惯性系)的姿态转角。

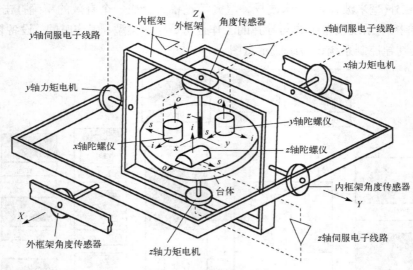

图 1.7-3　陀螺稳定平台

如果沿 Y 轴存在干扰力矩,就会使内框架和台体绕 Y 轴转动。台体上的 y 轴陀螺仪感受转动角速度,该陀螺仪处于积分陀螺的工作状态,输出与台体转角成正比的信号(见速率陀螺仪),通过 y 轴的伺服电子线路加给 y 轴力矩电机,力矩电机输出与干扰力矩方向相反的力矩,使台体向原来的方向转动。当 y 轴力矩电机输出的力矩与干扰力矩相互抵消时,台体不再转动,在惯性空间的方位保持不变。当 X、Z 轴存在干扰力矩时,道理相同。

如果陀螺稳定平台的三个轴与发射坐标系(简称发射系)的三个轴方向一致,那么安装在平台上的三轴正交加速度计，由于框架隔离了飞行器角运动对加速度测量的影响，就可测得导弹质心运动相应的加速度分量，而且平台在整个飞行过程中的方向不变，因此测量得到的也是导弹在发射惯性坐标系中的加速度。

为保持平台的三个轴与发射惯性系一致，即建立惯性平台的地理参考坐标系，平台先应完成初始对准，包括初始水平对准(称为水平对准)和北向对准(称为方位对准)。利用台体上的加速度计和惯性平台组成的回路可使平台跟踪地垂线。当台体有倾角时，加速度计测出重力的分量并输出信号，经电子线路(积分器)和单轴积分陀螺加给力矩电机，使台体反向转动，恢复水平。

惯性平台一般采用引入式对准和自主式对准两种方式对准北向(方位对准)。引入式对准是将外部基准(如罗盘的北向)引入平台并与台体的方位比较，其偏差信号经放大后输到方位陀螺力矩器，驱使台体绕方位轴转动，直到偏差信号为零，于是台体的方位与外部基准方位一致。自主式对准是利用陀螺仪感受地球角速度的效应，驱使平台自主地找到地球北向。

当飞行器的姿态角变化很大时，外框架和内框架会发生重合现象，称为框架自锁，这时回路不能正常工作，平台不能继续用作参考坐标系。一种方法是增加一个随动框架变为三框架甚至可能的四框架，解决自锁问题，另一种方法是将台体做成球形并悬浮在液体中而避免使用框架，但成本和复杂性不言而喻。

在发射准备过程中，地球自转会破坏稳定平台所保持的基准，为了不断调整平台使之保持原来的基准，在台体上也可安装重力摆作为敏感元件，当导弹发射出去之后，重力摆就完成了任务。

注意，测量飞机姿态的飞机陀螺仪以及中远程巡航导弹的陀螺稳定平台基于地平面导航，系统的稳定平台在飞行过程中一直平行于当地水平面，重力摆传感器一直为力矩电机提供水平控制信号。

2) 捷联惯性导航

捷联惯性导航系统的最大特点是以数学平台取代机械平台，如图 1.7-4 所示，把惯性元件组合(加速度计和角速率陀螺)IMU 直接正交安装在弹体上，利用计算机运算完成导航平台的功能。导航方程中主要是惯性元件数学模型的建立和误差补偿及程序编排，程序编排包括弹体姿态运动学方程的积分解算、从弹体坐标系到其他坐标系(如惯性坐标系)、WGS84 地心坐标系的质心加速度信号转换，以及加速度到速度和位置的积分运算。

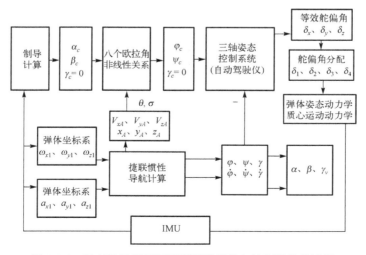

图 1.7-4 轴对称导弹采用捷联惯性导航与控制的信号流程

　　捷联惯导的优点是体积小、成本低。其缺点是除存在陀螺漂移之外，还存在捷联惯组安装误差角，也就是陀螺仪和加速度计的敏感轴与弹体坐标系的初始对准误差，这点要引起足够重视，因为误差角一直参与随飞行时间的积分，可导致大的误差积累，因此需要高精度的光学对准，否则会严重降低导航精度。另外注意，若惯组离导弹的质心较远，则加速度计输出存在角运动引起的杆臂效应，这也是中远程弹道导弹和运载火箭要使用陀螺稳定平台制导的重要原因。

　　加速度计是惯性导航系统中确定载体速度、位置的基本部件，对其精度要求较高，误差须在 $10^{-5}g$ 以下，有的达到 $10^{-7}g$，稳定性要好，量程要大，飞机通常要求达到 $10^{-5} \sim 20g$，而导弹可超 $100g$。激光加速度计、光纤加速度计、石英加速度计、压电加速度计都是 20 世纪 60 年代后发展的新型加速度计。

　　例 1.7-1　　已知捷联惯组测得弹体的三轴加速度 a_{x1}、a_{y1}、a_{z1} 和角速率 ω_{x1}、ω_{y1}、ω_{z1}，求导弹在发射惯性坐标系中的速度和位置。

　　解：如果采用 3-2-1 欧拉角，由理论力学的欧拉角速度合成定理得

$$\boldsymbol{\omega} = \dot{\boldsymbol{\gamma}} + \dot{\boldsymbol{\psi}} + \dot{\boldsymbol{\varphi}}$$

投影到弹体坐标系得

$$\begin{bmatrix} \omega_{x1} \\ \omega_{y1} \\ \omega_{z1} \end{bmatrix} = \begin{bmatrix} \dot{\gamma} \\ 0 \\ 0 \end{bmatrix} + \begin{bmatrix} 1 & 0 & 0 \\ 0 & \cos\gamma & \sin\gamma \\ 0 & -\sin\gamma & \cos\gamma \end{bmatrix} \begin{bmatrix} 0 \\ \dot{\psi} \\ 0 \end{bmatrix}$$

$$+ \begin{bmatrix} 1 & 0 & 0 \\ 0 & \cos\gamma & \sin\gamma \\ 0 & -\sin\gamma & \cos\gamma \end{bmatrix} \begin{bmatrix} \cos\psi & 0 & -\sin\psi \\ 0 & 1 & 0 \\ \sin\psi & 0 & \cos\psi \end{bmatrix} \begin{bmatrix} 0 \\ 0 \\ \dot{\varphi} \end{bmatrix}$$

可得运动学方程为

$$\dot{\gamma} = \omega_{x1} + (\omega_{y1}\sin\gamma + \omega_{z1}\cos\gamma)\tan\psi$$

$$\dot{\psi} = \omega_{y1}\cos\gamma - \omega_{z1}\sin\gamma$$

$$\dot{\varphi} = (\omega_{y1}\sin\gamma + \omega_{z1}\cos\gamma)/\cos\psi$$

积分得弹体欧拉角 φ、ψ、γ，求得

$$\boldsymbol{B}_A = \boldsymbol{M}_1[\gamma]\boldsymbol{M}_2[\psi]\boldsymbol{M}_3[\varphi]$$

于是弹体坐标系到发射惯性坐标系的变换矩阵为

$$\boldsymbol{A}_B = \begin{bmatrix} \cos\varphi\cos\psi & \cos\varphi\sin\psi\sin\gamma - \sin\varphi\cos\gamma & \cos\varphi\sin\psi\cos\gamma + \sin\varphi\sin\gamma \\ \sin\varphi\cos\psi & \sin\varphi\sin\psi\sin\gamma + \cos\varphi\cos\gamma & \sin\varphi\sin\psi\cos\gamma - \cos\varphi\sin\gamma \\ -\sin\psi & \cos\psi\sin\gamma & \cos\psi\cos\gamma \end{bmatrix}$$

在发射惯性坐标系中的三轴加速度为

$$[a_x \quad a_y \quad a_z]^\mathrm{T} = \boldsymbol{A}_B[a_{x1} \quad a_{y1} \quad a_{z1}]^\mathrm{T}$$

积分得速度分量，再积分得位置坐标分量：

$$\begin{bmatrix} V_x(t) \\ V_y(t) \\ V_z(t) \end{bmatrix} = \begin{bmatrix} \int_0^t a_x \mathrm{d}t \\ \int_0^t a_y \mathrm{d}t \\ \int_0^t a_z \mathrm{d}t \end{bmatrix}, \quad \begin{bmatrix} x(t) \\ y(t) \\ z(t) \end{bmatrix} = \begin{bmatrix} \int_0^t V_x(t)\mathrm{d}t \\ \int_0^t V_y(t)\mathrm{d}t \\ \int_0^t V_z(t)\mathrm{d}t \end{bmatrix}$$

例 1.7-2　假设某导弹的制导指令按照某种制导律计算可得 $\alpha_c(t)$、$\beta_c(t)$，通常轴对称导弹的协调指令为滚动角 $\gamma_c = 0$，求控制系统的姿态角输入指令 φ_c、ψ_c。

解：根据例 1.7-1 的捷联惯性导航计算求出导弹在发射惯性坐标系中的速度，可得弹道倾角和偏角为

$$\theta = \arctan \frac{V_y}{V_x}, \quad \sigma = -\arcsin \frac{V_z}{V}$$

因为

$$B_A(\varphi,\psi,\gamma) = B_V(\alpha,\beta)V_A(\theta,\sigma,\gamma_V)$$

根据协调指令 $\gamma = 0$ 以及上式两边的矩阵元素应相等，得到

$$\cos\alpha_c \cos\sigma \sin\gamma_V + \sin\beta_c \sin\alpha_c \cos\sigma \cos\gamma_V = -\cos\beta_c \sin\alpha_c \sin\sigma$$

又因为

$$a\sin\gamma_V + b\cos\gamma_V = -c$$

可知

$$\cos(\chi + \gamma_V) = \frac{-c}{\sqrt{a^2 + b^2}}$$

其中

$$\begin{cases} \sin\chi = \dfrac{-a}{\sqrt{a^2 + b^2}} \\ \cos\chi = \dfrac{b}{\sqrt{a^2 + b^2}} \end{cases}$$

故可求得倾侧角 γ_V，于是偏航角和俯仰角指令满足以下表达式：

$$\sin\psi_c = \cos\alpha_c \cos\beta_c \sin\sigma - \sin\alpha_c \cos\sigma \sin\gamma_V + \cos\alpha_c \sin\beta_c \cos\sigma \cos\gamma_V, \quad -\frac{\pi}{2} < \psi_c < \frac{\pi}{2}$$

$$\cos\varphi_c = [\cos\alpha_c \cos\beta_c \cos\theta \cos\sigma + \sin\alpha_c(\cos\theta \sin\sigma \sin\gamma_V - \sin\theta \cos\gamma_V) \\ - \cos\alpha_c \sin\beta_c(\cos\theta \sin\sigma \cos\gamma_V + \sin\theta \sin\gamma_V)] / \cos\psi_c$$

$$\sin\varphi_c = [\cos\alpha_c \cos\beta_c \sin\theta \cos\sigma + \sin\alpha_c(\sin\theta \sin\sigma \sin\gamma_V + \cos\theta \cos\gamma_V) \\ - \cos\alpha_c \sin\beta_c(\sin\theta \sin\sigma \cos\gamma_V - \cos\theta \sin\gamma_V)] / \cos\psi_c$$

注意：由象限函数求俯仰角。

在上面提到的惯性导航系统中，陀螺仪是重要且技术含量最高的部件，它的精度直接决定着惯性导航系统的精度，因此对陀螺仪的性能要求相当高，有必要了解和掌握陀螺仪的工作原理。

在惯性导航的飞行器上，常使用高精密的陀螺测量敏感器，称为陀螺仪，其将一个高速自旋转子安装在支架上，支架有单框架、两框架、三框架，转子的转轴称为主轴。如图 1.7-5

所示，转子通过轴和轴承支承在内环上，转子可以绕轴转动；内环通过轴和轴承支承在外环上，内环可以绕其轴转动；外环通过轴和轴承支承在支座上，外环可以绕其轴转动。支架上装有传感器，利用传感器测量角位移。

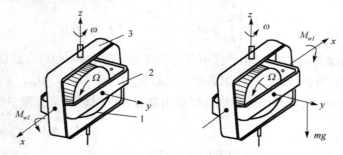

1-转子；2-内环；3-外环

图 1.7-5　陀螺仪的定轴性和进动性

陀螺仪的基本特性如下。

(1) 定轴性：当转子以角速度 Ω 旋转时，如果没有与 Ω 不同向的外力矩加在转子上，则不论如何转动支座，其主轴在惯性空间的指向都不变，也称为定向性。

(2) 进动性：当转子以角速度 Ω 旋转时，在与主轴垂直的方向上加一外力矩(如图 1.7-5 所示，由重物 mg 产生的外力矩)，则主轴围绕与外力矩相垂直的轴转动，称为进动。根据动量矩定理得

$$\frac{\mathrm{d}H}{\mathrm{d}t} = \boldsymbol{M}_{wl} \qquad (1.7\text{-}1)$$

即

$$\boldsymbol{\omega} \times H = M_{wl} \qquad (1.7\text{-}2)$$

式中，$\boldsymbol{\omega}$ 为进动角速度；H 为转子动量矩，$H = I_z\Omega$，I_z 为转子惯性矩。

(3) 陀螺力矩：当转子以角速度 Ω 高速旋转时，若要迫使主轴以某个角速度 $\boldsymbol{\omega}$ 偏移原来的方位，就会产生一个反作用力矩 M_{tl} 作用在框架上，称为陀螺力矩，大小、方向由式(1.7-3)决定：

$$M_{tl} = H \times \boldsymbol{\omega} \qquad (1.7\text{-}3)$$

陀螺仪的上述三种特性正好分别体现了牛顿三大定律。需要指出，陀螺仪的定轴性条件是没有外力矩的作用，但由于轴承存在摩擦，以及陀螺仪框架制造的细微不对称和不平衡等，存在干扰力矩，引起转子主轴的缓慢进动而渐渐偏离原始方向，这种现象称为陀螺仪的漂移，缓慢进动的角速率称为漂移率，是陀螺仪稳定性和工作精度的重要指标。例如，射程为 10000km 的洲际导弹，若其陀螺稳定平台的常值漂移率为 0.02(°) / h，则引起约 400m 的落点误差。

为减小摩擦力矩等导致的陀螺漂移，陀螺仪的发展大致经历了四代，从 20 世纪 40 年代的第一代滚珠轴承陀螺仪到液浮、气浮陀螺仪，再到后续发展的挠性陀螺仪、动力调谐陀螺仪、静电陀螺仪，直至当今第四代新型激光陀螺仪和光纤陀螺仪，其种类多样，精度和成本也有较大差别。

下面介绍典型测量敏感器的工作原理。

1. 定位陀螺仪

两框架定位陀螺仪能测量导弹两个方向的角位移，陀螺主轴 H 与体系偏航轴 Y_1 重合，如图 1.7-6 所示装置可测量滚动角和俯仰角。陀螺仪的安装以飞行方向为基准，为得到与这些角度成比例的电压信号，采用了滚动电位计和俯仰电位计作为传感器。滚动电位计的底座固定在陀螺仪的外环上，其电刷则连接在内环上；俯仰电位计的底座固定在弹体上，其电刷连接在外环的轴上。

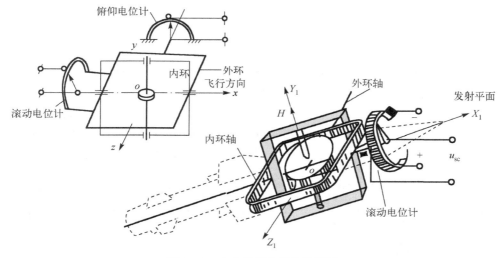

图 1.7-6 定位陀螺仪及安装简图

俯仰角测量：俯仰电位计的底座与弹身固连，电刷与外环固连，弹体绕 Z_1 俯仰时，由于陀螺仪主轴的定轴性，外框会反转相同角度，电刷输出俯仰角。

滚动角测量：外框和滚动电位计的底座固连，随弹体滚动。因主轴方向不变，内环反转相同角度，其与电位计电刷固连，就带动电刷输出滚动角。

如果要同时测量导弹的俯仰角、偏航角和滚动角，试问如何解决？

2. 积分陀螺仪

如图 1.7-7 所示积分陀螺仪，它没有弹性约束，却有较大阻尼约束，其阻尼力矩表达式为

$$M_d = \zeta \dot{\alpha} \tag{1.7-4}$$

式中，ζ 为阻尼器的力矩系数。

如果弹体姿态的偏转试图改变转子动量矩主轴的方向，就有陀螺力矩 M_{tl}，当积分陀螺仪处于平衡状态时，有

$$M_d = M_{tl} \tag{1.7-5}$$

即

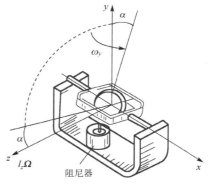

图 1.7-7 积分陀螺仪

$$\dot{\alpha} = \frac{H\omega_y \sin 90°}{\zeta}$$

积分得

$$\alpha = \frac{H}{\zeta} \int_0^t \omega_y \mathrm{d}t \qquad (1.7\text{-}6)$$

可见，陀螺仪的输出转角 α 与弹体输入角速度 ω_y 的积分成比例，故称为积分陀螺仪。积分陀螺仪利用了进动性，只有一个敏感轴，结构比较简单，而定位陀螺仪有两个敏感轴，利用了定轴性。

3. 速率陀螺仪

速率陀螺仪具有两个自由度，用来测量导弹绕某一弹体轴的转动角速率，图 1.7-8 用来说明一个测量偏航角速率的速率陀螺仪的工作原理。

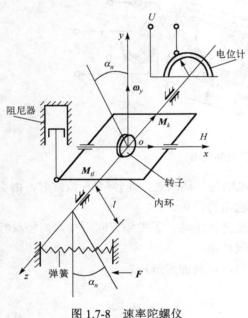

图 1.7-8　速率陀螺仪

如果 x 轴正向为导弹飞行方向，当弹体有偏航角速度 ω_y 迫使陀螺仪的主轴转动时，根据陀螺效应出现陀螺力矩 M_{tl}，这个力矩要迫使转子轴并连带内环绕 z 轴方向偏转，然而内环偏转运动受到弹簧的约束，弹簧的变形产生弹簧力 F 及弹簧力矩 M_k，当 $M_{tl} = M_k$ 时，内环处于平衡状态，可得

$$\omega_y H = Fl \qquad (1.7\text{-}7)$$

当 α_n 很小时，有

$$Fl = kl^2 \alpha_n \qquad (1.7\text{-}8)$$

式中，α_n 为内环转角；k 为弹簧常数；l 为弹簧到内环的连杆长度。

于是有

$$\alpha_n = \frac{H}{kl^2} \omega_y \qquad (1.7\text{-}9)$$

可见，内环转角与弹体偏航角速率成比例，电位计的电刷随内环一起转动，输出电压信号。为减小内环绕 oz 轴的振荡，通常采用气体阻尼器，在安装速率陀螺仪时，要注意内环与转子轴所构成的平面一定要与测量的角速度矢量方向垂直，但难免会有微小的安装误差，称为初始对准误差。

4. 激光陀螺仪

激光陀螺仪没有旋转的转子部件，没有角动量，也不需要万向框架、旋转轴承、导电环及力矩电机和角度传感器等活动部件，结构简单，工作寿命长，无加温启动时间，维修方便，可靠性高，目前激光陀螺仪的平均无故障工作时间已达到 9 万小时，角速率动态范围宽达 $\pm 1500(°)/\mathrm{s}$，最小敏感角速度为 $\pm 0.001(°)/\mathrm{h}$。

美国 20 世纪 80 年代研制的 MX(和平卫者)导弹上搭载的机电陀螺仪是世界上精度最

高的机械式陀螺仪,漂移率仅为 0.000015(°)/h,导弹可以在完全不依赖外部信息的情况下在 14000km 射程上偏差小于 100m,然而这一设备成本也极为高昂,因此在研制潜射"三叉戟"弹道导弹时就改为使用环形激光陀螺仪,降低了成本,并大幅度缩减了导航设备的体积。

激光陀螺仪利用光程差测量旋转角速度,工作原理如图 1.7-9 所示:在闭合光路中,由同一光源发出的沿顺时针方向和逆时针方向传输的两束光发生干涉,检测相位差或干涉条纹的变化,可以测出闭合光路旋转角速度。激光陀螺仪的基本元件是环形激光器,环形激光器由三角形或正方形的石英制成的闭合光路组成,内有一个或几个装有混合气体(氦氖气体)的管子、两个不透明的反射镜和一个半透明镜,用高频电源或直流电源激发混合气体,产生单色激光。为维持回路谐振,回路的周长应为光波波长的整数倍。用半透明镜将激光导出回路,经反射镜使两束相反传输的激光干涉,通过光电探测器和电路得到与角速度成比例的数字信号。

目前国内激光陀螺仪也已得到工程应用,图 1.7-10 是俄罗斯在 2013 年展出的先进激光陀螺仪。

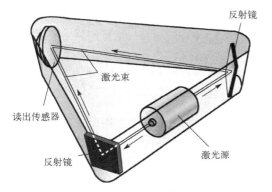

图 1.7-9 激光陀螺仪工作原理图

图 1.7-10 俄罗斯在 2013 年展出的先进激光陀螺仪

5. 加速度计

加速度计利用惯性力测量原理。

图 1.7-11 所示是一种电磁摆式加速度计,若对活动线框上的激磁绕组通以 500～1000Hz 的交流电,则会在活动线框垂直方向上产生交变磁通量 Φ。当导弹加速度为零时,活动线框与固定线框垂直,固定线框无磁力线通过,输出绕组无感应电动势信号输出。当导弹获得加速度时,惯性力使测量摆偏离原来的平衡位置,带动活动线框转动,产生与转角成比例的感应电动势信号,转角与加速度又成比例,因此输出信号与加速度成比例。

图 1.7-12 所示是另一种积分陀螺式加速度计。当导弹沿 ox 轴方向出现加速度时,质量为 m 的重物产生惯性力 $-ma_x$,随之产生绕 oy 轴的惯性力矩 $M_g = ma_x l$,使角度传感器 2 产生输出信号,那么如何平衡这个惯性力矩呢?需要力矩电机 3 根据角度传感器 2 的输出信号转动外环产生角速度 ω_x,那么转子就有相应的陀螺力矩反作用在内环 y 轴上,直到配平惯性力矩,陀螺处于平衡状态,于是,

$$\omega_x = \frac{ml}{H} a_x$$

积分得

$$\alpha_x = \frac{ml}{H}\int_0^t a_x \mathrm{d}t \tag{1.7-10}$$

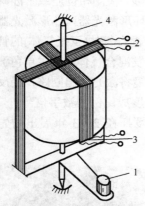

1-测量摆；2-活动线框激磁绕组；
3-固定线框输出绕组；4-转轴

图 1.7-11　电磁摆式加速度计

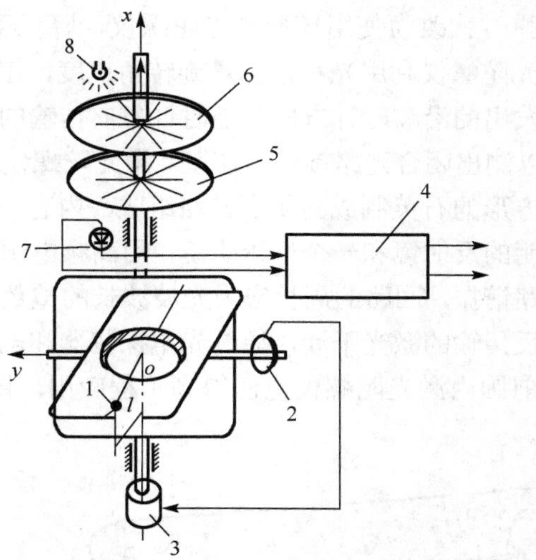

1-质量为m的重物；2-角度传感器；3-力矩电机；4-输出放大器；
5-动盘光栅；6-定盘光栅；7-光电管；8-光源

图 1.7-12　积分陀螺式加速度计

由于陀螺外环绕 ox 轴转动，动盘光栅也随之一起转动，通过光电传感器产生光电脉冲信号，此信号经输出放大器转换成与加速度成比例的脉冲信号，就得到对应的加速度。

1.7.3　天文导航

天文导航的基本原理是通过测量恒星来确定导弹在地面上的位置坐标(经纬度)，也可以用来确定姿态，但至少需要两颗不同方向的恒星。

1. 导弹经纬度确定

恒星的地心矢量与地球表面的交点称为星下点，给定格林尼治标准时间，所选定恒星的星下点经纬度通过天文学的星历计算是可精确知道的，例如，进行太阳的 JPL 星历计算，可知在北京时间 2018 年 8 月 18 日 8 时 8 分 8 秒，太阳星下点的地理经度为东经 178.82282823°，北纬 13.17572677°。

地球上任一点的水平面与导弹至恒星视线的夹角称为星球高度角或星光仰角。显然，导弹在星下点处时，星球高度角的值为 90°。如果以星下点为圆心，以任一距离为半径在地球表面作一圆，则在圆周上所有点的高度角相等，称为等高圆，如图 1.7-13 所示。如果事先规划了导弹的飞行航迹，得到了瞬时地球上恒星星下点的位置，那么只要测定星球高度角，就可以确定导弹弹下点至星下点的距离，但仅选用一颗恒星还不能确定位置，因为导弹在这个等高圆上可有无限多个。为此，需要确定导弹相对两颗恒星的高度角，得出等高圆的半径 R_1、R_2，写出两等高圆的轨迹方程，就可以得出两个圆的交点坐标。图 1.7-14 表示了两个等高圆上的交点图，但还不能确定导弹的位置，仍需要测量导弹的一个方位角 Φ_a，这样才能唯一确定导弹的位置。

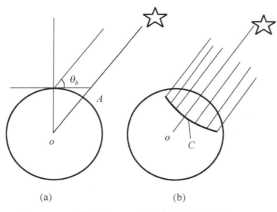

(a)   (b)

图 1.7-13 星下点 A、星球高度角和等高圆

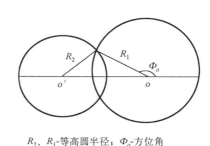

R_2、R_1-等高圆半径；Φ_a-方位角

图 1.7-14 两个等高圆交点图

用在天文制导系统中的六分仪装置能连续跟踪两颗恒星并测量其高度角，六分仪要求安装在陀螺稳定平台上，平台在整个飞行过程中严格平行于飞行器的当地水平面。例如，在巡航导弹飞行过程中，六分仪始终跟踪两颗选定的恒星，测出高度角和方位角之后，弹载计算机可计算导弹的经纬度，然后与预定方案航迹上的经纬度比较，得到航向误差修正信号，控制导弹飞向预定目标。高度计给出高度误差信号，保证导弹按给定高度飞行。当导弹飞行到目标上空时，计算机给出信号，使导弹向目标俯冲。

天文制导系统完全自主自动化，不受外界干扰，但一旦六分仪看不见恒星，整个系统就暂时停顿，所以其不能单独使用，往往和惯性导航系统组合，同时还可校正惯性导航系统的陀螺漂移。

2. 双矢量姿态确定

利用星敏感器，根据双矢量姿态确定原理可确定导弹或空间飞行器的姿态。

如果要求飞行器的三个欧拉姿态角，就得先求飞行器体坐标系相对某个参考坐标系的姿态矩阵。空间观测一个参考矢量，只能得到两个独立的测量值(如方位角和仰角)，而待求的有三个独立的姿态参数，因此必须观测两个参考矢量才能唯一确定姿态矩阵。

设在空间有两个不平行的单位矢量 U、V，即 $U \times V \neq 0$，根据这两个矢量可建立三个矢量 e_{n1}、e_{n2}、e_{n3}，并构成一个新的正交坐标系，即

$$e_{n1} = U \tag{1.7-11}$$

$$e_{n2} = U \times V \tag{1.7-12}$$

$$e_{n3} = e_{n1} \times e_{n2} = U \times (U \times V) \tag{1.7-13}$$

注意：e_{n2} 和 e_{n3} 的模 $|U \times V| \neq 1$、$|U \times (U \times V)| \neq 1$，但经单位化，重新刻度坐标，仍可令其模为 1(即三个正交坐标基)，记新坐标系 F_n 的基矢量为

$$F_n = \begin{bmatrix} e_{n1} \\ e_{n2} \\ e_{n3} \end{bmatrix} \tag{1.7-14}$$

空间飞行器的体坐标系为 F_b，空间参考坐标系为 F_r，它们的单位坐标基分别为

$$F_b = \begin{bmatrix} e_{b1} \\ e_{b2} \\ e_{b3} \end{bmatrix}, \quad F_r = \begin{bmatrix} e_{r1} \\ e_{r2} \\ e_{r3} \end{bmatrix} \tag{1.7-15}$$

U、V 是测得的星矢量，它们在 F_b 和 F_r 坐标系中的描述为

$$U = U_b^{\mathrm{T}} F_b = U_r^{\mathrm{T}} F_r \tag{1.7-16}$$

$$V = V_b^{\mathrm{T}} F_b = V_r^{\mathrm{T}} F_r \tag{1.7-17}$$

其中，U_b、V_b 和 U_r、V_r 分别为 U、V 在 F_b 和 F_r 坐标系中的坐标列阵(方向余弦矩阵)，写成展开式为

$$U_b = \begin{bmatrix} U_{bx} \\ U_{by} \\ U_{bz} \end{bmatrix}, \quad V_b = \begin{bmatrix} V_{bx} \\ V_{by} \\ V_{bz} \end{bmatrix} \tag{1.7-18}$$

$$U_r = \begin{bmatrix} U_{rx} \\ U_{ry} \\ U_{rz} \end{bmatrix}, \quad V_r = \begin{bmatrix} V_{rx} \\ V_{ry} \\ V_{rz} \end{bmatrix} \tag{1.7-19}$$

将式(1.7-16)、式(1.7-17)代入式(1.7-11)～式(1.7-13)，得

$$e_{n1} = U_b^{\mathrm{T}} F_b \tag{1.7-20}$$

$$e_{n2} = U_b^{\mathrm{T}} F_b \times V_b^{\mathrm{T}} F_b = (U_b^{\times} V_b)^{\mathrm{T}} F_b \tag{1.7-21}$$

$$e_{n3} = U_b^{\mathrm{T}} F_b \times (U_b^{\times} V_b^{\mathrm{T}}) F_b = (U_b^{\times} U_b^{\times} V_b)^{\mathrm{T}} F_b \tag{1.7-22}$$

可得 F_n 和 F_b 间的关系为

$$F_n = \begin{bmatrix} U_b^{\mathrm{T}} \\ (U_b^{\times} V_b)^{\mathrm{T}} \\ (U_b^{\times} U_b^{\times} V_b)^{\mathrm{T}} \end{bmatrix} F_b = C_{nb} F_b \tag{1.7-23}$$

式中，$U_b^{\times}$ 为反对称矩阵；C_{nb} 为 F_n 和 F_b 间的姿态矩阵(方向余弦矩阵)。

同理，将 e_{n1}、e_{n2}、e_{n3} 在 F_r 坐标系中描述得到 F_n 和 F_r 的关系为

$$F_n = \begin{bmatrix} U_r^{\mathrm{T}} \\ (U_r^{\times} V_r)^{\mathrm{T}} \\ (U_r^{\times} U_r^{\times} V_r)^{\mathrm{T}} \end{bmatrix} F_r = C_{nr} F_r \tag{1.7-24}$$

式中，C_{nr} 为 F_n 和 F_r 间的姿态矩阵(方向余弦矩阵)。

于是有

$$F_n = C_{nb} F_b = C_n F_r \tag{1.7-25}$$

由于 U、V 的不平行性，C_{nb}^{-1} 必存在，故

$$F_b = C_{nb}^{-1} C_{nr} F_r \tag{1.7-26}$$

于是本体坐标系相对参考坐标系的方向余弦矩阵为

$$A = C_{br} = C_{nb}^{-1}C_{nr} \tag{1.7-27}$$

根据得到的姿态矩阵 C_{br}，不难得到飞行器体坐标系相对参考坐标系的三个欧拉姿态角。

例如，用星敏感器测量双星矢量，只要分别获得飞行器在体坐标系和惯性参考坐标系中的参考矢量方向，就可以完成姿态确定。

恒星在体坐标系的参考矢量 U_b、V_b 只能用星敏感器测量获得。例如，图 1.7-15 中，某观测星在星敏坐标系中的位置为 P 点，坐标为(x,y,z)，在 CCD 面阵上的像点坐标为(ξ,η)，设焦距为 f，像素高或宽均为 Δd，那么

$$\tan\alpha = \frac{x}{f} = \frac{\xi\Delta d}{f} \tag{1.7-28}$$

$$\tan\beta = \frac{y}{f} = \frac{\eta\Delta d}{f} \tag{1.7-29}$$

故该观测量在星敏坐标系中的表示为

$$U_s = \left[\frac{-x}{\sqrt{x^2+y^2+f^2}}, \frac{-y}{\sqrt{x^2+y^2+f^2}}, \frac{f}{\sqrt{x^2+y^2+f^2}}\right]^T \tag{1.7-30}$$

同理，可得另一颗观测星在星敏坐标系中的表示为

$$V_s = \left[\frac{-x'}{\sqrt{x'^2+y'^2+f^2}}, \frac{-y'}{\sqrt{x'^2+y'^2+f^2}}, \frac{f}{\sqrt{x'^2+y'^2+f^2}}\right]^T \tag{1.7-31}$$

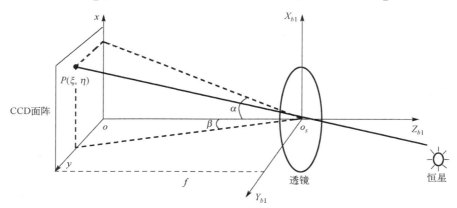

图 1.7-15 星敏感器测量示意图

如果已知星敏感器安装坐标系与体坐标系的安装矩阵 C_{bs}，则两观测星在体坐标系中的表示为

$$U_b = C_{bs}U_s \tag{1.7-32}$$

$$V_b = C_{bs}V_s \tag{1.7-33}$$

如果选取的两观测星在地心惯性坐标系中的赤经赤纬 α_k、$\delta_k(k=1,2)$ 是已知的，则其在 J2000 惯性参考坐标系中的方向矢量为

$$U_r = [\cos\delta_1\cdot\cos\alpha_1, \cos\delta_1\cdot\sin\alpha_1, \sin\delta_1]^T \tag{1.7-34}$$

$$V_r = [\cos\delta_2\cdot\cos\alpha_2, \cos\delta_2\cdot\sin\alpha_2, \sin\delta_2]^T \tag{1.7-35}$$

于是由式(1.7-23)、式(1.7-24)和式(1.7-26)可得到体坐标系相对 J2000 惯性参考系的姿态矩阵 C_{br}，这样就不难确定三个欧拉角了。

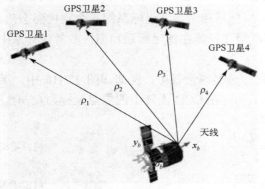

图 1.7-16　GPS 信号接收示意图

1.7.4　卫星导航

全球卫星定位系统具有很高的定位定速精度，只要在飞行器上配备卫星信号接收机，低轨时通常可接收到如图 1.7-16 所示 4 颗导航卫星发送的电文，可实时精确解算飞行器在 WGS84 坐标系中的位置和速度，由于导航卫星使用了高精度的原子钟，成本昂贵，而 GPS 接收机的时钟精度较低，二者存在钟差。

设导弹接收到 4 颗卫星发送的导航电文提供的时钟与位置坐标为 (t_i, x_i, y_i, z_i)，自身的时钟为 t，则

$$
\begin{aligned}
\sqrt{(x_1 - x)^2 + (y_1 - y)^2 + (z_1 - z)^2} &= c_0(t - t_1 - \Delta t) \\
\sqrt{(x_2 - x)^2 + (y_2 - y)^2 + (z_2 - z)^2} &= c_0(t - t_2 - \Delta t) \\
\sqrt{(x_3 - x)^2 + (y_3 - y)^2 + (z_3 - z)^2} &= c_0(t - t_3 - \Delta t) \\
\sqrt{(x_4 - x)^2 + (y_4 - y)^2 + (z_4 - z)^2} &= c_0(t - t_4 - \Delta t)
\end{aligned}
\tag{1.7-36}
$$

式中，c_0 为真空中电磁波的传播速度，即光速，于是可解得该 t 时刻导弹的位置坐标 (x, y, z) 和导弹与 4 颗导航卫星的钟差 Δt。

再经坐标变换，可得地心惯性系或发射惯性系中的位置坐标和速度，民用 GPS 定位精度在几米级，速度在每秒几厘米。卫星导航系统的代表有美国的全球定位系统(GPS)、俄罗斯的格洛纳斯卫星导航系统(GNSS)和我国的北斗卫星导航系统(BDS)、欧盟的伽利略卫星导航系统(Galileo)。

捷联惯性导航系统(SINS)包含基本的惯性测量组合单元(IMU)，即三个加速度计和三个激光或光纤速率陀螺，是最常见的一种全天候自主导航系统，而 GPS 是目前世界上功能最为完善、性能最为优良的能全天候覆盖全球的三维精确非自主导航系统，二者各自的优势非常明显，但也有不足，因此 SINS/GPS 组合导航互补性大，体积小，重量轻。

SINS/GPS 组合导航系统的硬件一体化组合原理如图 1.7-17 所示。SINS/GPS 组合导航是以 SINS 为基本导航手段，由 GPS 对其进行补充修正，通过卡尔曼滤波器将它们构成一体化组合系统，即将 GPS 观测数据与经过力学编排得到的 SINS 数据进行同步后送往联合卡尔曼滤波器，滤波器给出一组状态变量误差(如位置、速度、姿态角、陀螺漂移、加速度计零漂、时钟差等)的最优估计，再将这些变量误差的估计反馈至 SINS，并重新校正 SINS 误差模型(如陀螺漂移、零漂及刻度因子)等，经过组合滤波器校正后，即使 GPS 在某一小时段不能正常工作，SINS 编排模块也可以精确导航，姿态运动学方程统一用四元数线性微分方程表示：

$$
\dot{q} = \frac{1}{2} \Omega(\tilde{\omega}_b) q
\tag{1.7-37}
$$

式中，$\tilde{\omega}_b$ 为弹体角速度测量值；图 1.7-17 中 $\tilde{f}_b$ 为导弹质心加速度测量值。

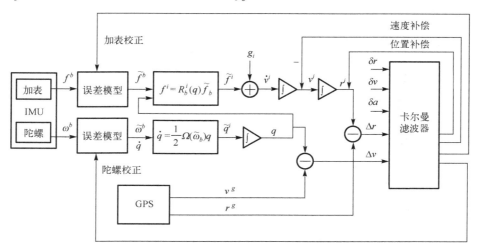

图 1.7-17　SINS/GPS 组合导航系统的硬件一体化组合原理示意图

SINS/GPS 组合导航系统被公认为运载体理想的组合导航系统之一，在此系统中，滤波算法设计是信息处理的关键，如基于线性卡尔曼滤波的 EKF、UKF 和粒子滤波技术，均可以作为信息融合算法。

1.8　操 纵 机 构

操纵机构是指包括舵机在内的从舵机到操纵元件之间的机械传动机构。操纵机构的功用是将舵机输出的能量传递到操纵元件上，使操纵元件偏转。操纵机构除舵机外，主要组成构件一般有连杆、摇臂、转轴和支座等，通过支座固定在弹体上。要求操纵机构灵活、弹性变形小、间隙和摩擦力小。

导弹的舵机包括气压、液压、电动等伺服舵机。选择舵机的两个重要指标是输出扭矩和频带，但通常输出扭矩大，频宽就小，需要选择合适的性能范围。

气压舵机包括冷气式舵机和燃气式舵机，其工作简单、可靠，但延时较大、快速性较差。

对于冷气式舵机，能源是储存在容器中的压缩空气，其压力一般为 100～400 个大气压。图 1.8-1 所示为冷气式舵机原理图，压缩空气从容器 1 经过减压阀 2 流向操纵阀 3，然后进入气缸。操纵阀 3 由敏感元件 5 控制，控制系统的输出电压 U_C 和来自电位计6的反馈信号求和加

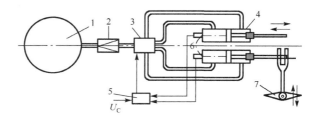

1-压缩空气容器；2-减压阀；3-操纵阀；4-气缸活塞；
5-敏感元件；6-电位计；7-舵面

图 1.8-1　冷气式舵机原理图

到敏感元件的线圈上，控制操纵阀 3 开启与关闭的力度，从而控制气缸活塞两边的气压，使活塞移动带动操纵元件偏转，偏转角由电位计测量。

　　燃气式舵机的工作原理类似冷气式舵机，不同之处在于携带了燃气发生器用于产生燃气，从而控制气缸中的压差推动活塞移动。

　　液压舵机用一定压力的液压油作为舵机能源，功率大，输出扭矩大，延时小，响应速度快，广泛用在导弹上，但结构复杂，重量和成本也大。

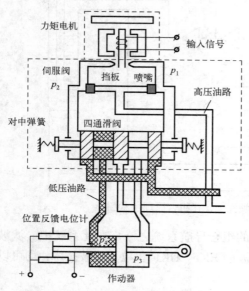

图 1.8-2　二级放大液压舵机原理图

　　图 1.8-2 中输入信号控制挡板位置，使油压 p_1、p_2 不同，四通滑阀相当于活塞，用来控制连接作动器油路的开闭，从而构成二级液压放大，导致 p_3、p_4 的不同。装在作动筒上的位置反馈电位计输出一个与位置相对应的电压信号送到综合放大器的输入端，构成了闭合回路。

　　电动舵机主要是一台电动机和一个齿轮减速装置，结构相对简单，减速装置的输出轴与操纵元件的拉杆相连接，对于小导弹可直接与空气舵转轴连接，电动舵机的频带较高，扭矩比气动舵机和液压舵机小。

　　操纵机构根据带动操纵元件偏转的方向不同有三种：同向操纵机构、差动操纵机构和复合操纵机构。

1.8.1　同向操纵机构

　　图 1.8-3 所示为同向操纵机构，整个操纵系统包括舵机、操纵摇臂、转轴和一对舵面等。由于操纵摇臂与转轴固连在一起，而舵面又被固定在转轴上，当液压舵机直接推动操纵摇臂转动时，摇臂就带动转轴和舵面做同向偏转。

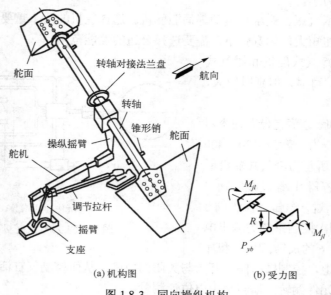

(a) 机构图　　　　　　　(b) 受力图

图 1.8-3　同向操纵机构

这种操纵机构没有单独拉杆，舵机的行程与空气舵偏转角成线性关系。舵偏转一个角度后，作用在舵上的气动力对转轴的扭矩就是铰链力矩 M_{jl}，这个力矩加上舵偏转时的摩擦力矩和惯性力矩与舵机输出力矩平衡。静平衡时，有

$$P_{yb} = \frac{2M_{jl}}{R}$$

式中，R 为操纵摇臂的长度；M_{jl} 为单一空气舵的铰链力矩。

1.8.2 差动操纵机构

差动操纵机构用来带动一对副翼正反偏转，产生滚动操纵力矩，以实现对导弹的倾斜控制。

图 1.8-4 所示差动操纵机构由舵机、若干摇臂、拉杆以及方框等组成。舵机杆根据控制信号做伸缩移动，牵动摇臂、拉杆和方框动作，带动副翼偏转。

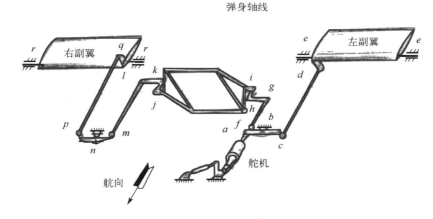

图 1.8-4 差动操纵机构

例如，当舵机杆沿导弹飞行相反方向伸出时，朝飞行方向看，它使得左摇臂 ac 绕 b 点顺时针转动并牵动左拉杆 cd 沿飞行方向移动，从而带动左操纵摇臂 de，使左副翼向下偏转。另外，在舵机杆伸出的同时，它也推动左拉杆 fg 带动左 "Γ" 形摇臂 ghi 顶着方框 ij 向右移动，并使得右 "Γ" 形摇臂 jkl 转动，从而拉着右拉杆 lm 沿飞行相反方向移动，此时右摇臂 mp 绕 n 点逆时针转动并牵动右拉杆 pq 沿飞行方向移动，从而带动右操纵摇臂 qr，使得右副翼向上偏转。当舵机杆沿导弹飞行方向收缩时，情形正好相反，左副翼向上偏转，右副翼向下偏转。

1.8.3 复合操纵机构

复合操纵机构用来带动一对舵既能同向偏转(升降舵或方向舵)，又能差动偏转(起副翼作用)，如图 1.8-5 所示。

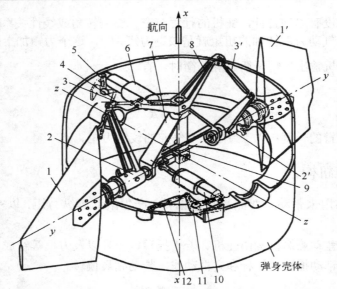

1、1′-舵面；2、2′-带摇臂的半轴；3、3′-拉杆；4-调节拉杆；5-调节摇臂；6-同动舵机；
7-中心支架；8-"×"形摇臂；9-万向接头；10-差动舵机；11-调节摇臂；12-调节拉杆

图 1.8-5　复合操纵机构

同动舵机 6 与中心支架 7 相连，中心支架 7 的两只脚分别与带摇臂的半轴 2 和 2′通过滚珠轴承相连接，"×"形摇臂 8 套在中心支架 7 的中心轴上并用销钉固定住，中心轴的下端通过万向接头 9 与差动舵机 10 相连，"×"形摇臂 8 的两端连接拉杆 3 和 3′，进而连接半轴 2 和 2′，舵面 1 和 1′的转轴插在半轴 2 和 2′里面，用两个锥形销固定住。

当同动舵机 6 动作时，它推动中心架 7 绕 y-y 轴转动，由于"×"形摇臂 8、拉杆 3 和 3′与半轴 2 和 2′的摇臂之间没有相对运动，因此中心支架 7 转动就带着半轴 2 和 2′一起转动，从而使得舵面 1 和 1′同向偏转。

当差动舵机 10 动作时，通过万向接头 9 旋转带动中心轴在中心支架 7 内旋转，此时"×"形摇臂 8 由于是与中心轴固定在一起的，因此也随中心轴一起绕 x-x 轴旋转，通过拉杆 3 和 3′，以及它们连接的摇臂带动半轴 2 和 2′向相反方向转动，从而使得舵面 1 和 1′差动偏转。

1.9　连接与分离机构

1.9.1　爆炸螺栓分离

如图 1.9-1 所示，当接收到分离指令时，火药点火，螺栓爆炸切断，这种连接分离器的优点是装置简单、价格便宜、无连接间隙。其缺点在于可靠度不是很高，因为需要多个爆炸螺栓同时爆炸切割；应力集中缺口要合适，太小时不能可靠切割，太大时连接强度不够。

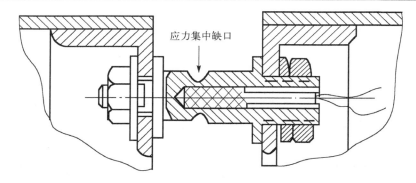

图 1.9-1 爆炸螺栓分离

1.9.2 弹簧弹射分离

如图 1.9-2 所示，出厂前调节止推螺帽 10 和 11，压紧小弹簧 6 至合适位置，以将钢球 3 卡在槽中锁紧连接。接到分离指令时，点火药 12 燃烧，燃气压力推动活塞 4 向左运动，钢球 3 在冲击碰撞力作用下回弹至空腔中，完成解锁。此后预先被压缩的分离弹簧 9 推动两连接筒体左右分开，获得足够的分离速度和分离距离。

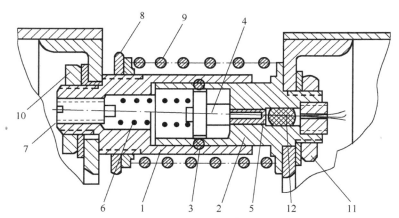

1-外筒体；2-内筒体；3-钢球；4-活塞；5-轴衬套管；6-小弹簧；7-螺杆；
8-螺帽；9-分离弹簧；10、11-止推螺帽；12-点火药

图 1.9-2 弹簧弹射分离

这种连接分离器优点是可靠性较高，可以制造为集成元件，容易装配在弹体上；缺点是存在连接间隙。

1.9.3 气动弹射分离

如图 1.9-3 所示，气动弹射分离的分离方式类似弹簧弹射分离，只不过解锁后不是通过压缩分离弹簧提供分离力，而是燃气压力继续膨胀推动活塞分离两连接件至安全距离。

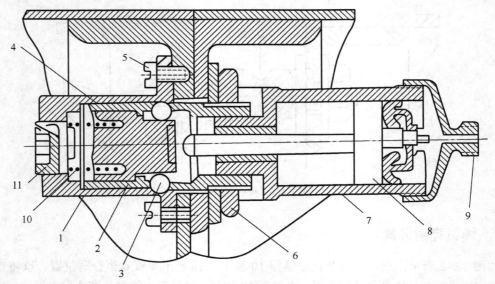

1-外筒体；2-内筒体；3-钢球；4-插销；5-螺帽；6-防松螺帽；7-进气室；
8-活塞；9-连接螺纹；10-弹簧；11-调节螺母

图 1.9-3　气动弹射分离

1.9.4　推力终止机构

固体弹道导弹的推力终止有两种；一种是耗尽关机，这需要做姿态往复摆动的能量管理控制；另一种是采用推力终止机构。

如图 1.9-4 所示，使用反推斜切喷管。图中，F_{ri} 为第 i 个斜切喷管的反推力，δ 为推力偏转角，φ 为斜切喷管安装角，这三个参数为推力终止的重要设计参数。

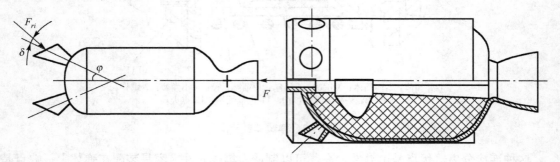

图 1.9-4　推力终止机构

反推斜切喷管的打开装置如图 1.9-5(a)、(b)所示，图中是两种典型方式。接收到推力终止指令时，爆炸螺栓解锁，绝热垫、底盖或堵盖在发动机内压下冲出，打开反推斜切喷管，燃气喷出，斜切喷管的轴向反向力等于发动机推力，实现推力终止。

如果没有推力终止机构，需在适当时刻摆动姿态角，耗掉多余的燃料，例如，可在偏航通道实施视速度能量管理，如图 1.9-6 所示。

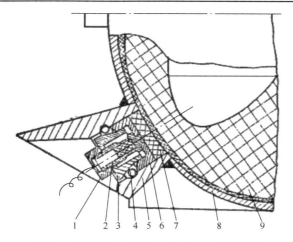
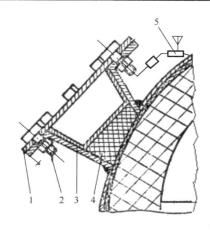

1-螺帽；2-爆炸螺栓；3-衬套；4-钢球；5-反推斜切喷管；
6-底盖；7-绝热垫；8-发动机燃烧室；9-推进剂装药

(a) 钢球型

1-堵盖；2-爆炸螺栓；3-反向喷管；
4-绝热垫；5-保险

(b) 堵盖型

图 1.9-5　反推斜切喷管打开装置

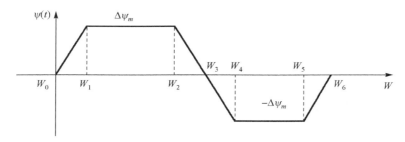

图 1.9-6　偏航通道视速度的能量管理

对应视速度为自变量的偏航角飞行程序为

$$\psi(t) = \begin{cases} \psi_0 + \dfrac{\Delta\psi_m}{\Delta W_1}(W - W_0), & W_0 \leqslant W < W_1 \\[2mm] \psi_0 + \Delta\psi_m, & W_1 \leqslant W < W_2 \\[2mm] \psi_0 + \Delta\psi_m - \dfrac{\Delta\psi_m}{\Delta W_1}(W - W_2), & W_2 \leqslant W < W_4 \\[2mm] \psi_0 - \Delta\psi_m, & W_4 \leqslant W < W_5 \\[2mm] \psi_0 - \Delta\psi_m + \dfrac{\Delta\psi_m}{\Delta W_1}(W - W_5), & W_5 \leqslant W < W_6 \end{cases} \qquad (1.9\text{-}1)$$

其中，$\psi_0 = 0$。

假设能量管理启动时刻，末级发动机装药量对射击弹道存在剩余视速度 $\Delta W_m = W_6$，若定义 $\Delta W_1 = W_2 - W_1$，$\Delta W_2 = W_3 - W_2$，不妨假设 $\Delta W_1 = \Delta W_2 = \dfrac{W_6 - W_0}{6}$，末级最大调姿角 $\Delta\psi_m$ 应满足如下耗尽关机超越方程：

$$4\Delta W_1\left(1-\frac{\sin\Delta\psi_m}{\Delta\psi_m}\right)+2\Delta W_2\left(1-\cos\Delta\psi_m\right)=\Delta W_m \tag{1.9-2}$$

将其中的三角函数展开成四阶级数，可近似为

$$A\cdot\Delta\psi_m^4-B\cdot\Delta\psi_m^2+\Delta W_m=0 \tag{1.9-3}$$

其中

$$A=\frac{1}{30}\Delta W_1+\frac{1}{12}\Delta W_2$$

$$B=\frac{2}{3}\Delta W_1+\Delta W_2$$

则

$$\Delta\psi_m=\left(\frac{B-\sqrt{B^2-4A\cdot\Delta W_m}}{2A}\right)^{\frac{1}{2}} \tag{1.9-4}$$

1.10　弹身和弹翼结构

　　导弹在运输、发射和飞行过程中受到推力、重力、空气动力和支撑力等的作用，称为外载荷。弹身在外载荷作用下会发生轴向压缩、剪切、弯曲和扭转变形，为抵抗这些变形，弹身结构中的构件要承受轴力、剪力、弯矩和扭矩。弹身由蒙皮、桁条和隔框等构件组成。

1.10.1　弹身结构

　　如图 1.10-1 所示，蒙皮是把骨架包起来使弹体具有光滑表面外形的金属薄板，能承受局部气动载荷的作用，并把载荷传递到骨架的受力构件上。蒙皮的厚度与载荷有关，材料通常为铝合金、镁合金或钛合金，蒙皮之间用焊接、铆接或胶接等方法连接起来。

　　桁条和桁梁是纵向受力构件，桁条用来加强蒙皮的承载能力和刚度，加强后的桁条称为桁梁，只是强度高一些。桁梁所用材料为硬铝或高强度合金钢轧制的型材，剖面形状如图 1.10-2 所示。

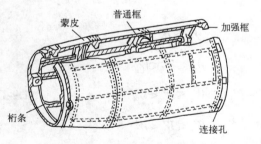

图 1.10-1　骨架蒙皮式弹身

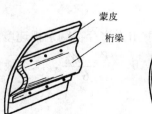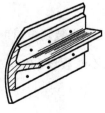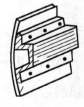

图 1.10-2　桁梁剖面形状

如图 1.10-3 所示，隔框是环状的横向受力构件，有普通隔框和加强隔框两种，主要作用是传力和维形。普通隔框用来维形，保证弹身的横截面外形，并支持蒙皮和桁条，承受局部气动载荷，由铝板材轧制而成，普通隔框与桁梁的连接方式如图 1.10-4 所示。加强隔框为铸造或锻造，承受和传递集中载荷。

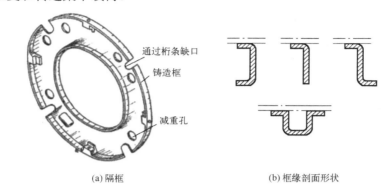

(a) 隔框　　　　　　　　　　　　　　　(b) 框缘剖面形状

图 1.10-3　普通隔框及框缘剖面形状

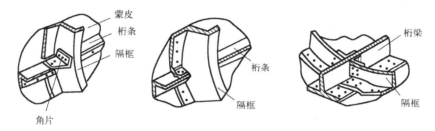

图 1.10-4　普通隔框与桁梁的连接方式

弹身结构形式有硬壳式、半硬壳式和整体壁板式。

硬壳式弹身由隔框和蒙皮组成，如图 1.10-5 所示，隔框只起舱段连接作用，弹体上所有载荷为蒙皮所承受，因此蒙皮厚度较大。这种结构简单、易于制造，但不能开大舱口，不能承受集中载荷，适用于小型导弹的弹身。

为改善硬壳式结构蒙皮的承载性能，用桁条加强蒙皮，硬壳式结构就转变成半硬壳式结构，以适用于大型导弹的弹身。

整体壁板式弹身结构由几块整体壁板件焊接而成，可减小导弹高速飞行期间因局部气动载荷剧烈增大而造成的结构振动。如图 1.10-6 所示，其内表面有纵向、横向加强框和加强筋，起着纵

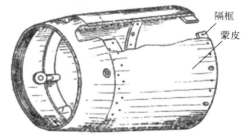

图 1.10-5　硬壳式弹身

向、横向受力构件的作用。整体壁板式弹体的强度和刚度都很好，零件数量少，外形光滑，有利于减小气动阻力。对于受载情况复杂、刚度要求较高的弹身舱段，这是一种比较好的结构形式。

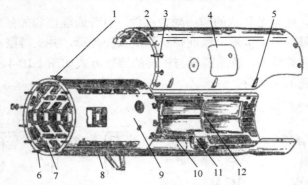

1-吊挂接头；2-大口盖；3-拆返螺栓；4-设备维护口盖；5-大口盖连接孔；6-纵梁；7-加强框；
8-弹翼槽口；9-发射支撑架；10-舱体；11-纵向加强框；12-加强口框

图 1.10-6　整体壁板式弹身

1.10.2　壳体结构的强度和稳定性

1. 锥壳稳定性

导弹的头罩、级间舱段多为薄壁加强框锥壳结构，锥壳的危险情形发生在外压和轴向过载最大的时刻。

图示 1.10-7 为一具有横向隔框的截锥壳，设壁厚为 δ，中间置有等效弯曲刚度为 EJ 的横向加强框。通常金属锥壳的内壁用防热层覆盖，增加的壳体刚度可用折算厚度加以考虑。这里讨论锥壳外压稳定性，关键是计算临界失稳载荷，包括局部失稳和整体失稳的破坏载荷。

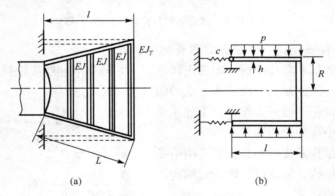

(a)　　　　　　　　　　(b)

图 1.10-7　锥壳结构示意图

1) 局部稳定性计算

各加强框之间的蒙皮发生局部失稳的临界压力可按下述公式计算：

$$p_{KP} = 0.92 E \frac{R_i^c}{L_i} \left(\frac{\delta}{R_i^c} \right)^{5/2} \tag{1.10-1}$$

式中，R_i^c 为加强框之间第 i 跨的平均半径；L_i 为锥壳母线第 i 跨的长度。

2) 总体稳定性计算

在计算截锥壳总体稳定性时，可近似用正交各向异性圆柱壳体代替锥壳体。如图 1.10-8 所

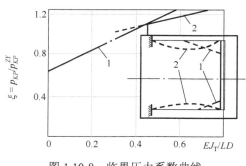

图 1.10-8　临界压力系数曲线

示，正交各向异性圆柱壳体的半径取锥壳最大半径，轴向拉伸刚度 B_A 和环向弯曲刚度 B_T 为

$$\begin{cases} B_A = E\delta \\ B_T = \dfrac{KE\delta^3}{12(1-\mu^2)} \\ K = 1 + \dfrac{EJ(N+1)}{L}\dfrac{12(1-\mu^2)}{E\delta^3} \end{cases} \tag{1.10-2}$$

式中，N 为中间隔框数量(不含端框)；L 为锥壳母线长度。

为确定等效正交各向异性圆柱壳体的临界压力，可按图 1.10-8 计算系数 ξ，系数取决于端框的相对刚度 EJ_T/LD，临界压力是

$$p_{KP} = \xi p_{KP}^{ZY} \tag{1.10-3}$$

显然，如果外界压力载荷大于临界载荷，锥壳将失稳破坏。

2. 圆柱壳体的强度

固体发动机壳体既要承受燃烧室的内压(内压为拉应力)，又要承受飞行载荷，在发动机熄火后，气动阻力还会产生轴向压应力。

设壳体轴向载荷为 N_{AW}，弯矩为 M_W，燃烧室压力为 p_c，直径为 D，由材料力学理论得

径向应力：

$$\sigma_1 = \frac{N_{AW}}{\pi D\delta} \tag{1.10-4}$$

切向应力：

$$\sigma_2 = \frac{p_c D}{2\delta} \tag{1.10-5}$$

弯曲应力：

$$\sigma_{1M} = \frac{M_W}{0.8D^2\delta} \tag{1.10-6}$$

径向合应力：

$$\sigma_{1s} = \sigma_1 \pm \sigma_{1M} \tag{1.10-7}$$

剩余强度安全系数：

$$\eta = \frac{[\sigma_b]}{\sigma_{1s}} \geqslant 1.25 \tag{1.10-8}$$

式中，$[\sigma_b]$ 是所选壳体材料的强度限。

结构稳定性是指在外载荷作用下，初始结构形状发生大的改变而无法继续维持使用功能。闭口薄壁圆柱壳体的稳定性主要包括轴向受压和环向受压两种情况。

1) 闭口薄壁圆柱壳体轴向受压的稳定性临界载荷

轴向受压时，壳体是在壳壁成波状屈皱时丧失稳定的，如图 1.10-9 所示，形状由直筒变成波纹屈皱，壳体的应力状态也发生了质的突变，由无矩状态变成了有矩状态，相关文献给出了总临界载荷的解为

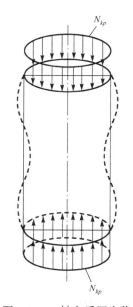

图 1.10-9　轴向受压失稳

$$N_{kp} = \frac{Eh^2}{R\sqrt{3(1-\mu^2)}}$$ (1.10-9)

式中，E 为壳体材料的弹性模量；h 为壳体厚度；R 为圆柱体半径。

2) 两端自由薄壁圆柱壳体横向均布外压作用下的临界载荷

假设圆环按图 1.10-10(a)所示受到外界压力作用，按图 1.10-10(b)所示 $\cos 2\theta$ 规律屈皱，丧失稳定，临界压力分布为

$$q_{kp} = \frac{E}{4(1-\mu^2)}\left(\frac{h}{R}\right)^3$$ (1.10-10)

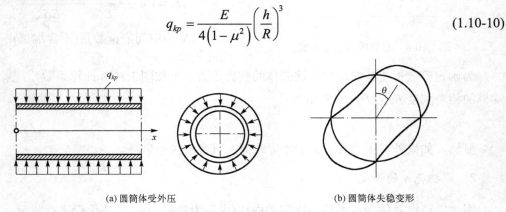

(a) 圆筒体受外压　　　　　　　　　　　(b) 圆筒体失稳变形

图 1.10-10　两端自由薄壁圆柱壳体横向均布外压作用下的失稳

1.10.3　弹翼结构

弹翼部件是连接在弹体上的，产生升力，托举导弹，弹翼上还可装副翼、操纵机构等。在飞行时，弹翼承受分布载荷(空气动力、质量力)和集中载荷(设备集中质量力)，承受剪力、弯矩和扭矩，如图 1.10-11 所示的亚声速弹翼。

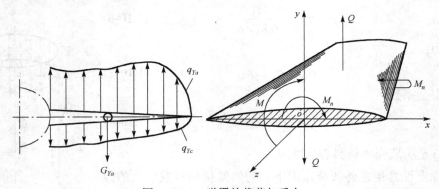

图 1.10-11　弹翼的载荷与受力

弹翼分为骨架蒙皮式弹翼、整体壁板式弹翼和夹层式弹翼。

骨架蒙皮式弹翼效仿飞机机翼而来，飞航导弹采用这种结构。这种弹翼的受力构件中，纵向骨架有主梁、纵墙和桁条；横向骨架有普通隔框和加强翼肋，如图 1.10-12 所示。

翼梁是弹翼的主要纵向受力构件，承受剪力和弯矩。剪力由梁的腹板承受，弯矩由梁的凸缘(硬铝或合金钢型材制成)承受。翼梁通过主接头与弹体连接，将载荷传递到弹体上，多采用等强度设计，翼根粗而翼尖细。

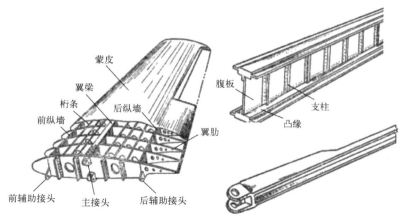

图 1.10-12　骨架蒙皮式弹翼与翼梁结构

纵墙是一条凸缘小而只有腹板的墙式翼梁，与蒙皮和翼梁的腹板组成围框承受扭矩，后纵墙可连接副翼，纵墙上有辅助接头，连接弹翼与弹体。

桁条主要用以支承蒙皮，提高其承载能力，同时将气动力传递到翼肋上帮助翼梁抵抗弯曲。

翼肋起保证翼剖面形状的作用，支持和加强蒙皮、桁条和翼梁之腹板的承载能力，通常用硬铝板材制成。

整体壁板式弹翼如图 1.10-13(a)、(b)所示，弹翼由上下整体壁板件对合铆接而成，把蒙皮、桁条、翼肋和翼梁合成一体，蒙皮厚，铆接缝隙小、零件少，改善了弹翼结构强度、刚度和工艺。其是为解决高速导弹的弹翼结构问题而出现的，高速导弹的弹翼相对厚度要尽量小，以减小阻力；若采用骨架蒙皮式弹翼，难以满足强度和刚度要求，也给铆接工艺带来困难。

夹层式弹翼由夹层板作为蒙皮，只用少数几根翼肋和纵墙组成弹翼。这种弹翼蒙皮厚，与单层蒙皮相比，不易变形、刚度好，因此不必采用桁条。如图 1.10-13(c)所示，将锡箔或不锈钢箔焊接而成的蜂窝夹层板用作蒙皮，蜂窝夹层板具有良好的隔热作用，特别是面板采用钛合金或不锈钢，能耐高温，有助于解决气动加热问题。

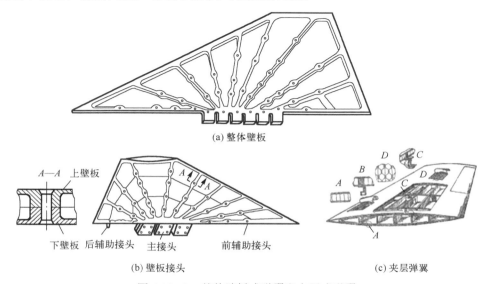

图 1.10-13　整体壁板式弹翼和夹层式弹翼

习　　题

1-1　弹道导弹为什么没有弹翼？导弹的战术技术指标有哪些？

1-2　什么是空气动力的压心、焦点、静稳定？

1-3　攻角、侧滑角、舵偏角以及对应的气动力、气动力矩与控制力矩系数的符号如何定义？

1-4　导弹气动力系数、气动力矩系数与参考面积、参考长度有关系吗？

1-5　横向静稳定与纵向静稳定有什么联系和区别？

1-6　上反角和后掠角为什么可增强面对称飞行器的横向静稳定性？

1-7　已知轴对称导弹的法向力导数为 C_N^α，压心距离质心的距离为 Δx，参考长度为 l，弹体静稳定，求对应的纵向力矩系数导数 m_z^α。

1-8　平台惯性导航与捷联惯性导航的工作原理是什么？各自的优缺点是什么？

1-9　天文导航是如何测量导弹的经纬度的？

1-10　陀螺仪是如何表现牛顿三大定律的？

1-11　制导、导航与控制之间的关系是什么？

1-12　亚声速和超声速导弹的弹翼结构有何区别？

1-13　骨架蒙皮式弹翼结构的特点是什么？

1-14　铰链力矩、舵机输出力矩与操纵力矩之间有什么区别？

1-15　已知某轴对称导弹在 5° 攻角时计算得到的俯仰力矩系数为 0.000215，对应的法向力系数为 0.3838，在 3° 攻角时计算得到的俯仰力矩系数为 0.005128，对应的法向力系数为 0.08148，是静稳定吗？

1.16　设飞机的滚动角速度为 ω_x，速度为 V，侧滑角为 β，求垂直尾翼距离纵轴高度 h 处气流的总侧滑角 β_T。

1.17　为什么拦截导弹不选姿态角作为制导指令，而是选过载作为制导指令？

1.18　飞机的俯仰、偏航、滚动，以及舵面是如何操纵的？

第2章　气动外形设计

空气动力就是气流对外表面包括头部、弹身、弹翼、尾翼、空气舵等的作用力，因此空气动力与飞行器的外形密切相关，不同的气动面构型及其配置产生的空气动力不一样，那么总的气动力特性就不同，直接影响飞行器的升阻比和操纵特性。

外形设计是在保证飞行性能的前提下，合理选择弹体各部件的几何参数，确定几何外形与尺寸，决定各部件的相互位置与安排。外形设计是飞行器总体设计中的重要组成部分，也是评定总体方案设计优劣的一个重要方面。

本章主要介绍气动性能与外形部件参数的解析关系及其物理意义，对于外形设计及参数调整具有方向指导性意义。解析关系虽然是某一理想或特定条件下得出来的，不具备对复杂弹体外形气动特性的精确描述，但其变化趋势是可参考的。

2.1　气动外形对飞行性能的影响

2.1.1　外形与航程的关系

以图 2.1-1 所示巡航导弹为例，等速平飞时的质心动力学方程为

$$mv\dot{\theta} = L + F\sin\alpha - mg\cos\theta$$

$$m\frac{\mathrm{d}v}{\mathrm{d}t} = F\cos\alpha - D - mg\sin\theta \tag{2.1-1}$$

由攻角较小时的平飞条件，可得

$$F \approx D = \frac{mg}{L/D} \tag{2.1-2}$$

巡航发动机推力假设为

$$F = -\dot{m}I_{sp}g = -I_{sp}g\frac{\mathrm{d}m}{\mathrm{d}t} \tag{2.1-3}$$

其中，I_{sp} 是巡航导弹的发动机比冲，s。

由式(2.1-2)和式(2.1-3)，得

$$\mathrm{d}t = \frac{-\dfrac{L}{D}I_{sp}\mathrm{d}m}{m} \tag{2.1-4}$$

巡航航程为

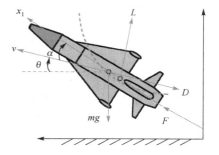

图 2.1-1　巡航导弹平面运动时的受力图

$$R = \int_0^{t_k} v\mathrm{d}t = \int_{M_0}^{M_k} -\frac{L}{D}I_{sp}v\frac{\mathrm{d}m}{m} = \frac{L}{D}I_{sp}v\ln\frac{M_0}{M_k} = \frac{L}{D}I_{sp}v\ln\frac{1}{\mu_k} \tag{2.1-5}$$

即

$$R = \frac{L}{D} I_{\text{sp}} v \ln \frac{M_0}{M_k} = \frac{L}{D} I_{\text{sp}} v \ln \frac{1}{\mu_k} = \frac{L}{D} I_{\text{sp}} v \ln \frac{1}{1 - \mu_p} \tag{2.1-6}$$

其中，μ_p 为推进剂或燃料的质量百分比；μ_k 为结构质量的百分比。式(2.1-6)称为 Breguet 航程估计方程。

可见，在总质量和燃料质量相同的情况下，飞行器外形的升阻比是影响动力巡航航程的重要因素，如果平均升阻比增大一倍，则航程也增大一倍，因此外形设计中要尽可能提高升阻比，升阻比是外形气动效率的度量指标。

如果以涡轮涡扇发动机或涡喷发动机的耗油率 c 表示(耗油率是单位时间内产生单位推力所消耗的燃油重量，$\text{N} / (\text{N} \cdot \text{s})$)，则匀速巡航航程为

$$R = \frac{L}{D} \frac{v}{c} \ln \frac{M_0}{M_k} \tag{2.1-7}$$

如果已知发动机的燃料热值和发动机转换效率，则航程估计方程还可写为

$$R = \eta \frac{L}{D} \frac{Q}{g_0} \ln \frac{M_0}{M_k} \tag{2.1-8}$$

式中，Q 为燃料热值，J / kg；η 为发动机转换效率。

对于中远程助推滑翔导弹，平面运动方程为

$$\begin{aligned}
\frac{\mathrm{d}V}{\mathrm{d}t} &= -\frac{\rho S C_D V^2}{2m} - g \sin \Theta \\
\frac{\mathrm{d}\Theta}{\mathrm{d}t} &= \frac{\rho S C_L V}{2m} + \left(\frac{V^2}{h + R_e} - g \right) \frac{\cos \Theta}{V} \\
\frac{\mathrm{d}h}{\mathrm{d}t} &= V \sin \Theta \\
\frac{\mathrm{d}\Phi}{\mathrm{d}t} &= \frac{V \cos \Theta}{h + R_e}
\end{aligned} \tag{2.1-9}$$

在初始滑翔速度相同的情况下，机动弹头的升阻比也对射程起决定作用。假设初始速度为 V_0、平衡滑翔飞行且高度为常值 h、平均升阻比为 L / D，当末速为 V_1 时，可导出滑翔航程 R 的估计方程为：

$$R = \frac{1}{2} \frac{L}{D} R_e \ln \frac{V_1^2(h + R_e) - g_0 R_e^2}{V_0^2(h + R_e) - g_0 R_e^2} \tag{2.1-10}$$

式中，R_e 为地球平均半径；Θ 为当地速度倾角；g_0 为地面重力加速度；Φ 为射程角。

式(2.1-10)建立起了滑翔距离、升阻比、滑翔高度、滑翔速度的解析关系，可用于中远程滑翔飞行器初步设计时的射程估计。以表 2.1-1 的美国 HTV-2 为例进行说明。

表 2.1-1　HTV-2 飞行参数对比

滑翔导弹	滑翔起始速度/(m/s)	平均滑翔高度/km	升阻比	滑翔结束速度/(m/s)	仿真计算/km	理论估算/km	相对差/%
HTV-2	5800	50	3.0	1000	7600	7320	4

注：HTV-2 第一次试验在 200000ft(约 61km)高度，加速到马赫数为 22(13000mi/h，约 5800m/s)后起滑，用时 30min 左右飞越 4100n mile(约 7600km)的太平洋。

对于短程滑翔飞行器，假设滑翔过程中升力等于重力，根据阻力做功和动能定理，以及初始速度 V_0 和滑翔终点速度 V_1，易得简化的滑翔射程估计方程为

$$R = \frac{1}{2} \frac{L}{D} \frac{V_0^2 - V_1^2}{g(h)} \tag{2.1-11}$$

式中，L/D 是平均升阻比；g 是重力加速度；h 是飞行高度。

航程估计方程在总体方案设计时可用来估计气动外形的升阻比需要值。

2.1.2　导弹外形与机动性的关系

导弹外形与机动性的关系可用其外形参数和可用过载的关系来说明，如果略去推力及控制力的影响，则可用过载可用式(2.1-12)表示：

$$n_{ya} = \frac{Y_{\max}}{mg} \tag{2.1-12}$$

式中，$Y_{\max}$ 为最大升力。

而

$$Y_{\max} = C_y^\alpha \alpha q S \tag{2.1-13}$$

则

$$n_{ya} = \frac{C_y^\alpha \alpha q S}{mg} \tag{2.1-14}$$

若以弹身的横截面积为参考面积 S，则全弹升力系数导数 C_y^α 可表示为

$$C_y^\alpha = (C_y^\alpha)_b + \frac{S_w}{S}(C_y^\alpha)_w K_{wb} \tag{2.1-15}$$

这里，$(C_y^\alpha)_b$、$(C_y^\alpha)_w$、S_w、K_{wb} 分别为弹身升力系数对攻角 α 的导数、弹翼升力系数对攻角 α 的导数、弹翼面积、弹翼与弹身气动干扰效应的修正系数。

$(C_y^\alpha)_b$、$(C_y^\alpha)_w$ 和 K_{wb} 皆为导弹外形参数的函数，可分别表示为

$$(C_y^\alpha)_b = f(Ma, \lambda_h, \lambda_b, \eta_{ta}, C_{x0}) \tag{2.1-16}$$

$$(C_y^\alpha)_w = f(Ma, \lambda_w, \Lambda, \eta_w) \tag{2.1-17}$$

$$K_{wb} = \left[1 + \frac{d}{b}\left(1.2 - \frac{0.2}{\eta_w}\right)\right]^2 \tag{2.1-18}$$

式中，Ma 为飞行马赫数；λ_w、Λ 和 η_w 分别为弹翼展弦比、后掠角和根梢比；λ_h、λ_b 分别为弹身头部、圆柱段的长细比；η_{ta} 为弹身尾部的收缩比；C_{x0} 为圆柱段的零升阻力系数；d 为弹体直径；b 为两弹翼的展长。

2.1.3　外形设计要求

各类导弹的特点不同，对机动性、飞行特性等因素的要求也不同，但总的来说，对于气动外形设计，应主要考虑以下几个方面。

(1) 气动特性：需要满足零升阻力小、升力大、升阻比大、压心变化小、舵效高及铰链力矩小等要求。

(2) 机动性：需要满足需用过载要求，即弹体在给定的动压情况下可提供空间转弯所需的法向、侧向加速度。

(3) 稳定性：某些飞行器，如无人驾驶飞机、大气再入弹头、探空火箭、火箭弹等，对弹体的外形设计有静稳定性要求，即在没有控制作用的情况下，保持一定的抗干扰能力。虽然能够通过自动驾驶仪保证飞行稳定性，但是有些飞行器总希望在无控情况下具有良好的稳定性和动态品质，以降低对控制系统的要求。

(4) 操纵性：要求气动耦合和操纵耦合尽可能小、合理的操稳比、足够的操纵舵效及快速性，保证导弹一定的操纵能力是外形设计的一项重要指标，而操纵能力和操纵特性由于受到各种约束，往往一时较难达到理想的性能，需要外形设计与控制设计相互迭代完成。

(5) 其他方面：外形设计还要从部位安排、弹体结构、舵机功率和体积、制导要求、制造成本、制造工艺等方面考虑；另外，发射方式和作战使用也是必须考虑的。

对于不同类型的导弹，以上气动外形设计要求的侧重点会有所不同，因此衡量其气动布局优劣的标准也不完全相同。

对于反坦克、反舰导弹，攻击的是低速目标，升力的大小只要能保证导弹飞行具有一定的机动性、操纵性、稳定性即可；如果速度不是很快，气动阻力特性要求就不是很严。

对于反飞机、反导拦截弹，攻击高速活动目标时还要求具有高的机动性和良好的操纵性，因此外形设计应使导弹获得较大的需用过载；同时，由于导弹本身的飞行速度很快，阻力对燃料消耗很大，因此要力求使导弹的外形设计具有最小阻力特性。

对于远程巡航导弹、助推滑翔导弹，由于射程是主要约束，因此最大升阻比是外形设计的主要要求，当然外形设计还与气动热、结构等特性密切相关。

2.2　导弹常用气动布局

导弹的气动布局通常有两种分类方法：一种是翼面在弹身周向的配置形式；另一种是翼面纵向配置形式。

2.2.1　翼面在弹身周向的配置形式

翼面在弹身周向的配置形式有两种方案。

一种是平面配置方案，亦称为飞机式方案。这种方案的特点是导弹只有一对翼展，对称地配置在弹身两侧的同一平面内，如图 2.2-1(a)所示。严格地讲，这种弹翼并不完全在同一平面内，这是因为有安装角、上反角、扭转角等的存在。

另一种是空间配置方案，弹翼对称地配置在弹身四周，根据弹翼之间的夹角与配置不同，又分为"+"、"×"和"H"形等，如图 2.2-1(b)~(d)所示。

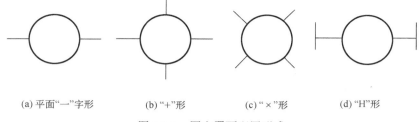

(a) 平面"一"字形　　(b) "+"形　　(c) "×"形　　(d) "H"形

图 2.2-1　固定翼面配置形式

除采用固定翼面配置之外,还采用折叠安排(如折叠、转弧、弹射),如图 2.2-2 所示。注意,对于静稳定,至少需要 3 块尾翼,对于弹翼与控制舵面,4 块弹翼是典型的配置,与侧滑转弯机动是一致的。对于倾斜转弯机动,通常使用 2 块弹翼,至少 3 块尾翼。如果尾翼多于 6 块,则是因为与发射平台结合时的跨度尺寸限制或者尽量减小因湍流而引起的滚动力矩。

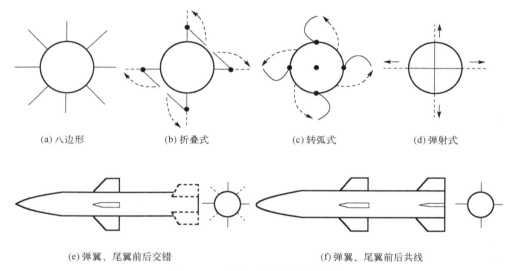

(a) 八边形　　(b) 折叠式　　(c) 转弧式　　(d) 弹射式

(e) 弹翼、尾翼前后交错　　　　　　(f) 弹翼、尾翼前后共线

图 2.2-2　弹翼、尾翼的布局形式

对翼面进行折叠,可降低跨度尺寸要求及满足与发射架配合的紧凑运输。折叠翼通常有驱动器,在导弹与发射架分离之后,驱动器展开折叠翼,AGM-86 巡航导弹就具有折叠翼。用于紧凑运输的还有转弧翼,特别适合筒式发射。另外,还有一种继电弹射翼,发射之前压缩在导弹内部,与发射架分离之后,继电弹射翼弹开,战斧巡航导弹 BGM-109 就具有继电弹射翼。

飞行控制中的驱动轴安装位置有两种方式,即空气动力中心附近(绕中线偏转)或舵面端部附近(绕端部偏转),绕中线轴的舵面偏转具有相对较小的铰链力矩。

一前一后的气动面包括弹翼-尾翼排列(即正常式布局)和鸭式舵-尾翼排列(即鸭式布局),排列方向可以交错或者共线,常选择共线的气动布局,因为阻力和雷达反射面积较小。

1. 平面配置的特点

采用平面配置的形式有许多优点:第一,阻力小,重量轻,适合巡航导弹、无人驾驶飞行器;第二,这类导弹在使用协调转弯进行机动飞行时,升力对准目标,战斗部可采用定向爆炸结构,有利于减轻导弹的结构质量;第三,对于机载导弹,这种弹翼配置在母机上悬挂方便,结构紧凑。

2. 空间配置的特点

(1) 两对翼面相互垂直呈"+"形或"×"形，这两种配置形式的特点是通过偏转舵面，获得相应的攻角和侧滑角，从而产生所需的法向力，因此各个方向都能产生同样大小的升力。这两种类型的配置可以获得较大的法向过载，具有良好的机动性，所以广泛应用于各种战术导弹中。

(2) 在空气舵的操控分配方面，"×"形配置比"+"形配置要复杂些，但因为其具有相对较高的气动操纵效率，大多数导弹采用了"×"形配置。

近年来，随着多块翼布局技术的出现，一些导弹为了增加法向过载，提高机动性，往往采用多块弹翼布局。便携式反坦克导弹"标枪"采用了 8 块弹翼，如图 2.2-3 所示。

图 2.2-1 所示"H"形配置主要以平面配置为主，这种配置适当增加了航向稳定性和机动能力。

图 2.2-3　美国"标枪"导弹

2.2.2　翼面纵向配置形式

按纵向相对位置的不同，导弹气动布局可分为以下 4 类。本节内容也与 3.3.4 节所述操纵方式密切相关。

1. 正常式布局

正常式布局是弹翼配置在弹身中段，舵配置在质心之后的弹身尾段，静稳定时平衡状态下的空气舵偏转角与攻角的转动方向相反，因而舵偏转产生的升力与导弹攻角产生的升力方向相反，使全弹升力减小，这会在一定程度上影响导弹的响应特性。

但是正常式布局也有很多优点，由于空气舵的有效攻角小(正常式布局导弹的舵面有效攻角为弹身攻角与舵偏角之差)，所以空气舵的受载小，铰链力矩也相应较小，舵机安装可利用喷管外围的空隙。另外，因为弹翼相对弹体是固定的，对后面舵面的下洗影响相对较小，故气动耦合以及非线性问题也相对较小。

正常式气动布局是战术导弹中广泛采用的形式，如图 2.2-4 所示，如英国近程低空防空导弹 Sea Wolf、俄罗斯空空导弹 R-37、法国 FSAS Aster、美国 Maverick AGM-65 等。

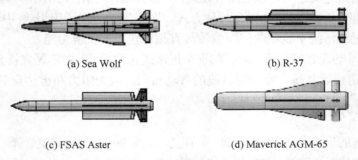

(a) Sea Wolf　　　　　　　　　　(b) R-37

(c) FSAS Aster　　　　　　　　　(d) Maverick AGM-65

图 2.2-4　正常式布局导弹外形图

在正常式气动布局的导弹中，有一类采用了栅格式空气舵控制，此设计理念是由苏联自动化系统研究院提出的，最先用在"蝰蛇"(Adder)AA-12 导弹上，如图 2.2-5 所示。栅格舵的优点是在超声速时铰链力矩小、控制效率高。栅格舵可以用很小的尺寸做出有效的控制，铰链力矩相对较小，使得执行机构的尺寸小、质量轻，并使得导弹具有较高的机动性。栅格舵的亚声速阻力与传统的飞行控制方式相当，但在跨声速段阻力较大，并且控制效率较低；另外，这种气动布局的雷达截面较大，隐身性较差。总之，栅格舵适合高速和超高速导弹，曾应用在俄罗斯的导弹上，如 SS-12、SS-20、SS-21、SS-25，我国神舟飞船的逃逸飞行器也使用了栅格尾翼，某型固体小运载的一级火箭控制也使用了栅格舵。

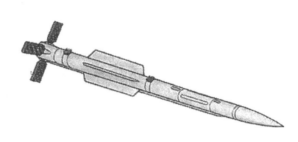

(a) 栅格舵　　　　　　　　　　　　　(b) "蝰蛇" AA-12

图 2.2-5　栅格翼及"蝰蛇" AA-12

2. 鸭式布局

和正常式相反，鸭式布局是空气舵位于质心之前的弹身头部，翼面位于弹身后部，平衡状态下的舵偏角与导弹攻角转向相同，使弹体的总升力增加，有利于提高导弹的响应特性。由于控制系统位置靠前，故舵机和操纵机构安排也比较方便，但在攻角和侧滑角同时存在时，不对称的下洗流作用在弹翼上将引起较大的滚动力矩；另外，由于鸭式舵差动时，舵面后缘逸出的尾涡将在弹翼上形成不对称流场，产生的诱导滚动力矩将减小甚至抵消鸭式舵产生的滚动控制力矩，所以一般在设计上取消了弹翼，并设计适当面积的尾翼以补偿取消弹翼造成的升力下降。但是，由于鸭式舵的合成攻角为导弹攻角与舵偏角之和，故只能偏转较小的角度，否则有失速的危险。典型的鸭式布局导弹外形如图 2.2-6 所示。

图 2.2-6　鸭式布局导弹外形图

在鸭式舵的前面加装固定翼面可缓解大攻角时的控制失速问题，这种气动布局称为拼合鸭式布局，主要在于固定翼面改变了来流方向，减小了鸭式舵的合成攻角，这种布局下舵偏角较大时不容易发生失速，且控制效率更高。图 2.2-7 给出了几种典型的拼合鸭式布局导弹外形。

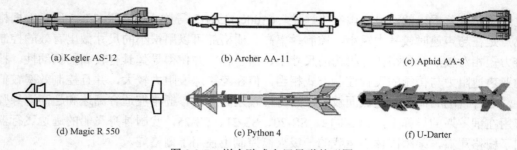

(a) Kegler AS-12   (b) Archer AA-11   (c) Aphid AA-8

(d) Magic R 550   (e) Python 4   (f) U-Darter

图 2.2-7　拼合鸭式布局导弹外形图

3. 旋转弹翼式布局

旋转弹翼式布局就是位于质心附近的弹翼作为可活动偏转的控制部件，又称可动弹翼式，这种配置形式通过弹翼旋转，改变弹翼的法向力，对控制信号的响应特别快，尤其是侧滑转弯时。但是，这种气动布局也有几个明显的缺点，比如，铰链力矩大，阻力增加也比较大，翼面旋转产生的诱导滚动力矩大。

弹翼偏转时，强烈的涡流对导弹的稳定性和控制效能具有副作用。图 2.2-8 说明了大攻角情况对于弹身-弹翼-尾翼布局所导致的弹翼和弹身的涡流。弹翼的涡流在翼梢处，弹身的涡流在头部的压力中心附近，近似头锥长度的 2/3 处。大攻角时，附加的弹身涡流可能从圆柱体弹身倒流到头部。弹翼的后部与弹身尺寸相近处容易产生来自弹翼的强烈涡流，与尾翼相互作用，从而影响稳定性和控制效能。

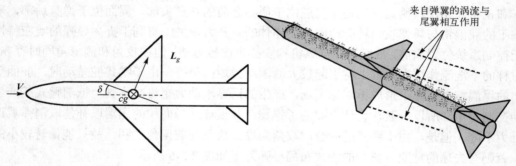

图 2.2-8　旋转弹翼式布局导弹

由于上述缺点多于优点，旋转弹翼式布局在近年来研制的导弹中没有采用。采用这种气动布局的导弹主要在 20 世纪 80 年代以前，如美国一些老式的采用冲压发动机的导弹和射程比较近的小型地空导弹和空空导弹。

4. 无尾式布局

图 2.2-9　无尾式气动布局

如图 2.2-9 所示，取消尾翼，弹翼延伸至尾部，称为无尾式。这种气动布局翼展较小，为保持大的弹翼面积，将翼根弦设计得较长。空气舵接近导弹的底部，结构上把弹翼和舵面连接为一体，气动特性更好。它是由正常式气动布局演变出来的一种气动布局形式，弹翼的前后移动对导弹的稳定性影响很大，弹翼后移容易导致过大的静稳定度，为获取一定的法向力，需要空气舵偏转的角度很大；弹翼前移，又容易出现静不稳定，或者控制效率很低，所以这种布局在结构布置和部位安排上常会遇到困难。为了提高控制效率，这种布局形式有时安装反安定面。无尾式布局适合机动性要求较高的高空高速飞行的战术导弹。美国早期的"霍克"(Hawk)防空导弹就是这种布局。

2.3　弹身外形与几何参数选择

弹体(气动外形的全部)包括弹身、弹翼、尾翼、空气舵等，弹身包括头部、弹身中段和尾部，外形设计包括弹身的几何参数选择、头部形状及尾部形状设计等。

弹身几何参数有弹身直径、弹身长细比 λ_b、鼻锥头部长细比 λ_N、尾部长细比 λ_{ta} 及尾部收缩比 η_{ta}，其中 λ_b、λ_N、λ_{ta}、η_{ta} 分别定义为

$$\lambda_b = l_B / d \tag{2.3-1}$$

$$\lambda_N = l_N / d \tag{2.3-2}$$

$$\lambda_{ta} = l_{ta} / d \tag{2.3-3}$$

$$\eta_{ta} = d_e / d \tag{2.3-4}$$

式中，d 为弹身直径；l_B 为弹身长度；l_N 为头部长度；l_{ta} 为尾部长度；d_e 为弹底端面直径。

2.3.1　弹身直径参数的选择

弹身作为容器，首先要满足内部设备的容积要求，其次作为承载的构件，要满足刚度和强度要求，还要尽可能设计有良好的气动外形，减小阻力和结构质量。

直径是重要的设计参数，若给定容积和弹身长细比 λ_b，在初步设计阶段，弹径可按式(2.3-5)计算：

$$d = \left(\frac{4N}{\pi k \lambda_b} \right)^{1/3} \tag{2.3-5}$$

式中，N 为弹身容积(包括发动机、弹载设备、战斗部等)；k 为考虑了弹头和弹尾为非圆柱形因素而做的修正系数，一般可取 $k = 0.85$。

弹身直径设计要考虑的因素较多，主要从以下几个方面进行考虑：

(1) 阻力因素；

(2) 战斗部直径；

(3) 发动机直径；

(4) 导引头的结构尺寸；

(5) 导弹结构刚度；

(6) 载体对直径或弹身长度的限制；

(7) 发射装置对弹径或弹身长度的限制；

(8) 运输及生产工艺对直径或弹身长度的限制。

1. 阻力因素

直径小意味着阻力小，横向尺寸小，与发射平台或发射架易兼容；直径大意味着增大射程、导引头的探测距离、对目标探测的分辨率、弹头的爆炸效能、弹身的弯曲频率及结构刚度和改善子系统封装。

在满足射程要求方面，特别是对于超声速导弹，阻力是主要的影响因素。阻力可表为阻力系数、动压和参考面积的函数：

$$D = C_D q S_{ref} \tag{2.3-6}$$

对于弹身阻力，参考面积不妨取为弹身的横截面积，代入导弹直径 d：

$$D = 0.785 C_D q d^2 \tag{2.3-7}$$

从式(2.3-7)可以看出，导弹直径增大1倍，则阻力增大为原来的4倍，图2.3-1中以 D/C_D 为直径和动压的函数，给出了典型战术导弹的参数范围。

2. 雷达探测

图2.3-2表示了雷达探测距离随直径的变化关系。

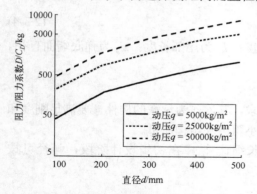

图 2.3-1　阻力随直径和动压的变化

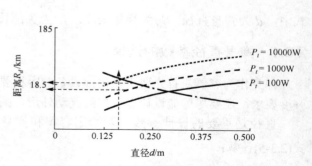

图 2.3-2　雷达探测距离与直径的关系

雷达探测距离方程如下：

$$R_d = \{\pi\sigma n^{3/4}[64\lambda^2 kTBFL(S/N)]\}^{1/4} P_t^{1/4} d_A \tag{2.3-8}$$

$$\theta_{3dB} = 1.02\lambda / d_A \tag{2.3-9}$$

式中，σ 为目标雷达反射面积；n 为整形脉冲数；λ 为雷达波长(m)；k 为 Boltzman 常数(值为 1.380649×10^{-23} J/K)；T 为接收器温度(K)；B 为接收器频宽(Hz)；F 为接收器噪声因子；L 为发射器损失因子；S/N 为探测目标的信噪比；P_t 为发射功率(W)；d_A 为天线直径(m)。

该方程基于假设：均匀一致的圆孔照射，忽略杂波、大气衰减和接收器的热噪声灵敏度。接收器的灵敏度值由式(2.3-10)给出：

$$P_r = kTBF \tag{2.3-10}$$

假设标称接收器的温度 $T = 290\text{K}$，频宽 $B = 10^6\text{Hz}$，噪声因子 $F = 5$，Boltzman 常数是 $1.380649 \times 10^{-23}\text{J/K}$，代入式(2.3-10)得 $P_r = 2.0 \times 10^{-14}\text{W}$。

导引头的最大允许传输功率受发射机技术、电池可用功率和最大允许温度的限制。

例 2.3-1　假设雷达导引头参数为 $\sigma = 10\text{m}^2$，$n = 100$，$\lambda = 0.03$（对应 10GHz 频率），$T = 290\text{K}$，$B = 10^6\text{Hz}$，$F = 5$，$L = 5$，$S/N = 10$，$d_A = 0.203$，$P_t = 1000\text{W}$，求探测距离和波束宽度角。

解：探测距离为

$$R_d = \left[\frac{\pi \times 10 \times (100)^{3/4}}{64 \times (0.03)^2 \times (1.38 \times 10^{-23}) \times 290 \times 10^6 \times 5 \times 5 \times 10} \right]^{1/4} \times (1000)^{1/4} \times 0.203 = 13073(\text{m})$$

3dB 波束宽度角为

$$\theta_{3\text{dB}} = 1.02 \times 0.03 / 0.203 = 0.1507(\text{rad}) \approx 8.6°$$

所以对于 10GHz 频率的雷达波，直径 0.2m 天线的波束宽度是 $\theta_{3\text{dB}} = 0.15$ (rad)，约为 8.6°。

较大直径或者较高频率意味着更远的探测距离、更精确的跟踪和更好的分辨率。例如，增加直径 100%，即到 0.4m，则探测距离增加 100%，达到 26146m，而波束宽度角则减少了 50%（即 4.3°）。

3. 红外探测

红外探测距离公式为

$$R_d = \{(I_T)_{\Delta\lambda} \eta_\alpha A_0 [D^* / (f_p A_d)^{1/2}](S/N) - 1\}^{1/2} \tag{2.3-11}$$

$$\text{IFOV} = d_p / f_{\text{number}} d_0 \tag{2.3-12}$$

式中，R_d 为探测距离(m)；IFOV 为瞬时像素视场角(rad)；η_α 为大气传输效率；A_0 为光学孔径面积(m^2)；D^* 为比探测率($\text{cm} \cdot \text{Hz}^{1/2}/\text{W}$)；$A_d$ 为探测器的总面积(cm^2)；S/N 为探测所需的信噪比；$(I_T)_{\Delta\lambda}$ 为波长 λ_1 与 λ_2 之间的红外辐射强度：

$$(I_T)_{\Delta\lambda} = \varepsilon L_\lambda (\lambda_2 - \lambda_1) A_T \tag{2.3-13}$$

根据普朗克定律，有

$$L_\lambda = 3.74 \times 10^4 / \lambda^5 [\text{e}^{1.44 \times 10^4 / \lambda T_T} - 1] \tag{2.3-14}$$

$$f_{\text{number}} = d_{\text{spot}} / 2.44\lambda \tag{2.3-15}$$

式中，ε 为辐射系数；L_λ 为光谱辐射；λ_2 为探测波长上限(μm)；λ_1 为探测波长下限(μm)；A_T 为目标投影面积(cm^2)；λ 为平均波长(μm)；T_T 为目标温度(K)；d_p 为像素直径(μm 或者 m)。

如果限制衍射，则 $d_{\text{spot}} = d_p$。

例 2.3-2　假设 $d_0 = 12.7\text{cm}$，$T_T = 300\text{K}$，$\lambda_1 = 3.8\mu\text{m}$，$\lambda_2 = 4.2\mu\text{m}$，$\varepsilon = 0.5$，$\lambda = 4\mu\text{m}$，$256 \times 256\text{FPA}$，$20\mu\text{m}$ 直径的像素，比探测率 $D^* = 8 \times 10^{11}\text{cm} \cdot \text{Hz}^{1/2}/\text{W}$，$S/N = 1$，$f_p = 250\text{Hz}$，$A_T = 2896\text{cm}^2$，试计算红外探测距离。

解：根据上述条件，将参数代入公式得

$$L_\lambda = \frac{3.74 \times 10^4}{4^5 \times [e^{1.44 \times 10^4/(4 \times 300)} - 1]} = 0.000224$$

$$(I_T)_{\Delta\lambda} = 0.5 \times 0.000224 \times (4.2 - 3.8) \times 2896 = 0.1297$$

$$A_0 = \pi d_0^2/4 = 0.0127(\text{m}^2), \quad A_d = 256 \times 256 \times 20^2 \times 10^{-8} = 0.262(\text{m}^2)$$

$$f_{\text{number}} = \frac{20}{2.44 \times 4} = 2.05$$

$$R_d = \{0.1297 \times 1 \times 0.0127 \times [8 \times 10^{11} \times (256^{1/2} \times 0.262^{1/2})] \times 1^{-1}\}^{1/2} = 12749(\text{m})$$

$$\text{IFOV} = \frac{0.000020}{2.05 \times 0.127} = 0.0000768(\text{rad})$$

在上述红外寻的头参数情况下，红外探测距离随光学直径与大气条件变化的曲线如图 2.3-3 所示。

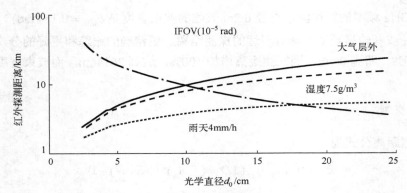

图 2.3-3　红外探测距离与光学直径的关系

4. 弹体一阶弯曲频率

弹体一阶弯曲频率的估算方程为

$$\omega_b = 14\sqrt{\frac{Et}{W(l/d)^3}} \tag{2.3-16}$$

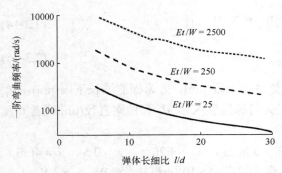

图 2.3-4　弯曲频率随弹体长细比的变化

式(2.3-16)基于细长薄壁圆筒假设，且不含气动面和加强框(筋)的附加刚度，重量均匀分布。式中，ω_b 为弹体一阶弹性弯曲角频率 (rad/s)；E 为弹性模量(Pa)；t 为壳体厚度(m)；W 为导弹重量(kg)；l/d 为长细比。

图 2.3-4 反映了一阶弯曲频率随弹体长细比的变化。对于长细比小、弹性模量高和厚度大的导弹，弹身刚度或弯曲频率就高，有利于降低结构变形程度和弹性振动。

作为一个设计准则，弹体一阶弯曲角频

率是舵机驱动器频率的 2～3 倍，例如，若伺服系统的工作频宽为 100rad/s，则导弹的一阶弯曲角频率在 300rad/s 左右就提供了与之匹配的设计裕度。

2.3.2　弹身头部及尾部外形设计

1. 头部外形设计

选择头部外形时，不仅要考虑气动力特性，还要考虑探测要求。大长细比头罩如图 2.3-5(a) 所示，$l_N/d=5$，具有较小的气动阻力，但导引头电磁探测能力低。小长细比头罩，如图(b) 所示，$l_N/d=0.5$，头部阻力很大，波阻可达到尖拱形头部的 6～7 倍，但电磁特性好，最有利于导引头探测目标。

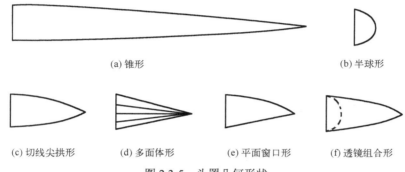

(a) 锥形　　　　　　　　　　　　　　(b) 半球形

(c) 切线尖拱形　　(d) 多面体形　　(e) 平面窗口形　　(f) 透镜组合形

图 2.3-5　头罩几何形状

弹身头部(或头罩)的常见形状如图 2.3-5 所示，有锥形、半球形、切线尖拱形，其他为改善光学特性的多面体形、平面窗口形和透镜组合形。而多面体形头罩有 6～8 块三角形面，构成金字塔形，由于面是平的，其具有误差斜率低的优点，但也要减小面与面之间的连接线对光学扭曲变形的影响。平面窗口形头罩虽然误差斜率低，但限制了寻的头的视场。透镜组合形头罩是由两块或多块同心的透镜头罩组合而成的，里面的头罩对外面细长形头罩的误差斜率进行光学校正，导引头头罩要选择透波性好的材料。

对于锥形头部，虽有波阻损失且头部容积小，但工艺性好，在近程、低速导弹上应用较多，如反坦克导弹萨格尔(Sagger)、斯奈奔(Snapper)、玛索戈(Mathogo)等。切线尖拱形头部比锥形头部应用更广泛，几乎在各类导弹中都有应用，切线尖拱形头部和锥形头部类似，但尖端以圆弧代替，与锥形头部相比，切线尖拱形头部的优点有以下几点：

(1) 在弹径和头部长细比相同情况下，切线尖拱形头部容积更大；

(2) 头部波阻小；

(3) 由于结构较钝，所以结构强度大。

因为大长细比头罩的圆弧形弯曲表面对电磁波传播产生光学扭曲，由此产生目标方位识别的误差斜率，给控制系统带来影响，所以对于超声速导弹，头罩长细比不能过大，一般取 2～3。为深入理解，这里介绍其误差模型。

由图 2.3-6 的几何关系可知，纵平面内的视线角 λ 是俯仰角 θ_m、导引头的常平架转角 θ_h 与成像视轴角 ε 之和。

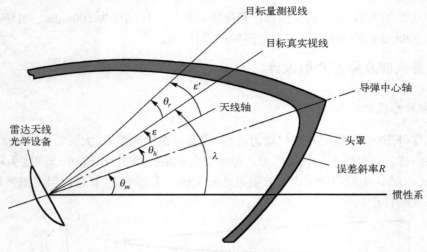

图 2.3-6 雷达头罩各几何角度的关系

$$\lambda = \theta_m + \theta_h + \varepsilon \tag{2.3-17}$$

由图 2.3-7 可知，头罩的光学像差角(或视线误差角) θ_r 可表示为

$$\theta_r = \theta_0 + R(\lambda - \theta_m) \tag{2.3-18}$$

式中，R 为误差斜率；θ_0 为静态像差偏置角；λ 为目标视线角；θ_m 为导弹俯仰角。

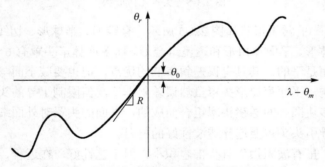

图 2.3-7 头罩光学像差角与视角的非线性关系

头罩误差斜率取决于其表面形状对电磁波的光学扭曲程度，数学表达式可表示为

$$R = \frac{\partial \theta_r}{\partial(\lambda - \theta_m)} \tag{2.3-19}$$

理想情况下有

$$R = \frac{\partial \theta_r}{\partial(\lambda - \theta_m)} = \frac{\partial \theta_r}{\partial \theta_h} \tag{2.3-20}$$

目标量测的视轴角为目标视轴角真值与光学像差角之和：

$$\varepsilon' = \varepsilon + \theta_r \tag{2.3-21}$$

于是有

$$\varepsilon' = \lambda - \theta_m - \theta_h + \theta_r = (1+R)(\lambda - \theta_m) + \theta_0 - \theta_h$$

因目标测量视线角为视线角真值和光学像差角之和：

$$\lambda_m = \lambda + \theta_r \tag{2.3-22}$$

故视线角转率的量测值为

$$\dot{\lambda}_m = \dot{\lambda} + \dot{\theta}_r = \frac{\mathrm{d}\lambda}{\mathrm{d}t} + \frac{\partial \theta_r}{\partial \theta_h}\frac{\mathrm{d}\theta_h}{\mathrm{d}t} = \frac{\mathrm{d}\lambda}{\mathrm{d}t} + \frac{\partial \theta_r}{\partial \theta_h}\left(\frac{\mathrm{d}\lambda}{\mathrm{d}t} - \frac{\mathrm{d}\theta_m}{\mathrm{d}t} - \frac{\mathrm{d}\varepsilon}{\mathrm{d}t}\right)$$
$$= \left(1 + \frac{\partial \theta_r}{\partial \theta_h}\right)\frac{\mathrm{d}\lambda}{\mathrm{d}t} - \frac{\partial \theta_r}{\partial \theta_h}\frac{\mathrm{d}\theta_m}{\mathrm{d}t} - \frac{\partial \theta_r}{\partial \theta_h}\frac{\mathrm{d}\varepsilon}{\mathrm{d}t} = (1+R)\frac{\mathrm{d}\lambda}{\mathrm{d}t} - R\frac{\mathrm{d}\theta_m}{\mathrm{d}t} - R\frac{\mathrm{d}\varepsilon}{\mathrm{d}t} \tag{2.3-23}$$

由于寻的导弹只能采用与视线转率量测值(理论上应是真值 $\dot{\lambda}$)成正比的导引律：

$$n_{yc} = N\dot{\lambda}_m V_c \tag{2.3-24}$$

因此引入了误差斜率 R，但这会影响制导控制系统的稳定性和精度。

改善措施：①改善头罩光学形状，减小误差斜率；②如果能测量误差斜率 R，就可利用误差模型校正。

2. 尾部外形设计

弹身尾部较弹身中段有一定收缩，其目的是减小弹身的阻力，收缩尾部的方式称为尾锥，图 2.3-8 给出了几种常见的尾部外形。

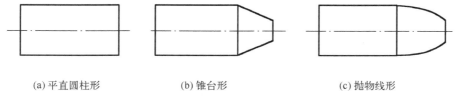

(a) 平直圆柱形　　　　　　(b) 锥台形　　　　　　(c) 抛物线形

图 2.3-8　常见尾部外形

导弹飞行时，底部存在负压，产生压差阻力(简称压阻)。尾部收缩设计对减小亚声速巡航导弹的底部压阻很有好处。图 2.3-9 说明了适量尾锥度的好处，在发动机燃烧完毕之后，底部压差阻力的面积为整个底部面积；如果存在尾锥，则底部压阻面积减小。在发动机燃烧期间，喷管之外的底部面积为压阻面积；存在尾锥时，同样减小了底部压阻面积，从而减小了底部阻力，这类似船尾的设计，但是，进行尾锥设计以减小阻力的同时，还需要考虑尾部控制驱动器的安装空间是否可行。

图 2.3-10 展示了尾部锥形处理给亚声速导弹带来的好处，弹体的总长细比为 10.5，鼻锥的长细比为 3.0，弹身的长细比为 6.0，尾锥的长细比为 1.5。注意到对于亚声速马赫数，尾锥减少了达 50% 多的阻力。但是，在从超声速到高超声速的马赫数范围，由于适度的尾椎，阻力仅有轻微的减少，而大尾锥可能引起阻力的增加，由于高马赫数时，大的尾锥角引起气流分离，形成湍流，导致阻力增加。

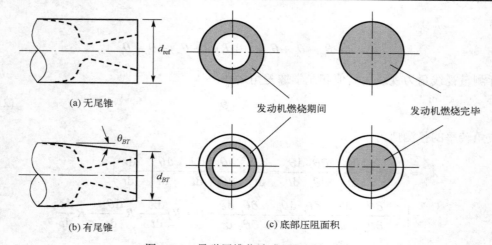

(a) 无尾锥

(b) 有尾锥

(c) 底部压阻面积

图 2.3-9　导弹尾锥化造成压阻面积减小

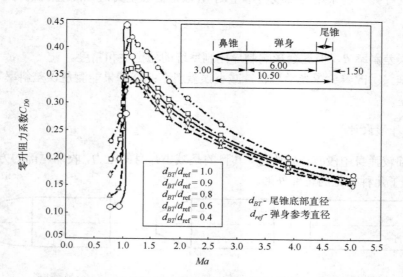

图 2.3-10　零升阻力系数随底部收缩比和马赫数的变化

　　导弹尾部的外形设计主要考虑两个参数：尾部长细比 λ_{ta} 及尾部收缩比 η_{ta}。对于亚声速导弹，λ_{ta} 越大，底部阻力越小，但同时尾部摩擦阻力增大；η_{ta} 越大，则底部阻力越大，尾部摩擦阻力越小，因此设计导弹尾部外形，要综合考虑这两个参数。根据现有统计，战术导弹通常是 $\lambda_{ta} \leqslant 3$，$\eta_{ta} = 0.4 \sim 1$。

2.3.3　弹身零升阻力系数估计

1. 亚声速阻力

$$C_{D0.b} = C_{Df.b} + C_{Db.b} \tag{2.3-25}$$

式中，$C_{Df.b}$ 为弹身摩擦阻力系数；$C_{Db.b}$ 为弹身底部压阻系数。

1) 摩擦阻力系数

摩擦阻力是亚声速导弹飞行时气动阻力的主要项，考虑到黏性，方案初步设计时可采用以下近似公式：

$$C_{Df.b} = \begin{cases} \dfrac{1.328}{\sqrt{Re}}(1+0.03Ma^2)^{-1/3}\dfrac{S_\sigma}{S_b}, & \text{层流} \\ \dfrac{0.455}{(\ln Re)^{2.58}}(1+0.12Ma^2)^{-1/2}\dfrac{S_\sigma}{S_b}, & \text{湍流} \end{cases} \tag{2.3-26}$$

式中，$Re = \dfrac{\rho_\infty V_\infty l_\infty}{\mu_\infty}$ 为雷诺数，ρ_∞ 为气流密度(kg/m^2)，V_∞ 为气流速度(m/s)，μ_∞ 为空气黏性系数；S_σ 为弹身侧表面积(m^2)；Ma 为马赫数。

2) 底部阻力系数

$$C_{Db.b} = 0.115 + (10Ma - 2)^3 \times 10^{-4} \tag{2.3-27}$$

2. 超声速阻力

超声速阻力包括头部波阻、尾段收缩压差阻力、摩擦阻力和底部阻力：

$$C_{D0.b} = C_{Dp.n} + C_{Dp.t} + C_{Df.b} + C_{Db.b} \tag{2.3-28}$$

式中，$C_{Dp.n}$ 为头部激波阻力系数；$C_{Dp.t}$ 为尾段收缩压差阻力系数。

1) 头部激波阻力系数

头部激波阻力是超声速导弹阻力的主要项，总体方案设计时可按锥形头部估计：

$$C_{Dp.n} = \left(0.0016 + \frac{0.0002}{Ma^2}\right)\theta_c^{1.69} \tag{2.3-29}$$

式中，θ_c 为头部半锥角(°)。其也可按以下估计：

$$C_{Dp.n} = \left(1.59 + \frac{1.83}{Ma^2}\right)\left(\arctan\frac{0.5}{l_N / d}\right)^{1.69} \tag{2.3-30}$$

2) 尾段收缩压差阻力系数

$$C_{Dp.t} = \left(0.0016 + \frac{0.0002}{Ma^2}\right)\theta_t^{1.69}\left[1 - \left(\frac{d_b}{d_B}\right)^2\right] \tag{2.3-31}$$

式中，θ_t 为尾段收缩半锥角(°)。

3) 底部阻力系数

底部阻力为底部的空气稀薄区负压产生的阻力：

$$C_{Db.b} = 0.255 - 0.135\ln Ma, \quad 1.1 \leqslant Ma \leqslant 5 \tag{2.3-32}$$

若底部有尾翼，附加底部阻力系数为

$$\Delta C_{Db} = n\frac{t_p}{c_r}\left(\frac{0.825}{Ma^2} - \frac{0.05}{Ma}\right) \tag{2.3-33}$$

式中，n 是稳定翼的块数；t_p 为翼的厚度(m)；c_r 为翼根弦长(m)。

E.U.Fleeman 提供的无动力滑行时弹身底部阻力系数公式为

$$C_{Db} = \begin{cases} 0.25 / Ma, & Ma > 1 \\ 0.12 + 0.13Ma^2, & Ma \leqslant 1 \end{cases} \tag{2.3-34}$$

相比无喷流情形，有喷流时底部阻力减小了，压阻面积则为扣除喷口面积剩下的环形区域面积，或乘以系数 $1 - A_e / S_b$。如果喷管出口面积与导弹底部面积几乎一样大，那么在有动力飞行时，底部阻力可忽略不计。

4) 超声速摩阻系数

$$C_{Df.b} = 0.053(l / d)\left(\frac{Ma}{14.6ql}\right)^{0.2} \tag{2.3-35}$$

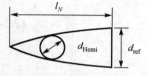

图 2.3-11　钝头的零升阻力计算

5) 钝度考虑

导弹通常使用小量钝度的弹头，这种措施可缓解局部应力集中和鼻尖的气动加热问题，小量钝度对阻力的影响通常不大，图 2.3-11 说明切线尖拱形钝度对零升阻力的影响。

首先，按鼻锥计算零升阻力系数，表达式是

$$(C_{D0})_{\text{Wave.SharpNose}} = \left(1.59 + \frac{1.83}{Ma^2}\right)\left(\arctan \frac{0.5}{l_N / d}\right)^{1.69}$$

然后，计算半球形头部的零升阻力系数：

$$(C_{D0})_{\text{Wave.Hemi}} = \left(1.59 + \frac{1.83}{Ma^2}\right)\left(\arctan \frac{0.5}{0.5}\right)^{1.69}$$

最后，钝头的零升阻力系数可近似认为是锥形弹头的零升阻力系数与半球形弹头的零升阻力系数各自按底部面积的加权平均值：

$$(C_{D0})_{\text{Wave.BluntNose}} = \frac{(C_{D0})_{\text{Wave.SharpNose}}(S_{\text{ref}} - S_{\text{Hemi}}) + (C_{D0})_{\text{Wave.Hemi}} S_{\text{Hemi}}}{S_{\text{ref}}}$$

例 2.3-3　假设弹头的底部直径 $d = 50\text{cm}$，具有 10％的钝度，长细比 $l_N / d = 2.4$，试计算 $Ma = 2$ 时的零升波阻系数。

解：切线尖拱形头部的零升阻力系数为

$$(C_{D0})_{\text{Wave.SharpNose}} = \left(1.59 + \frac{1.83}{2^2}\right)\left[\arctan \frac{0.5}{2.4}\right]^{1.69} = 0.141$$

半球形头部的零升波阻系数为

$$(C_{D0})_{\text{Wave.Hemi}} = \left(1.59 + \frac{1.83}{2^2}\right)\left[\arctan \frac{0.5}{0.5}\right]^{1.69} = 1.36$$

半球形底部直径和面积分别为

$$d_{\text{Hemi}} = 10\% \times 50 = 5(\text{cm})$$

$$S_{\text{Hemi}} = \frac{\pi d_{\text{Hemi}}^2}{4} = 0.01 S_{\text{ref}}$$

按底部面积加权平均的阻力修正公式可得出

$$(C_{D0})_{\text{Wave.BluntNose}} = 0.153$$

所以，对于 10% 的钝度，增加的零升波阻系数大约为 8.5%。

2.3.4 弹身中段外形设计

现有导弹大部分采用轴对称圆柱体弹身，这种外形的优点是气动阻力小，弹身刚度和强度较大，便于加工和制造，这一部分设计的主要参数是弹身长细比 λ_b 和弹身直径 D。

1. 弹身长细比

确定弹身长细比 λ_b 时，从气动力特性考虑，主要是零升阻力的影响：

$$C_{D0.b} = C_{Df.b} + C_{Dp.b} + C_{Dw.b} \tag{2.3-36}$$

式中，底部压阻系数 $C_{Dp.b}$ 主要取决于弹底和尾部外形；波阻系数 $C_{Dw.b}$ 主要取决于头部外形和长细比，也与弹身长细比和弹身直径有关；弹身摩阻系数 $C_{Df.b}$ 主要取决于弹身表面积大小，与弹身长细比 λ_b 关系最大。弹身长细比对 $C_{Df.b}$ 和 $C_{Dw.b}$ 的影响如图 2.3-12 所示。

从图 2.3-12 中可以看出，摩擦阻力和波阻之和有一最小值，该值对应的 λ_b^* 似乎可作为设计最优值，然而单纯根据该最小值得出的弹身长细比可达到 30 以上，这样的长细比将导致弹身很细长、刚度差，因此在设计弹身长细比时，还要综合考虑弹体刚度、工艺性和结构质量等方面。根据现有战术导弹统计分析，弹身长细比 λ_b 的合适范围大致如下。

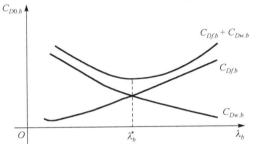

图 2.3-12 弹身长细比对阻力的影响

弹身的典型长细比是 5~25，低长细比的例子有美国的便携式反装甲导弹 Javelin，其长细比是 8.5，AIM-120 空空导弹具有 20.5 的高长细比。

统计范围：弹道导弹 $\lambda_b = 8 \sim 14$，空空导弹 $\lambda_b = 12 \sim 18$；飞航导弹 $\lambda_b = 9 \sim 15$；反坦克导弹 $\lambda_b = 6 \sim 12$。

2. 轴对称体与升力体及法向力系数

对于弹道导弹、地空导弹和空空导弹，其外形通常为圆锥轴对称体。对于远程滑翔弹头或某些超声速巡航导弹，其弹体往往设计成面对称扁平升力体，提高升阻比以最大限度满足射程要求。

亚声速时，圆柱体弹身的法向力系数对攻角偏导数 $C_{N.b}^{\alpha} \approx 1$，其压心位置 $x_{cp.b} \approx 0.5l_b$。

超声速时，根据细长体理论，圆柱体弹身的法向力系数与马赫数无关，法向力系数为

$$C_N = \sin 2\alpha \cos(\alpha / 2) + 2(l / d)\sin^2 \alpha \tag{2.3-37}$$

对于细长升力体，法向力系数方程可拓展为

$$C_N = [(a / b)\cos^2 \phi + (b / a)\sin^2 \phi][\sin 2\alpha \cos(\alpha / 2) + 2(l / d)\sin^2 \alpha] \tag{2.3-38}$$

可见，升力体法向力系数是攻角 α、弹身扁度即横截面长短轴之比 a/b，以及长细比 l/d 和倾斜角 ϕ 的函数，随攻角 α、扁度 a/b 和长细比 l/d 的增加而增加。例如，当攻角 $\alpha=90°$ 时，对于椭圆形横截面长短轴之比 $a/b=2$，法向力系数是相同截面积的圆截面的法向力系数的 2 倍。

弹身的法向力系数对攻角的曲线斜率 $C_{N,b}^{\alpha}$ 在决定尾翼的尺寸以满足静稳定裕度要求时需要用到。小攻角时，有

$$C_{N,b}^{\alpha} = 2[(a/b)\cos^2\phi + (b/a)\sin^2\phi] \tag{2.3-39}$$

升阻比可根据法向力系数和零升阻力系数计算，得

$$L/D = (C_N\cos\alpha - C_{D0}\sin\alpha)/(C_N\sin\alpha + C_{D0}\cos\alpha) \tag{2.3-40}$$

对于扁度或椭圆度 $a/b \geq 1$ 的升力体导弹，升阻比 L/D 随攻角的变化如图 2.3-13 所示。此外，升阻比 L/D 的增加还可以通过减小零升阻力系数、增大弹身长细比获得。通常，升力体外形有比轴对称体外形更大的升阻比，如图 2.3-14 所示。

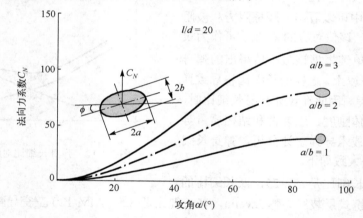

图 2.3-13　升力体法向力系数随椭圆度与攻角的变化

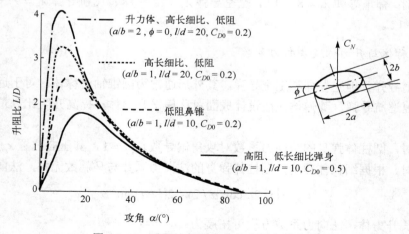

图 2.3-14　升阻比相对攻角与非圆度的变化

但要注意大动压的情况，如图 2.3-15 所示。当 $q=25\text{kPa}$ 时，对于圆截面 $a/b=1$，

$L/D = 2.4$；对于非圆截面 $a/b = 2$，$L/D = 3.37$。当 $q = 250\text{kPa}$ 时，对于圆截面 $a/b = 1$，$L/D = 0.91$；对于非圆截面 $a/b = 2$，$L/D = 0.96$。

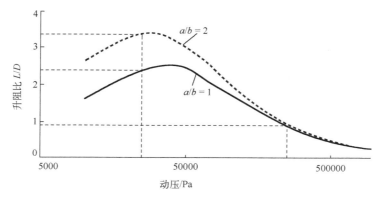

图 2.3-15　圆截面与非圆截面的升阻比对比

可见，当动压大于 250kPa 时，升力体与圆截面弹身的升阻比相差无几，这说明在高超声速大动压时，非圆截面弹身在升阻比方面与圆截面相比没有优越性，所以在高超声速大动压时，射程不大的短程战术导弹若采用圆截面弹身，只要长度合适，也可满足要求，而且安装子系统更方便，典型的例子是俄罗斯的短程战术导弹 Iskander 助推关机后，在适当高空的大气中滑行采用的就是经典的轴对称圆柱体弹身，而非扁平升力体。

弹身气动中心位置 $(x_{CP})_B$ 主要依赖于两个参数，即攻角 α 和 l_B/l_N。对于导弹方案设计，可忽略马赫数的影响，近似计算公式为

$$(x_{CP})_B / l_N = 0.63(1 - \sin^2 \alpha) + 0.5(l_B / l_N)\sin^2 \alpha \tag{2.3-41}$$

图 2.3-16 中给出了气动中心位置随长度比 l_B/l_N 和攻角 α 的变化曲线，注意到在小攻角情况下，弹身气动中心大致位于鼻锥长度的 63％ 处。而当攻角接近 90° 时，弹身气动中心位于弹身长度的 1/2 处。

3. 乘波体

在马赫数大于 4 的高超声速条件下，波阻和摩阻增加，形成"升阻比屏障"。1959年，Nonweiler 首次提出了乘波体概念，它的原理是：将飞行器的外形设计为尖劈形，上下不对称，但左右对称，这样前缘将产生附体激波，激波后的高压流体被限制在下表面，不会绕过前缘到上表面，下表面高压提供升力，整个弹身就像驾在激波和高压流体上飞行。其优点是升阻比更高，但其容积率低于升力体，弹体操纵的复杂性也增加了。

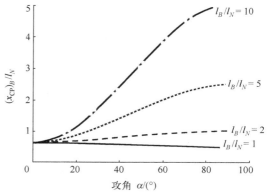

图 2.3-16　弹身气动中心位置与头部长度之比对攻角的变化曲线

例如，图 2.3-17(a)和(b)示意了一种椭圆锥乘波体。当 $\alpha = 0$、$\beta = 0$、马赫数为 4.0 的气流经过 $L=60\text{cm}$、$W=54.6\text{cm}$、$T=18.1\text{cm}$、$R=11.7\text{cm}$ 的椭圆锥乘波体时，气流遇到下表面的阻

滞产生压缩，下表面将出现很强的附体锥形曲面激波，见图 2.3-17(c)，此锥形激波过渡区的压强大于远场压强，而在上表面的气流几乎不存在压缩，气流对乘波体上表面产生的附加压力很小，可忽略不计，因而为乘波体提供了升力。

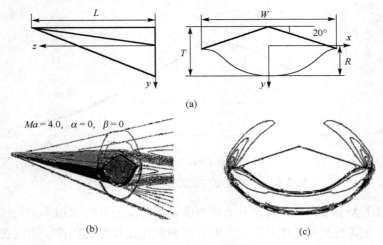

图 2.3-17　椭圆锥乘波体

2.4　弹翼几何参数选择

2.4.1　弹翼设计基本问题

弹翼的功能是保证导弹获得一定的可用过载或升阻比，而尾翼主要起稳定作用，保证需要的静稳定度。设计的基本问题是在满足稳定性和操纵性要求的前提下，设计翼的平面形状，确定其面积、几何尺寸以及位置。

弹翼的设计原则如下：

(1) 要具有良好的气动力特性，即在机动飞行状态下升阻比 L/D 最大，压力中心(焦点)位置变化小；

(2) 满足导弹给定的静稳定度要求；

(3) 在满足强度、刚度要求的前提下，结构质量轻、工艺性好；

(4) 结构紧凑，使导弹的储存、运输和使用都很方便；

(5) 有利于部位安排，尽可能使翼身之间的干扰小。

2.4.2　弹翼平面几何参数及选择

翼型可分为对称翼型和弯度翼型两大类。对称翼型的下表面是上表面的镜像，没有弯度，翼型弦线和中弧线重合。弯度翼型的中弧线是凸的，为正弯；相反，若为凹的，则为负弯。弹翼和尾翼只是功能不同，几何参数描述是一样的。

图 2.4-1 评价弹翼气动性能的平面几何参数主要有平面面积 S_w、展弦比 λ_w、根稍比 η、后掠角 Λ、平均气动弦长 c_{MAC} 及其位置 y_{MAC} 和厚度 t_m。

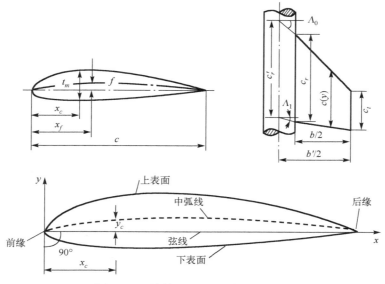

图 2.4-1　弹翼平面形状及其几何参数

平均几何弦长：

$$c_p = \frac{c_t + c_r}{2} \tag{2.4-1}$$

式中，c_r 为弹翼的翼根弦长；c_t 为弹翼的翼梢弦长。

展弦比：

$$\lambda_w = \frac{b}{c_p} = \frac{2b}{c_t + c_r} = \frac{b^2}{S_w} = \frac{S_w}{c_p^2} \tag{2.4-2}$$

其中，b 为翼展长度。

根梢比 η 是翼根弦长和翼尖弦长之比；反之，其倒数称为尖削比，根梢比为

$$\eta = \frac{c_r}{c_t} \tag{2.4-3}$$

则

$$S_w = 2 \int_0^{\frac{b}{2}} c(y) \mathrm{d}y \tag{2.4-4}$$

$$c_{\mathrm{MAC}} = \frac{2}{S_w} \int_0^{\frac{b}{2}} c^2(y) \mathrm{d}y \tag{2.4-5}$$

$$y_{\mathrm{MAC}} = \frac{2}{S_w} \int_0^{\frac{b}{2}} c(y) \mathrm{d}y \tag{2.4-6}$$

对于梯形翼，式(2.4-2)与式(2.4-4)～式(2.4-6)还可简化为

$$\lambda_w = \frac{2b}{c_t(1+\eta)} \tag{2.4-7}$$

$$S_w = \frac{b}{2}c_t(1+\eta) \tag{2.4-8}$$

$$c_{\text{MAC}} = \frac{2}{3}c_t\frac{\eta^2+\eta+1}{\eta+1} = \frac{4}{3}\frac{S_w}{b}\left[1-\frac{\eta}{(\eta+1)^2}\right] \tag{2.4-9}$$

$$y_{\text{MAC}} = \frac{b}{6}\frac{\eta+2}{\eta+1} \tag{2.4-10}$$

各参数定义如图 2.4-1 所示，这里 $\varLambda_0$ 为弹翼前缘线的后掠角。

弹翼的平面形状有矩形、梯形、三角形、双掠形等，如图 2.4-2 所示，还可能有各种各样的改形。每种形状都有其特点和适用范围，在各种特定情况下进行最优参数选择与设计，首先需要对各参数与性能的关系进行定性甚至定量的分析。

图 2.4-2　弹翼平面形状

1. 气动面的法向力、压力中心和阻力预测

对于梯形翼，翼面的法向力系数对攻角的导数近似为

$$\begin{cases} C_{N.W}^{\alpha} = \dfrac{1.84\pi\lambda_w}{2.4+\lambda_w}, & Ma \leqslant 1 \\[3mm] C_{N.W}^{\alpha} = \dfrac{4}{\sqrt{Ma^2-1}}\left(1-\dfrac{1}{2\lambda_w\sqrt{Ma^2-1}}\right), & Ma > 1 \end{cases} \tag{2.4-11}$$

压心系数为

$$\frac{x_{cp.W}}{c_{\text{MAC}}} = \begin{cases} 0.25, & Ma < 1 \\[3mm] \dfrac{\lambda_w\sqrt{Ma^2-1}-0.67}{2\lambda_w\sqrt{Ma^2-1}-1}, & 1 \leqslant Ma < 2 \end{cases} \tag{2.4-12}$$

如图 2.4-3 所示，弹翼的气动中心位置 $x_{\text{AC.}W}$ 随马赫数 Ma 与展弦比 λ_w 而变化。在低马赫数情况下，$x_{\text{AC.}W}$ 位于平均气动弦长的 25% 处，而在超声速情况下，例如，$\lambda_w = 2.82$，$Ma = 2$，则可算出 $\dfrac{x_{cp.W}}{c_{\text{MAC}}} \approx 0.48$，也就是说弹翼的气动中心位于平均气动弦长的 48% 处。另外，从图中可注意到：对于小展弦比的弹翼，其压心位置变化较小。

弹翼零升波阻系数：

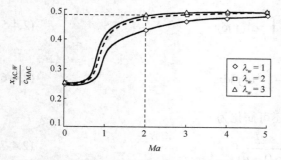

图 2.4-3　弹翼气动中心位置随马赫数的变化

$$
\begin{cases}
C_{Dp.w} = n_w \dfrac{2}{\gamma M_{\Lambda}^2}\left[\dfrac{(\gamma+1)M_{\Lambda}^2}{2}\right]^{\gamma/(\gamma-1)}\left\{\left[\dfrac{\gamma+1}{2\gamma M_{\Lambda}^2-(\gamma-1)}\right]^{1/(\gamma-1)}-1\right\} \\
\dfrac{\sin^2 \delta_{\mathrm{LE}}\cos \Lambda t_{\mathrm{MAC}}b}{S_B}, & M_{\Lambda}\geqslant 1 \\
C_{Dp.W}=0, & M_{\Lambda}<1
\end{cases}
\tag{2.4-13}
$$

式中，Λ 为前缘后掠角；δ_{LE} 为前缘厚度角；t_{MAC} 为平均气动弦长的最大厚度，m；$\gamma=1.4$ 为空气比热；n_w 为翼的数量；$M_{\Lambda}=Ma\cdot\cos\Lambda$；$b$ 为展长，m；S_B 为导弹横截面积；Ma 为飞行马赫数。

从式(2.4-13)可知，薄翼的前缘厚度角 δ_{LE} 越大，钝度越大，波阻自然就越大；相反，δ_{LE} 越小，波阻越小。因为前缘有后掠角 Λ，所以能减小马赫数的影响，有利于减小波阻。

弹翼摩擦阻力系数

$$
C_{D0f.W} = 2n_w\cdot 0.0133\left[\dfrac{Ma}{(14.6qc_{\mathrm{MAC}})}\right]^{0.2}\cdot\dfrac{S_w}{S_B}
\tag{2.4-14}
$$

式中，c_{MAC} 为平均气动弦长，m；q 为动压，Pa；S_w 为弹翼面积。

对摩擦阻力的主要贡献来源于弹翼的数量 n_W 和弹翼面积 S_W，而动压和平均气动弦长的影响较弱。

诱导阻力系数：

$$
C_{Di.W}=\begin{cases}
\dfrac{0.38C_{N.W}^2(\lambda_w+4\cos\Lambda)}{\lambda_w-0.8C_{N.W}(\lambda_w-1)(\lambda_w+4)\cos\Lambda}\dfrac{S_W}{S_B}, & Ma<1 \\
C_{N.W}^{\alpha}\dfrac{S_W}{S_B}, & Ma\geqslant 1
\end{cases}
\tag{2.4-15}
$$

2. 展弦比分析及其选择

1) 展弦比对升力系数斜率的影响

根据式(2.4-11)可知，随着展弦比增加，升力系数增加越来越缓慢，特别是在超声速的情况下，展弦比增加到 $\lambda_w=2\sim 3$ 以后，再增加展弦比对升力系数的增加所起的作用已经很小了。对于三角形翼，也有类似性质，展弦比对升力系数斜率的影响如图 2.4-4 所示。

亚声速($Ma=0.6$)的情况下，升力系数斜率随展弦比的增大而增大，因此一般亚声速飞行器都采用较大的展弦比，大型民航机的展弦比高达十几；而超声速飞行器采用小展弦比，现代高速防空导弹采用的展弦比一般都小于 2。

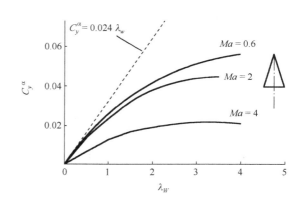

图 2.4-4　三角形翼展弦比对其升力系数斜率的影响

2) 展弦比对最大升阻比的影响

利用最大升阻比 $\bar{L}_{\max} = \left(\dfrac{L}{D}\right)_{\max}$ 条件可导出

$$\bar{L}_{\max} = \frac{1}{2}\sqrt{\frac{C_y^{\alpha}}{C_{D0}}} \tag{2.4-16}$$

$\bar{L}_{\max}$ 与升力系数斜率的平方根成正比，根据式(2.4-11)可知，展弦比 λ_w 较大的弹翼，其最大升阻比也较大。例如，三角形翼与矩形翼在相对厚度 $\bar{c} = 0.04$ 的条件下，最大升阻比 $\bar{L}_{\max}$ 随展弦比 λ_w 的变化情况如图 2.4-5 所示，$Ma = 3$ 时，矩形翼 $\lambda_w < 2$ 的情况下，$\bar{L}_{\max}$ 随 λ_w 的增加而增大；$\lambda_w \geqslant 2$ 以后，$\bar{L}_{\max}$ 随 λ_w 的增加不明显。三角形翼 $1 < \lambda_w \leqslant 1.5$ 的范围内，$\bar{L}_{\max}$ 随 λ_w 的增加而增大；当 $\lambda_w > 1.5$ 后，增大展弦比对提高升阻比 $\bar{L}_{\max}$ 作用不大；相反，采用小展弦比的弹翼减小了波阻的影响。

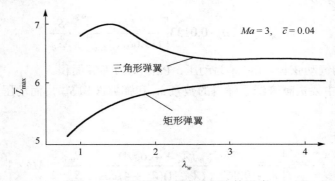

图 2.4-5　展弦比对最大升阻比的影响

3) 展弦比对临界攻角的影响

随着展弦比 λ_w 的增加，导弹的临界攻角将减小，为了避免失速，超声速导弹采用小展弦比较为有利。

4) 展弦比对结构刚度的影响

展弦比 λ_w 变大时，弹翼结构刚度会变差，为了满足刚度和强度的要求，弹翼的厚度及结构质量会增大。对于超声速飞行的导弹，由于翼面承受的载荷大，不宜采用大展弦比。

5) 其他方面的考虑

在设计展弦比时，其他方面的因素也不容忽视，如储存、运输等特殊要求，对于筒式发射的发射筒，兼做储存、运输包装的容器，导弹发射前，弹翼被折叠起来装在筒中，这种情况下，翼展就被限制。

可见，影响展弦比设计的因素较多，设计弹翼的展弦比要从多方面进行综合考虑。

3. 根梢比的分析与选择

弹翼的根梢比 η_w 变化范围很大，η_w 最大的是三角形翼，其 $\eta_w \to \infty$，而矩形翼的 $\eta_w = 1$；尖削比则为[0, 1]。从空气动力特性看，在超声速情况下，三角形翼较为优越，如图 2.4-6 所示，在展弦比 λ_w 相同的情况下，三角形翼的最大升阻比 $\bar{L}_{\max}$ 大于矩形翼，尤其是小展弦比时。

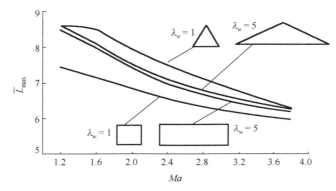

图 2.4-6　根梢比对最大升阻比的影响

三角形翼的压力中心(或焦点)位置随马赫数的变化相对平缓,如图 2.4-7 所示,有利于改善导弹的操纵性和稳定性。三角形翼的气动力中心靠近翼根,使根部剖面的弯矩比矩形翼的小,且在相对厚度 $\bar{c}$ 相同的情况下,三角形翼根部剖面的结构强度大,在满足刚度和强度要求的条件下,三角形翼的结构尺寸可以设计得较小,有利于减小结构质量,所以在超声速导弹上广泛应用了小展弦比的三角形翼,例如,美国空射飞马火箭的第一级与载机分离后,靠大三角形翼的升力托举运载火箭。

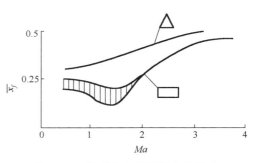

图 2.4-7　根梢比对弹翼压心的影响

另外,目前很多高速飞行器采用了接近于三角形翼的较大根梢比的后掠梯形翼(η_w 取为 3~5),其在气动性能上与三角形翼差别不大,却较好地改善了翼尖的结构刚度和使用性能,尤其是在弹翼后缘加装副翼时,一般都采用这种气动布局形式。

4. 后掠角分析及其选择

超声速导弹的来流微团不像亚声速时光滑地流过飞行器表面,而是在飞行器前方形成了一道激波,经过激波压缩后的流团压力、温度和密度都将突然增加。

如果来流为高亚声速或低超声速,即 $Ma = 0.8 \sim 1.2$ 的跨声速段,绕翼型的流动可能同时存在亚声速和超声速区域。保持高亚声速飞行的飞机或巡航导弹速度在 $Ma = 0.8$ 左右,一些超声速寻的导弹的速度达 $Ma = 3$,为延缓翼型的激波,有必要了解临界马赫数的概念。

1) 跨声速流场与临界马赫数

为理解临界马赫数概念,这里需要研究复杂跨声速流场的变化特点。如图 2.4-8(a)所示,当翼型有一个小的正攻角和来流为低/亚声速时,由于翼型的正弯度,在翼型的上表面总存在某一点 P 的速度为上表面的最大值。图 2.4-8 (b)中,随着来流速度的增加,当 P 点的当地马赫数到 1 时,称对应的来流马赫数为临界马赫数 Ma_{cr},此时翼型表面其他地方的当地马赫数均小于 1,为亚声速流动。显然临界马赫数 Ma_{cr} 取决于翼型的几何形状和攻角,对于给定的翼型,临界马赫数通常随着攻角的增加而减小。

随着来流马赫数超过 Ma_{cr},翼型表面不止一个点而是一片区域的当地速度超过声速,由于翼型后面的流动马赫数等于来流马赫数(亚声速),超声速区域最终以一道激波结束,如

图 2.4-8 (c)所示。随着来流马赫数 $Ma_{cr} \to 1$，上表面的超声速区域扩大，下表面也可能出现超声速流动区域，见图 2.4-8 (d)。

　　翼型表面形成的激波将导致气流分离、升力损失和阻力增加。升力系数在亚声速下随马赫数增大而增大，这种趋势要延伸到临界马赫数 Ma_{cr} 之后，因为尽管翼型表面已开始形成激波，但激波还没有强大到可以引起气流分离的程度。然而，当来流马赫数进一步增大时，激波更加强烈，导致气流分离，于是升力系数达到最大值，之后开始下降，这称为"激波失速"。激波失速的类型和严重程度与翼型的相对弯度和相对厚度有关，相对弯度和相对厚度增大时，翼型表面具有更大的当地马赫数，能导致更强的激波和更大的升力损失。

　　升力系数的减小通常伴随着阻力系数的急剧增加，阻力系数在来流马赫数为 1 时达到最大，之后翼型表面建立起清晰的超声速流场，气流将再次附着在飞行器表面上，因为之前导致气流分离的激波已经移动到翼的后缘了。

　　如图 2.4-8 (e)所示，当来流马赫数为超声速时，钝头翼型头部将会形成波阻较高的脱体弓形激波，由于正激波后面的来流总是亚声速的，因此在翼型前缘附近存在一小片亚声速流动区域，而亚声速流经过翼型表面后很快加速到超声速流，出现两种流动并存的现象，显然上下表面会有一条声速线。

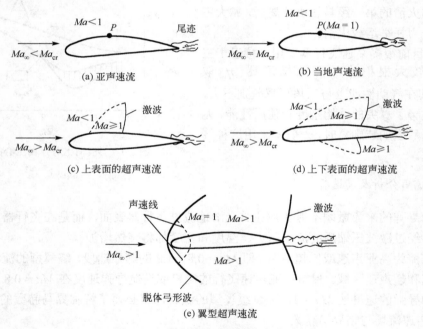

图 2.4-8　翼型的跨声速流场变化过程

2) 后掠角的影响

　　为了将可压缩流的不利影响推迟到更高马赫数，翼的斜掠可有效推迟超声速飞行时压缩性流动的负面影响，同时增大临界马赫数，甚至能使其超过 1。这种概念的基本思想是只有垂直前缘的来流法向分量 $V_\infty \cos \Lambda$ 才会影响压力分布，而展向分量 $V_\infty \sin \Lambda$ 不会影响压力分布，展向分量能影响的是摩擦阻力，因此斜掠翼的临界马赫数是相同翼型剖面平直翼的 $1/V_\infty \cos \Lambda$ 倍。

对于二维无限斜掠展翼，理论上其超声速零升波阻是平直翼的 $\cos^2 \Lambda$ 倍，所以可减少超声速波阻，因为当假设平直翼的前缘速度为 V_N 时，若斜掠翼前缘的法向速度也是 V_N，那么在二者阻力相等情况下，有

$$D_{W0} = C_{D0} \cdot \frac{1}{2}\rho V_N^2 \cdot S$$

$$D_{WS} = C_{DS} \cdot \frac{1}{2}\rho \left(\frac{V_N}{\cos \Lambda}\right)^2 \cdot S$$

于是，有

$$C_{DS} = C_{D0}\cos^2 \Lambda \tag{2.4-17}$$

但对于有限翼展，波阻的减少程度要小一些。

弹翼的临界马赫数随其展弦比或相对厚度的增加而减小，还与几何形状、后掠角和迎角有关。临界马赫数与后掠角的关系近似有

$$Ma_{cr}^\Lambda = \frac{2}{1+\cos \Lambda}Ma_{cr}^0 \tag{2.4-18}$$

式中，Ma_{cr}^0 是后掠角 $\Lambda = 0$ 时的临界马赫数。由此可知，随着后掠角 Λ 的增加，激波的产生延缓。当 $1 < Ma < 2.0$ 时，增大后掠角有助于降低波阻；但是当 $Ma \geqslant 2.0$ 后，增大后掠角对降低波阻的作用不明显，如图 2.4-9 所示。

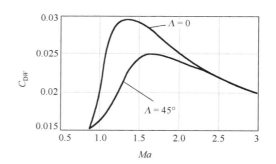

图 2.4-9 后掠角对波阻系数的影响

设计后掠翼时，还要注意弹翼前缘是"超声速前缘"还是"亚声速前缘"，如图 2.4-10 所示，图(a)为亚声速前缘，图(b)为超声速前缘。这两种情况下的压力分布差异较大，超声速前缘存在激波阻力。若自由流速度的法向分量是亚声速的，则前缘就是"亚声速前缘"，也就是弹翼前缘处在马赫线的后面，此时马赫角大于前缘角，$\mu > \varepsilon$；反之，则为"超声速前缘"，$\mu < \varepsilon$。

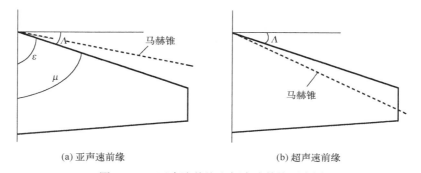

(a) 亚声速前缘　　　　　　　　(b) 超声速前缘

图 2.4-10 亚声速前缘和超声速前缘示意图

可见，让超声速飞行时的机翼或弹翼斜掠至马赫锥之后，因为垂直前缘的来流速度分量是亚声速，所以此时的翼前缘是亚声速前缘，不存在波阻；反之，后掠角不足，在马赫锥之

前，则成为超声速前缘，就会有波阻。

注意：斜掠在给高速飞行带来明显好处的同时也带来了亚声速时气动性能的降低，如升力线斜率的减小，说明如下。

假设平直翼与后掠翼以相同的速度 V_∞ 和攻角 α 飞行，如图 2.4-11 所示，来流垂直弹身中心轴线的速度分量均为 $V_\infty \sin \alpha$，平行于轴线的速度分量后掠时为 $V_\infty \cos \Lambda \cos \alpha$。

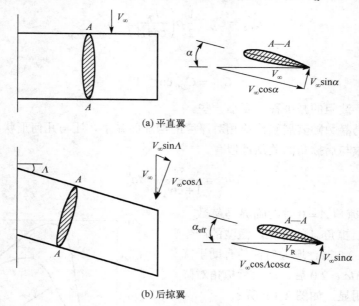

图 2.4-11　平直翼与后掠翼的升力线斜率

平直翼升力系数为 C_W，斜率为 C_W^α，则斜掠造成的有效迎角为

$$\tan \alpha_{\text{eff}} = \frac{V_\infty \sin \alpha}{V_\infty \cos \Lambda \cos \alpha} = \tan \alpha \sec \Lambda$$

$$\alpha_{\text{eff}} \approx \alpha \sec \Lambda \tag{2.4-19}$$

后掠翼的升力可写为

$$L_W = C_{WS} \cdot \frac{1}{2} \rho V_\infty^2 \cdot S$$

如果定义 C_W^α 为后掠翼的升力线斜率，根据有效法向速度产生升力，升力又可写为

$$L_W = (C_W^\alpha \alpha \sec \Lambda) \cdot \left(\frac{1}{2} \rho V_\infty^2 \cos^2 \Lambda \right) \cdot S$$

故后掠翼的升力系数和斜率分别为

$$C_{WS} = C_W^\alpha \alpha \cos \Lambda = C_W \cos \Lambda \tag{2.4-20}$$

$$C_{WS}^\alpha = C_W^\alpha \cos \Lambda \tag{2.4-21}$$

可见，随着后掠角的增大，翼的升力系数或斜率减小，因此后掠角不能过大，特别是亚声速的机翼和巡航导弹弹翼。

根据以上分析，选择后掠角时应注意以下几点。

(1) 对主航段飞行速度为超声速，且 $Ma < 1.5$ 的导弹，应设计为后掠翼，并使其前缘尽可能为马赫锥之内的亚声速前缘，即满足

$$\tan \Lambda > \sqrt{Ma^2 - 1} \tag{2.4-22}$$

因为

$$\mu > \varepsilon = \frac{\pi}{2} - \Lambda$$

$$\Lambda > \frac{\pi}{2} - \arcsin \frac{1}{Ma}$$

由初等代数，有

$$\arcsin \frac{1}{Ma} = \frac{\pi}{2} - \arctan \sqrt{Ma^2 - 1}$$

代入上一式，两边取正切可得式(2.4-22)。

(2) 对于 $Ma \geqslant 1.5$ 的导弹，后掠角也要适当，不宜过大。在弹翼面积相同的约束下，后掠角过大时弹翼尺寸会过于细长，对刚度也不利；另外，对气动减阻性能的提高也不明显。具体就是飞行速度为 $Ma = 2$ 时，后掠角至少要为 $60°$，一般不超过 $65°$。

对亚声速飞行的导弹，为提高升力特性，可以设计成有较小后掠角的弹翼，使其 1/4 翼弦连线后掠角 $\Lambda_{1/4} < 45°$，但具体设计时还应考虑强度、刚度及使用要求。

2.4.3　弹翼剖面形状及几何参数

常见的弹翼剖面形状有菱形、六角形、双弧形、不对称双弧翼型、对称双弧翼型和层流翼型等。翼剖面主要的几何参数是相对厚度 $\bar{c}$，即翼型的最大厚度 t_m 与平均气动弦长 c 之比：

$$\bar{c} = t_m / c \tag{2.4-23}$$

1. 翼剖面形状设计

1) 超声速翼剖面

翼剖面上的压力主要与自由气流方向和翼型表面间的夹角有关，超声速翼剖面的形状和亚声速翼剖面的形状有很大差别。常见的超声速翼剖面形状有菱形(尖角双楔形)、六角形(改型双楔形)、双弧形(双凸圆弧形)三种，如图 2.4-12 所示。

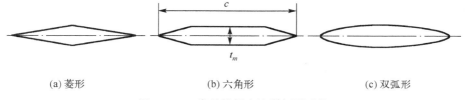

　　(a) 菱形　　　　　　　　　(b) 六角形　　　　　　　　　(c) 双弧形

图 2.4-12　常见的超声速翼剖面形状

菱形翼上的气动力是这样形成的。假设图 2.4-13(a)中的超声速流流过零迎角的对称菱形翼，在前缘将会形成附体激波。在 AB 和 AD 面，由于激波的压缩效果，表面压力大于来流

压力，在 B 和 D 点将产生膨胀波，膨胀后，在 DC 和 BC 面的压力低于来流压力 p_∞。由于在 AB 和 AD 面上的压力相等，因此总升力为零，但轴向分量不能抵消，就存在一个轴向力；同理，在 BC 和 BD 面上也存在轴向力，两个轴向力分量的合力形成流动方向的激波阻力，这完全是由流体的压缩性引起的，波阻取决于翼型形状、厚度和来流马赫数。

对于图 2.4-13 (b)中的超声速流以小迎角 α 流向菱形翼，在前缘上下表面将形成两个强度不等的斜激波，强度差别是流体上下表面的偏转角不等造成的。上表面 AB 的偏转角为 $\theta - \alpha$，而下表面 AD 的偏转角则为 $\theta + \alpha$，上表面的马赫数大于下表面，$Ma_u > Ma_l$，因此 AD 面的压力高于 AB 面。类似地，B 和 D 点的膨胀波强度也不一样，BC 面上的压力小于 DC 面上的压力，最终的效果是翼型上产生一个向上的力 F_N，这个力垂直来流方向的分量为升力 L，沿来流方向的分量是激波阻力 D。

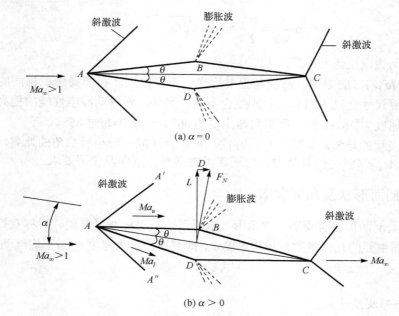

图 2.4-13　绕菱形翼的超声速流动

菱形翼的波阻系数为

$$C_{xw,1} = \frac{4}{\sqrt{Ma^2 - 1}}(\alpha^2 + \bar{c}^2) \tag{2.4-24}$$

升力系数为

$$C_L = \frac{4\alpha}{\sqrt{Ma^2 - 1}} \tag{2.4-25}$$

升力线斜率为

$$C_L^\alpha = \frac{4}{\sqrt{Ma^2 - 1}} \tag{2.4-26}$$

为使激波保持贴体，减小波阻(即减小由气流分离造成的负压力梯度)，理论上弹翼前缘应设计成尖形，但为了尽量减小气动加热的影响，保证剖面结构强度，往往需要使翼的前缘具有适当钝

度。理论上，若单纯追求波阻最小，则菱形翼剖面最好，对比零升波阻系数的公式近似可得

$$C_{xw,1} = 4\bar{c}^2 / \sqrt{Ma^2 - 1} \text{ (菱形)}$$

$$C_{xw,s} = \frac{5}{4} \times 4\bar{c}^2 / \sqrt{Ma^2 - 1} \text{ (六角形)} \tag{2.4-27}$$

$$C_{xw,d} = \frac{4}{3} \times 4\bar{c}^2 / \sqrt{Ma^2 - 1} \text{ (双弧形)}$$

即在相对厚度 $\bar{c}$ 相等的情况下，六角形和双弧形翼的波阻分别为菱形翼的 5/4 倍和 4/3 倍。但是，如果同时考虑强度和刚度要求，以翼型相对于翼弦的惯性矩相同为比较条件，则有以下结论。

菱形翼：$J_x = ct_m^3 / 48$，$t_m = (48J_x / c)^{1/3}$，$\bar{c}^2 = (48J_x / c^4)^{2/3}$，则

$$C_{xw,1} = \frac{53}{\sqrt{Ma^2 - 1}} \left(\frac{J_x}{c^4} \right)^{2/3} \tag{2.4-28}$$

六角形翼：$J_x = ct_m^3 / 30$，则

$$C_{xw,1} = \frac{48.2}{\sqrt{Ma^2 - 1}} \left(\frac{J_x}{c^4} \right)^{2/3} \tag{2.4-29}$$

双弧形翼：$J_x = ct_m^3 / 26.3$，则

$$C_{xw,1} = \frac{47}{\sqrt{Ma^2 - 1}} \left(\frac{J_x}{c^4} \right)^{2/3} \tag{2.4-30}$$

由此可知，在同时考虑强度、刚度与气动力特性的条件下，双弧形翼的波阻系数最小，而菱形翼的波阻系数最大。

此外，翼型选择时，还要注意翼剖面的构造形式、受力构件的布置、连接形式及结构工艺性等。

菱形翼：在相对厚度相等的条件下，弹翼的结构强度和刚度差，特别是前、后缘的刚度更差。当弹翼用单梁式结构或单连接头时，采用菱形翼较为有利，这样可以充分利用其最大厚度。

六角形翼：结构强度和刚性较好，且工艺性好，易于制造，适于双梁式和多梁式结构，在两"转角"处需采用腹板类的承力构件与蒙皮相连，以免弹翼受力时"转角"处的蒙皮被拉开而凸起。由于这种翼型便于机械加工，故采用较多，特别是实心整体结构的弹翼用这种翼型更为有利。

双弧形翼：外形为弧线，沿翼弦方向有较长的距离处于压力梯度减小的区域，可以延缓气流分离，前后缘比较圆滑，有利于减小气动力加热的影响，适用于任何弹翼的结构形式，尤其适用于高超声速飞行器的弹翼，但该翼型的缺点是工艺性较差。

2) 亚声速翼剖面

常见的亚声速翼剖面形状有不对称双弧翼型、对称双弧翼型和层流翼型三种，如图 2.4-14 所示。

图 2.4-14　常见的亚声速翼剖面形状

不对称双弧翼型：前缘半径小，最大厚度一般在 25%～40% 弦长处，气动力特性较好，并且便于弹翼主要承力结构的安排，这种翼型在 $Ma < Ma_{cr}$ 时，阻力较小，最大升力系数 $C_{y\max}$ 较大，压心变化小。

对称双弧翼型：前缘厚度较小，呈扁圆形，最大厚度一般位于 40%～50% 弦长处，这种翼型具有较高的临界马赫数，阻力也比较小，但其最大升力系数值也不是很大。

层流翼型：前缘有小圆角，最大厚度位置较靠后，一般在 50%～60% 弦长处，目的是让气流能够层流化，但是在翼型很薄的情况下，即使最大厚度位置后移，也难以使气流层流化。层流翼型的气动力特性并不理想，只有在升力系数较小时，才能使阻力系数较小。

高亚声速(近声速)飞行器采用的翼型应具有较高的临界马赫数，且最大厚度较小，最大厚度位置应比较靠后，以利于延缓翼型表面冲击波的产生，减小波阻的影响，因此采用对称双弧翼型比较有利。

2. 翼剖面厚度的确定

薄翼的低速特性导致升力小，特别是失速(飞行攻角超过临界攻角)特性很差，所以亚声速机翼或弹翼的厚度相对较大，根据经验统计，一般亚声速翼剖面相对厚度 $\bar{c} = 8\% \sim 12\%$，而超声速翼剖面相对厚度 $\bar{c} = 2\% \sim 5\%$，在超声速情况下，阻力的主要成分之一是波阻，而由空气动力学可知，零升波阻系数为

$$C_{xw} \approx \frac{4\bar{c}^2}{\sqrt{Ma^2-1}} \tag{2.4-31}$$

可见在超声速情况下，减小翼剖面相对厚度可以降低波阻，从而降低阻力。

另外，在跨声速区域内，为了保证飞行稳定性，避免 C_y^α 发生突变，确定翼剖面相对厚度时，应使

$$\lambda_w \sqrt[3]{\bar{c}} < 1.5 \tag{2.4-32}$$

翼剖面相对厚度与翼平面形状和展弦比 λ_w 有关，而降低翼剖面相对厚度 $\bar{c}$ 受到结构强度和刚度的限制，近似认为翼展长 b 和翼型厚度 t_m 之间的比值保持不变，即

$$\frac{b}{t_m} = \frac{\lambda_w}{\bar{c}} = 常数 \tag{2.4-33}$$

这样可通过减小展弦比 λ_w，使弦长 c 增加，剖面相对厚度 $\bar{c}$ 减小，达到减小弹翼波阻的目的。

2.4.4　弹翼面积与几何尺寸

弹翼面积的设计主要取决于导弹的机动性和射程等要求。对于射程要求较高的导弹，既需要较大的弹翼来保证机动性要求，又需要尽可能减小阻力损失，对于这类导弹，应按照最大升阻比来设计弹翼面积及几何尺寸；对于射程较近的导弹，机动性要求是主要考虑的因素，特别是反飞机导弹和反导导弹，应主要从稳定与机动控制要求来考虑，保证可用过载。

1. 根据机动性要求设计弹翼

对于飞航导弹(地空导弹、反舰导弹)，弹翼提供主要的升力：

$$Y = C_y q S_w \tag{2.4-34}$$

式中，C_y 为升力系数；q 为动压；S_w 为弹翼面积。根据过载定义，得

$$S_w = \frac{mgn_y}{C_y q} \tag{2.4-35}$$

在初步设计阶段，根据弹道要求计算需用过载 n_{yr}，并按式(2.4-36)计算可用过载，即

$$n_{ya} \geq n_{yr} + \Delta n_y \tag{2.4-36}$$

式中，Δn_y 为设计储备。根据 C_y 的解析估算或参考同类型导弹的气动力数据，由式(2.4-35)计算弹翼面积的初值，进一步可决定弹翼的几何尺寸，进行弹翼外形设计。这样设计出来的弹翼只是初步的，必须经过不断循环验证，直到最终满足导弹的机动性和操纵性要求为止。

2. 根据机动性要求在可用攻角已定的情况下设计弹翼

假定导弹可用过载 n_{ya}，则升力系数导数为

$$C_y^\alpha = \frac{mgn_{ya}}{qS\alpha_k} \tag{2.4-37}$$

式中，α_k 为可用攻角；S 为参考面积。欲使弹翼能够满足可用过载要求，导弹的升力系数对攻角 α 的导数必须达到此 C_y^α，其可作为设计值并用 $[C_y^\alpha]$ 表示，即

$$C_y^\alpha = [C_y^\alpha] \tag{2.4-38}$$

现利用上述关系式，以矩形翼为例，研究弹翼的设计方法和思路。

对于矩形翼，有

$$(C_y^\alpha)_w = \frac{1.8\pi}{\dfrac{1.8}{\lambda_w} + \sqrt{1 + \left(\dfrac{1.8}{\lambda_w}\right)^2}} \cdot \frac{1}{\sqrt{\left|1 - Ma^2\right|}} \tag{2.4-39}$$

考虑到翼身干扰，因 $\eta_w = 1$，根据(2.1-15)，弹体总升力线的斜率为

$$2 + \frac{S_w}{S}\left(1 + \frac{D_m}{b'}\right)^2 \left(\frac{\pi\lambda_w}{1 + \sqrt{\left(\dfrac{\lambda_w}{1.8}\right)^2 + 1}}\right) \frac{1}{\sqrt{\left|1 - Ma^2\right|}} = [C_y^\alpha] \tag{2.4-40}$$

式中，$b' = b + D_m$，b 是弹翼展长，D_m 是弹身直径，弹身升力系数的斜率 $(C_y^\alpha)_b$ 可近似取 2。

式(2.4-40)等号左端三个待定参数 S_w、λ_w、b' 之间并不完全独立，利用几何关系

$$S_w = cb = \frac{b^2}{\lambda_w} = \frac{(b' - D_m)^2}{\lambda_w} = \frac{b'^2}{\lambda_w}\left(1 - \frac{D_m}{b'}\right)^2 \tag{2.4-41}$$

消去 S_w，并将 $S = \pi D_m^2 / 4$ 代入式(2.4-40)中，可得

$$2 + \frac{\dfrac{b'^2}{\lambda_w}\left(1 - \dfrac{D_m}{b'}\right)^2}{\dfrac{\pi D_m^2}{4}}\left(1 + \dfrac{D_m}{b'}\right)^2\left(\dfrac{\pi \lambda_w}{1 + \sqrt{\left(\dfrac{\lambda_w}{1.8}\right)^2 + 1}}\right)\dfrac{1}{\sqrt{|1 - Ma^2|}} = [C_y^\alpha] \tag{2.4-42}$$

经整理后得

$$\frac{\left[\left(\dfrac{b'}{D_m}\right)^2 - 1\right]^2}{\dfrac{\pi}{4}\left(\dfrac{b'}{D_m}\right)^2}\frac{\pi}{1 + \sqrt{\left(\dfrac{\lambda_w}{1.8}\right)^2 + 1}}\frac{1}{\sqrt{|1 - Ma^2|}} = [C_y^\alpha] - 2 \tag{2.4-43}$$

式(2.4-43)等号右端已确定，左端含有两个待定的设计变量：λ_w 和 b'/D_m，只要给定一个展弦比 λ_w，就能解出一个 b'/D_m，进而能按式(2.4-41)求解弹翼面积 S_w，满足攻角限制及机动过载要求。求解式(2.4-43)可用数值迭代解法，亦可用图解法。

3. 按最大升阻比原则设计弹翼

巡航导弹，助推滑翔机动弹头，航程约束与升阻比有关，弹翼或弹身要按最大升阻比设计，参见 5.4 节。

2.5 空气舵几何尺寸确定

1. 空气舵设计特点

舵的主要功能是保证导弹具有一定的可操纵性，而操纵力和力矩的大小又取决于舵面形式和气动布局。舵面设计应重点从以下两方面进行考虑。

(1) 控制效率：以单位舵偏角产生的控制力矩或单位舵偏角产生的配平攻角来表示，简称舵效或操稳比。通常要求操稳比 $|\alpha/\delta| \approx 1$，有时难以满足，最差也要保证 $|\alpha/\delta| \in [0.5, 1.5]$。

(2) 铰链力矩：在保证获得较高控制效率的前提下，减小铰链力矩可以减小舵机的输出功率以及舵机及伺服机构的体积和重量，这对于提高导弹的飞行性能和降低成本都是有益的。

不同形式和气动布局的舵面具有不同的特点，因此应按照不同的要求和方法进行设计。

2. 空气舵参数选择

舵的几何形状及几何尺寸确定的原则基本上与弹翼相同，但舵面有其独特之处。

(1) 为了提高舵面的控制效率，舵面的展长应尽量大一些，而弦长应尽量小一些，因此舵面的展弦比 λ_r 一般比较大。

(2) 为了减小铰链力矩，舵的压心位置与转轴位置应仔细设计，使得铰链力矩最小，并尽可能使转轴位于最大厚度线上，以提高舵面的刚度和强度。

(3) 为了保证导弹在受控飞行的全过程中具有良好的响应特性，应使空气舵压心的变化量 Δx_r 小。

现以尾翼式空气舵为例，讨论舵面尺寸的确定原则。

(1) 在满足控制力矩要求的前提下，舵偏角不要过大。舵偏角过大将导致导弹攻角过大，不仅诱导阻力增大，还有可能出现非线性力矩特性，使控制特性变坏。

(2) 在满足可用过载 n_{ya} 大于需用过载 n_{yr} 的同时，应使飞行中的可用过载小于设计过载，舵的尺寸不宜过大，以避免因 n_y 太大而超载。

应根据操纵形式的特点，具体分析和选取最优的几何形状和尺寸，可采用以下大致步骤。

(1) 根据典型弹道分析，选择设计情况，求出特征点的需用过载 n_{yr}，再按严重情况下的要求计算可用过载 n_{ya}。

(2) 计算典型航迹上各特征点的平衡攻角 α_B，令

$$\alpha_B = \frac{n_{ya} mg}{C_y^\alpha qS} \tag{2.5-1}$$

(3) 给出最大舵偏角 $\delta_{\max}$，最大不超过30°。

(4) 由力矩平衡方程求 $m_z^{\delta_z}$，对于正常式布局，有

$$m_z^{\delta_z} = -\frac{\alpha_B}{\delta_e} m_z^\alpha = -\frac{\alpha_B}{\delta_{\max} - \Delta\delta} m_z^\alpha \tag{2.5-2}$$

式中，有效舵偏角 $\delta_e = \delta_{\max} - \Delta\delta$，$\Delta\delta$ 是设计储备，一般可取 $2° \sim 5°$。

(5) 按照控制力矩方程求舵的面积 S_r，由方程

$$m_z^{\delta_z} = -\frac{S_r}{S} C_y^\delta K_r \frac{x_c - x_r}{l} \tag{2.5-3}$$

得

$$S_r = \frac{S m_z^{\delta_z}}{C_y^\delta K_r \dfrac{x_c - x_r}{l}} \tag{2.5-4}$$

式中，S 为参考面积；C_y^δ 是舵的升力系数对升降舵偏角的导数；K_r 为速度阻滞系数；l 为操纵力矩系数的参考长度；x_c 和 x_r 分别为导弹质心坐标和舵的压心坐标(即舵的大致安装位置)。

(6) 比较所有特征点的所需空气舵面积，取其中最大值，选取展弦比、根稍比和后掠角计算几何尺寸。

在设计最初阶段，因 m_z^α 亦与 S_r 有关，故只能采用逐步逼近的方法，即先粗略估计一个舵面积 S_r，按 $S_r \to m_z^\alpha \to m_z^{\delta_z} \to S_r$ 进行反复迭代，逐渐逼近。

提示：燃气舵面积及其尺寸的设计方法类似空气舵，只不过燃气舵的作用介质是发动机燃烧喷出的高温高压燃气，关键在于燃气舵升力导数 C_y^δ 要基于燃气流的密度及流场计算。

2.6　弹体气动特性综合

前述已经介绍了弹身和气动面各自的气动特性，如法向力、压心和阻力系数估算，面积与几何尺寸的分析计算，那么在概念设计阶段，弹翼、尾翼、空气舵和弹身的组合体即弹体的法向力系数可被假设为它们各自贡献的总和：

$$C_N = C_{N \cdot W} + C_{N \cdot T} + C_{N \cdot B} + C_{N \cdot r} \tag{2.6-1}$$

若要提高估计精度，还需要考虑翼身相互干扰及截锥裙的影响。

1. 截锥裙

如果弹身还有截锥，如图 2.6-1 所示，则截锥的法向力系数为

$$C_{N,f} = \sin 2\alpha \cdot \left[1 - \left(\frac{d_B}{d_{BT}} \right)^2 \right] \tag{2.6-2}$$

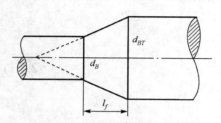

图 2.6-1　截锥裙的影响

式中，d_B 为截锥直径；d_{BT} 为圆柱段直径，即弹身直径。

截锥裙压心位置：

$$x_{cp.f} = \frac{l_f}{3} \left(1 + \frac{1}{d_B / d_{BT}} \right) \tag{2.6-3}$$

式中，l_f 为截锥裙长度。

2. 考虑箭体影响的气动面法向力

$$C_{N.W(B)} = k \cdot K_{W(B)} C_{N.W} \tag{2.6-4}$$

式中，k 为考虑箭体对气动面效率影响的速度阻滞修正系数(0.85～0.9)。

$$K_{W(B)} = \frac{1}{5} \left\{ \left[\frac{d_B}{d_B + b_W} \left(1.2 - \frac{0.2}{\eta_W} \right) + 2 \right]^2 + 1 \right\} \tag{2.6-5}$$

式中，b_W 为稳定翼展长(m)；η_W 为稳定翼根梢比。该式按细长体理论得到并考虑经验修正。

3. 考虑气动面影响的箭体附加法向力

$$\Delta C_{N.B(W)} = K_{B(W)} C_{N.W} \tag{2.6-6}$$

在亚声速、超声速区，如果翼面参数 $B\lambda_W \left(1 + \frac{1}{\eta_W} \right) \left(\frac{1}{mB} + 1 \right) < 4$，按气流对细长体作用的理论，系数为

$$K_{B(W)} = \left[1 + \frac{d_B}{d_B + b_W} \left(1.2 - \frac{0.2}{\eta_W} \right) \right]^2 - K_{W(B)} \tag{2.6-7}$$

式中，d_B 为弹身直径；λ_W 为翼面展弦比；$B = \sqrt{|Ma^2 - 1|}$；$m = \text{ctg}\,\Lambda$。

以上计算法向力系数时的参考面积对于弹身为横截面积 S_B，对于气动面则为翼面面积。

4. 弹体气动力系数综合

于是，具有弹翼和尾翼的一级导弹法向力系数为

$$C_N = C_{N.B} + (C_{N.W(B)} + \Delta C_{N.B(W)})\frac{S_W}{S_B} + (C_{N.T(B)} + \Delta C_{N.B(T)})\frac{S_T}{S_B} \tag{2.6-8}$$

图 2.6-2 所示二级导弹的法向力系数为

$$C_N = C_{N.B}\frac{S_B}{S_{BT}} + (C_{N.W(B)} + \Delta C_{N.B(W)})\frac{S_W}{S_{BT}} + C_{N.f} + (C_{N.T(B)} + \Delta C_{N.B(T)})\frac{S_T}{S_{BT}} \tag{2.6-9}$$

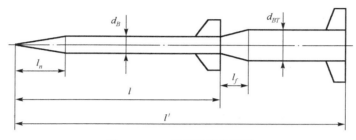

图 2.6-2　二级导弹结构简图

根据弹体的法向力系数 C_N 和零升阻力系数 C_{D0}，可得升力系数 C_L 和阻力系数 C_D 为

$$C_L = C_N \cos\alpha - C_{D0}\sin\alpha \tag{2.6-10}$$

$$C_D = C_N \sin\alpha + C_{D0}\cos\alpha \tag{2.6-11}$$

其中攻角引起的诱导阻力系数为

$$C_{Di} = C_N \sin\alpha \approx C_N^\alpha \cdot \alpha^2 \tag{2.6-12}$$

注意：导弹的零升阻力是各部件波阻、摩阻以及弹身底部压阻之和，而且超声速导弹弹身的阻力通常远大于弹翼和尾翼的阻力。

例如，假设导弹的头罩长细比 $l_N/d = 2.4$，弹身长细比 $l/d = 18$，弹身长度 $l = 3.6\text{m}$，在马赫数为 2 时，预测的弹身零升波阻系数是 $(C_{D0})_{\text{Body, Wave}} = 0.14$，滑翔时对于马赫数为 2 的底部阻力系数 $(C_{D0})_{\text{Body, Base}} = 0.13$，相应于动压 $q = 135000\text{Pa}$ 和 6000m 的工作高度，马赫数为 2 时的摩擦阻力系数 $(C_{D0})_{\text{Body, Friction}} = 0.14$。

$$(C_{D0})_{\text{Body}} = (C_{D0})_{\text{Body,Wave}} + (C_{D0})_{\text{Body,Base}} + (C_{D0})_{\text{Body,Friction}}$$

可得 $(C_{D0})_{\text{Bady}} = 0.41$。

再设弹翼 $\delta_{\text{LE}} = 10.01°$，$\Lambda_{\text{LE}} = 45°$，$c_{\text{MAC}} = 0.332\text{m}$，$Ma = 2$，$h = 6000\text{m}$，$t_{\text{MAC}} = 0.0146\text{m}$，$b = 0.805\text{m}$，$S_B = 0.0314\text{m}^2$，$S_W = 0.0229\text{m}^2$，$q = 135000\text{Pa}$，可计算出

$$(C_{D0})_{\text{Wing,Wave}} = 0.024$$

弹翼零升阻力的第二项来自表面的摩擦阻力：

$$(C_{D0})_{\text{Wing,Friction}} = n_W[0.0133/(47.89qc_{\text{MAC}})^{0.2}](S_W/S_B)$$

可得出

$$(C_{D0})_{\text{Wing,Friction}} = 0.078$$

所以总的零升阻力系数为

$$(C_{D0})_{\text{Wing}} = (C_{D0})_{\text{Wing,Wave}} + (C_{D0})_{\text{Wing,Friction}} = 0.10$$

由此可注意到，弹翼零升阻力系数只有弹身滑翔时零升阻力系数的 25％。

如果导弹还具有巡航尾翼数 $n_W = 3$，尾翼掠角 $\Lambda = 57°$，尾翼表面积 $S_T = 0.138\text{m}^2$，前缘厚度角 $\delta_{\text{LE}} = 6.17°$，平均气动弦长 $c_{\text{MAC}} = 0.307\text{m}$，最大厚度 $t_{\text{MAC}} = 8.25\text{mm}$，翼展长 $b = 0.6\text{m}$，在 $Ma = 2$， 6000m 高度时，尾翼的零升阻力系数为

$$(C_{D0})_{\text{Tail}} = (C_{D0})_{\text{Tail,Wave}} + (C_{D0})_{\text{Tail,Friction}} = 0.003 + 0.048 = 0.051$$

仅为弹身零升阻力系数的 6％。

尾翼零升阻力系数比弹翼零升阻力系数小得多，主要因为前缘厚度角 δ_{LE} 更小。

最后，总的阻力系数近似为

$$(C_{D0}) = (C_{D0})_{\text{Body}} + (C_{D0})_{\text{Wing}} + (C_{D0})_{\text{Tail}} = 0.41 + 0.10 + 0.05 = 0.56$$

5. 弹体气动力矩系数综合

由(2.6-9)可得弹体总的法向力系数 C_N，从而得到其对攻角的导数 C_N^{α}，按式(3.1-2)和式(3.1-3)分别计算导弹的质心 x_c 和压心系数 x_p，于是俯仰力矩系数为

$$m_z^{\alpha} = -C_N^{\alpha}(x_p - x_c)/l$$

操纵力矩系数与操纵舵及其位置安排有关：

$$m_z^{\delta_z} = -C_r^{\delta_z}(x_r - x_c)/l$$

关于俯仰阻尼力矩动导数 $m_z^{\bar{\omega}_z}$，通常较难准确计算，这里介绍一种粗略方法。

如图 2.6-3 所示，俯仰阻尼力矩为

$$M_{\text{damp}} = \int_S (r_L \mathrm{d}L + r_D \mathrm{d}D)$$

规范表达式为 $M_{\text{damp}} = m_z^{\bar{\omega}_z} \bar{\omega}_z qSl$。

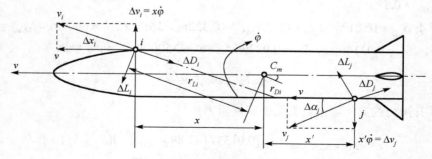

图 2.6-3　俯仰阻尼力矩系数估计

因阻尼力矩也像恢复力矩一样起稳定作用，可假设俯仰角速度引起的附加升力近似作用在弹身的焦点，则弹身的俯仰阻尼力矩为

$$M_{\omega_z,B} = -C_{N,B}^\alpha \Delta\alpha \cdot qS_B \cdot (x_{p,B} - x_c)$$

$$\approx -C_{N,B}^\alpha \frac{\omega(x_{p,B} - x_c)}{V} \cdot qS_B \cdot (x_{p,B} - x_c) = m_z^{\bar{\omega}_z} \frac{\omega l}{V} qS_B l$$

于是弹身阻尼力矩系数 $m_{z,B}^{\bar{\omega}_z} = -C_{N,B}^\alpha \dfrac{(x_{p,B} - x_c)^2}{l^2}$，总为负。

全弹阻尼力矩系数可推广为

$$m_z^{\bar{\omega}_z} = -\left[C_{N,B}^\alpha \frac{(x_{p,B} - x_c)^2}{l^2} + C_{N,W}^\alpha \frac{(x_{p,W} - x_c)^2}{l^2} \frac{S_W}{S_B} + C_{N,T}^\alpha \frac{(x_{p,T} - x_c)^2}{l^2} \frac{S_T}{S_B} \right]$$

其对应的参考面积为弹身面积 S_B。

需要强调：气动系数解析公式是弹身外形几何参数、翼面几何参数、头部形状、底部形状、马赫数、动压等的函数，虽然有些近似，但可预测总的趋势，对于解决从无到有的方案参数初值问题，启动迭代设计具有参考意义，可为下一步开展工程设计如 DATCOM 和 Fluent 数值计算提供输入参数，对工程化外形设计的参数调整也具有理论性指导意义。

例 2.6-1　对于类似 Iskander 的一级地地战术导弹，图 2.6-4 所示，假设滑翔段的最大可用攻角、初始速度及滑行终点速度分别为 $V_0 = 6Ma$，$\alpha_{\max} = 10°$，$V_1 = 4Ma$，头部长细比 $l_N/d = 3$，滑翔段射程 $R = 400\text{km}$，估计弹身圆柱段的长细比 l/d。

解：滑翔射程与升阻比的关系为 $R = \dfrac{1}{2} \dfrac{L}{D} \dfrac{V_0^2 - V_1^2}{g}$，$\dfrac{L}{D} \geqslant 3.4$。

法向力系数和锥形弹头波阻系数分别为

$$C_N = \sin 2\alpha \cos(\alpha/2) + (l/d)2\sin^2\alpha = 0.3407 + 0.06 \cdot l/d$$

$$C_{D0} = \left(1.59 + \frac{1.83}{M^2}\right)\left(\arctan\frac{0.5}{l_N/d}\right)^{1.69} = 0.08124$$

升阻比为

$$\frac{L}{D} = \frac{C_L}{C_D} = \frac{C_N\cos\alpha - C_{D0}\sin\alpha}{C_N\sin\alpha + C_{D0}\cos\alpha}$$

$$= \frac{0.3214 + 0.059 \cdot l/d}{0.1391 + 0.01 \cdot l/d}$$

考虑摩擦阻力和底部阻力的修正，需要升阻比至少放大 10%，则 $L/D \geqslant 3.75$，当 $l/d = 10$ 时，$L/D = 3.75$。因此，圆柱段长细比大约为 10，才能满足滑翔段的射程和终点速度要求。

图 2.6-4　地地战术导弹模型

例 2.6-2　设计类似美国"上帝之杖"天对地精确动能打击载荷的外形,如图 2.6-5 所示。假设 300km 轨道高度制动后到达 80km 高度的再入倾角为 7°,初始速度为 7200m/s,要求打击倾角为 40°,落速为 3000m/s,质量不超过 150kg。

图 2.6-5　天对地打击载荷模型

　　解:根据弹道初始条件,要求气动外形再入过程中提供足够的转弯法向加速度过载,使当地弹道倾角由 7° 增大到 40°,同时实现气动减速,由 7200m/s 降为 3000m/s。

　　这种超高速再入载荷显然不需要弹翼,也不需要尾翼,但空气舵是必需的。横向尺寸如直径至少要能容纳 4 个舵机,参考空空导弹的舵机,于是可大致取直径 $D = 225mm$;轴对称圆锥体弹身可提供需要的法向转弯过载,只要有足够的法向力系数 C_N 或弹身长细比(假设最大可用攻角为 12°)。在 40～80km 高度,因为空气太稀薄,空气舵的控制能力较弱,所以为稳定零攻角姿态,要求弹体是静稳定的;为实现减速功能,鼻锥采用一定的钝度,来产生足够的波阻。

弹身的法向力系数为

$$C_N = \sin 2\alpha \cos(\alpha / 2) + 2(l / d)\sin^2 \alpha$$

鼻锥零升阻力系数为

$$(C_{D0})_{\text{Wave,SharpNose}} = \left(1.59 + \frac{1.83}{Ma^2}\right)\left(\arctan\frac{0.5}{l_N / d}\right)^{1.69}$$

半球形头部的零升阻力系数为

$$(C_{D0})_{\text{Wave,Hemi}} = \left(1.59 + \frac{1.83}{Ma^2}\right)\left(\arctan\frac{0.5}{0.5}\right)^{1.69}$$

最后,钝头的零升阻力系数可近似认为是锥形弹头的零升阻力系数与半球形弹头的零升阻力系数各自按底部面积的加权平均值:

$$(C_{D0})_{\text{Wave,BluntNose}} = \frac{(C_{D0})_{\text{Wave,SharpNose}}(S_B - S_{\text{Hemi}}) + (C_{D0})_{\text{Wave,Hemi}}S_{\text{Hemi}}}{S_B}$$

根据导弹再入平面运动微分方程,利用再入倾角约束比例导引方法,求得满足基本弹道约束的参数如下：长度 1.2m，鼻锥钝头半径 0.055m。

再入弹道仿真曲线如图 2.6-6(a)～(d)所示，最后的落角为 –40°，落地速度为 $Ma = 10.48$，用时 71.97s，再入飞行距离为 485km。弹体的过载包络和需用过载如图 2.6-6(e)所示。

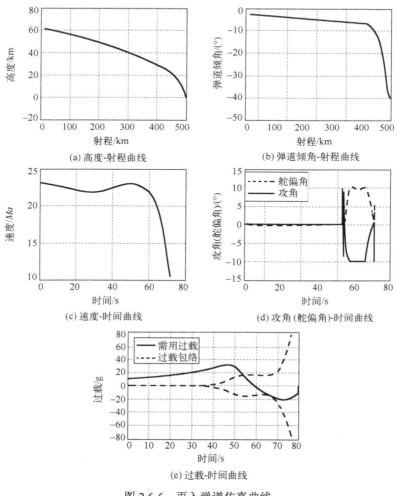

图 2.6-6　再入弹道仿真曲线

2.7　气动外形三维建模

本章前几节介绍了导弹气动外形设计的基本理论和气动性能解析预测方法，结合第 5 章确定总体参数与起飞重量后，就可以初步确定导弹几何外形和尺寸。为了较精确地评估导弹气动特性，同时也方便结构、环境等下游专业使用，需要使用三维 CAD 软件构建出导弹的三维外形。

随着计算机和软件技术的发展，出现了众多 CAD 建模软件，如 Solidworks、CATIA、UG、Pro/E 等，这些软件都可以用来建立导弹三维气动外形。本节以 CATIA 为例，介绍导弹气动外形三维建模的基本过程。

2.7.1　基本的设计环境

CATIA 是由法国 Dassault 飞机公司于 1975 年开始发展起来的一整套完整的 3D CAD/CAM/CAE 软件，在航空航天领域使用广泛。CATIA 软件包罗万象，在导弹三维建模中主要用于草图绘制(简称草绘)、零件设计、装配设计等。

1. 草绘环境

进入草绘环境可以通过下面的方式来实现：选择 Start → Mechanical Design → Sketcher 菜单项，如图 2.7-1 所示。之后进入 CATIA 草绘界面，如图 2.7-2 所示。

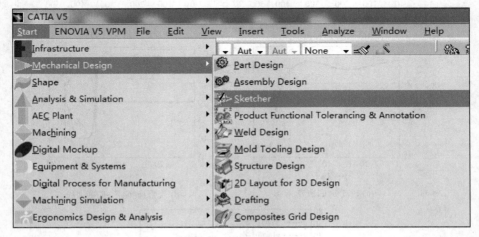

图 2.7-1　进入草绘环境

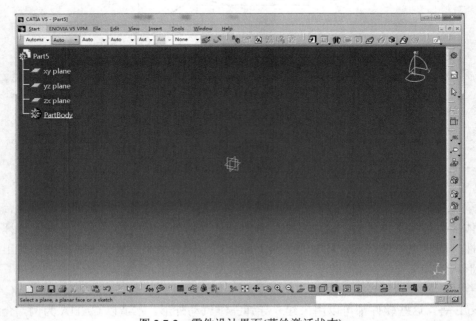

图 2.7-2　零件设计界面(草绘激活状态)

首次进行草绘时，需要选择参考平面作为草图平面，可在模型树上选择 xy plane、yz plane、zx plane 之一作为草图平面，对于已存在基础特征的草绘，可选择实体表面作为草图平面。

进入草绘环境后就可以进行草绘了，图 2.7-3 所示为草绘环境，包括绘图工具、修饰工具、约束工具等，利用这些工具条所提供的各类命令就可创建出各种草绘轮廓。

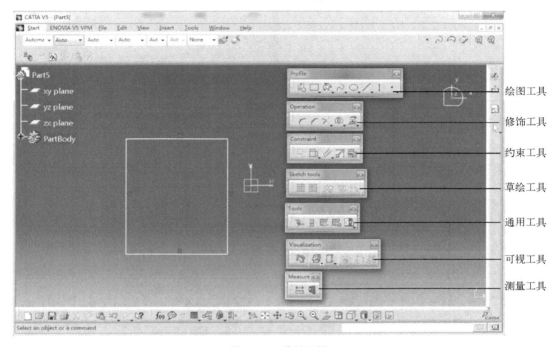

图 2.7-3　草绘环境

2. 零件设计环境

有两种方式进入零件设计环境：

(1) 选择 Start → Mechanical Design → Part Design 菜单项，如图 2.7-4 所示。

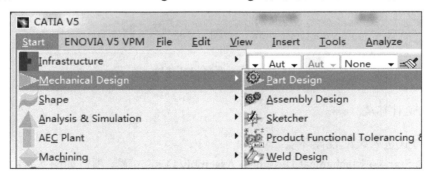

图 2.7-4　进入零件设计环境

(2) 选择 File → New 菜单项，弹出 New 对话框，如图 2.7-5 所示，从 List of Types 列表框中选择 Part 选项，单击 OK 按钮进入零件设计环境，如图 2.7-6 所示。

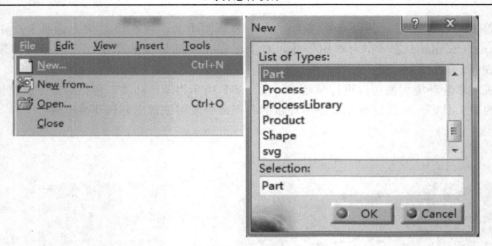

图 2.7-5　文件选择对话框

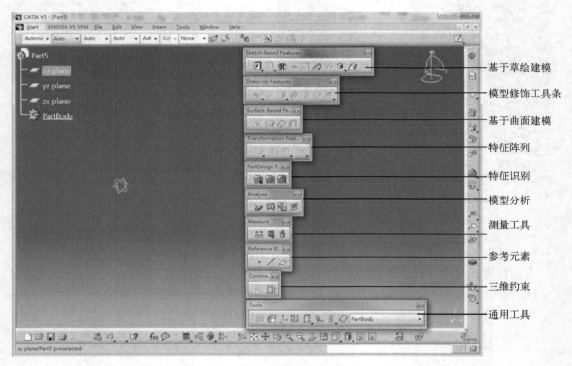

图 2.7-6　零件设计环境

3. 装配设计环境

有两种方式进入装配设计环境：

(1) 选择 Start → Mechanical Design → Assembly Design 菜单项，如图 2.7-7 所示；

(2) 选择 File → New 菜单项，弹出 New 对话框，如图 2.7-8 所示，从 List of Types 列表框中选择 Product 选项，单击 OK 按钮进入装配设计环境，如图 2.7-9 所示。

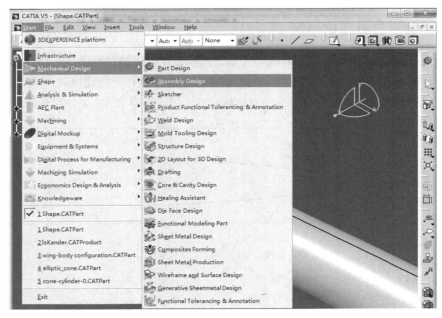

图 2.7-7　Start 进入装配模块

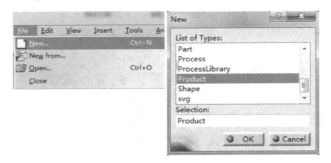

图 2.7-8　新建文件进入装配模块

图 2.7-9　装配设计环境

2.7.2　气动外形三维建模举例

本节仿照 Iskander 导弹，建立其气动外形三模模型。采用轴对称弹身+"×"形全动空气舵布局，尺寸如图 2.7-10 所示。为方便气动特性计算，对导弹进行三维建模时，采用结构坐标系：原点位于头部理论尖点，X 轴沿导弹纵向对称轴，Y 轴指向导弹上方，Z 轴符合右手定则。

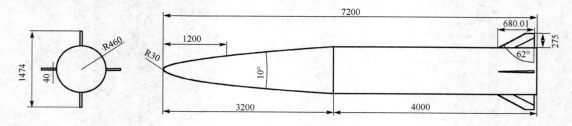

图 2.7-10　导弹气动外形主要尺寸

1.　弹身建模

导弹弹身为轴对称旋成体，通常使用基于草绘的建模工具 Shaft 完成建模。

(1) 单击 ⬚ 按钮新建草图，绘制母线轮廓，包括端头圆弧、头锥曲线、斜锥直线和柱段直线等，尺寸如图 2.7-10 所示，最终草绘如图 2.7-11 所示。

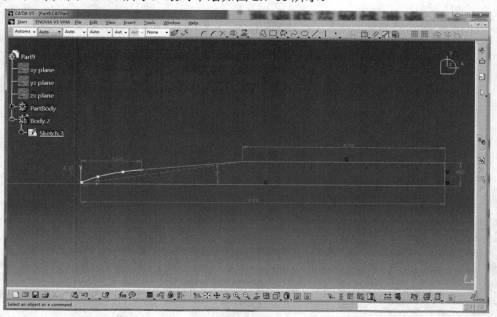

图 2.7-11　绘制弹体母线轮廓

(2) 单击 ⬚ 按钮(或选择 Insert → Sketch-Based Features → Shaft 菜单项)创建旋转实体，特征定义对话框如图 2.7-12 所示。对话框中各参数含义及设置如下。

①First angle：第 1 旋转方向角度，输入"360deg"。

②Second angle：第 2 旋转方向角度，输入"0deg"。

③Selection(Profile/Surface)：选择已绘制的母线草绘轮廓。

④Thick Profile：旋转成薄体，不选择。

⑤Reverse Side：改变旋转轮廓范围，根据需要单击。

⑥Selection(Axis)：选择旋转轴，选 X Axis。

⑦Reverse Direction：改变旋转方向。

形成的弹体视图如图 2.7-13 所示。

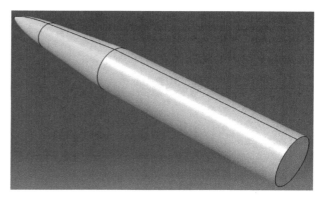

图 2.7-12　Shaft Definition 对话框　　　　　　　图 2.7-13　弹体视图

2. 空气舵建模

导弹空气舵可使用基于草绘的建模工具 Pad(拉伸)，结合模型修饰工具 Chamfer(棱边倒角)、Tritangent Fillet(两侧面倒相切圆角)等实现建模。

(1) 单击 按钮新建草图，绘制梯形草绘轮廓，尺寸与图 2.7-10 中一致，绘制效果如图 2.7-14 所示。根弦前缘与建模坐标系原点重合，根弦与 X 轴重合。

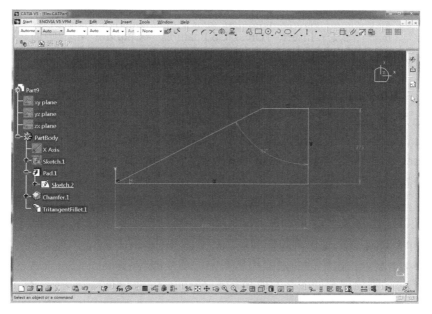

图 2.7-14　绘制空气舵平面草图(空气舵建模)

(2) 单击 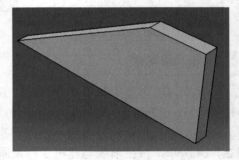 按钮(或选择 Insert → Sketch-Based Features → Pad 菜单项)创建拉伸实体，特征定义对话框如图 2.7-15 所示。对话框中各参数含义及设置如下。

①Type：拉伸类型，选择 Dimension。

②Length：拉伸长度，输入"20mm"。

③Selection：选择已绘制的空气舵草绘轮廓。

④Thick：设置为薄板拉伸，不选择。

⑤Reverse Side：改变拉伸范围。

⑥Mirrored extent：镜像拉伸，选择。

⑦Reverse Direction：改变拉伸方向。

形成的空气舵视图如图 2.7-16 所示。

图 2.7-15　Pad Definition 对话框

图 2.7-16　空气舵视图

(3) 单击 按钮(或选择 Insert →Dress-Up Features →Chamfer 菜单项)创建棱边倒角，特征定义对话框如图 2.7-17 所示。对话框中各参数含义及设置如下。

①Mode：倒角尺寸控制方式，选择 Length1/Length2 类型。

②Length 1：倒角控制尺寸之一，输入"10mm"。

③Length 2：倒角控制尺寸之二，输入"150mm"。

④Object(s) to chamfer：要进行倒角的边，选择前缘两条边。

⑤Reverse：更改倒角的方向，根据需要选择。

形成的舵棱边倒角视图如图 2.7-18 所示。

(4) 单击 按钮(或选择 Insert →Dress-Up Features →Tritangent Fillet 菜单项)创建两侧面倒相切圆角，特征定义对话框如图 2.7-19 所示。对话框中各参数含义及设置如下。

①Faces to fillet：要进行倒圆角的面，选择前缘相邻的两侧面。

②Faces to remove：由于圆角而要消失的面，选择前缘端面。

形成的舵前缘倒角视图如图 2.7-20 所示。

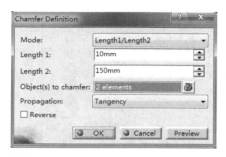

图 2.7-17　Chamfer Definition 对话框

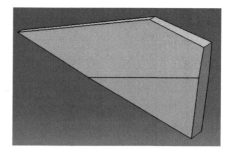

图 2.7-18　舵棱边倒角视图

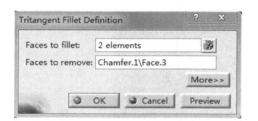

图 2.7-19　Tritangent Fillet Definition 对话框

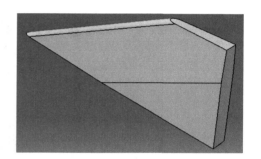

图 2.7-20　舵前缘倒角视图

3. 气动外形组装

建立弹体和空气舵实体后，就可以进行气动外形组装了。首先新建装配体(选择 File→New→Product 选项)。使用添加已存在零部件功能(选择 Insert→Existing Component 选项)为装配体添加弹身，施加固定约束(选择 Insert→Fix 选项，选择弹体零件)。

使用类似方法为装配体添加空气舵，并施加固定约束。在模型树中双击空气舵固定约束(Fix.2)，打开约束定义对话框，单击 More>> 按钮显示更多选项，选择 Fix in space 复选框，X 文本框中输入"6470mm"，Y 文本框中输入"462mm"，如图 2.7-21 所示。使用类似操作添加其他三个空气舵，装配约束定义分别如图 2.7-22~图 2.7-24 所示。设置完之后，单击更新工具 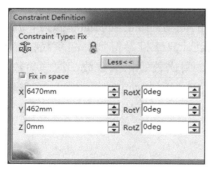 显示最新外形，如图 2.7-25 所示。

图 2.7-21　装配约束定义(Y+)

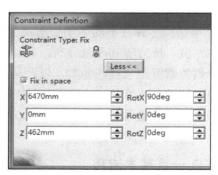

图 2.7-22　装配约束定义(Z+)

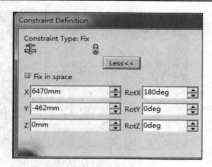 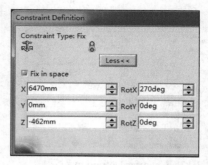

图 2.7-23　装配约束定义(Y−)　　　　　　图 2.7-24 装配约束定义(Z−)

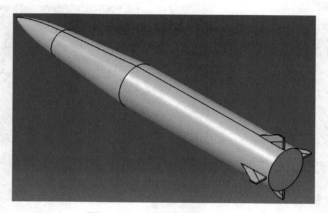

图 2.7-25　组装后的气动外形

2.8　气动特性数值计算

导弹气动特性主要通过理论分析、数值分析、风洞试验与飞行试验四种手段确定。其中，理论分析主要用于概念设计阶段，风洞试验与飞行试验造价昂贵。数值分析又称为计算流体力学(CFD)，可定量获得大量流动细节与宏观数据，在大部分情况下，通过 CFD 方法获得的数据都能够用于导弹方案设计，其已成为工程研制的重要手段，是预测导弹气动性能、获取设计所需关键气动数据的主要途径。

CFD 能够模拟导弹在不同运动姿态及速度下的流场，给出其表面摩擦力、温度及周围气体的速度、密度、压力等物理量分布，并且能通过计算或推导得到黏性系数、导热系数、压力系数、普朗特数等空气属性参数，以及马赫数、雷诺数等相似参数，这些参数可为导弹总体设计，特别是气动外形设计，提供重要依据。对工程研制而言，通过 CFD 可提供大量气动特性数据，包括六分量气动力/力矩、气动力载荷、气动热环境、多体分离特性、动导数、铰链力矩等。

2.8.1　CFD 计算基本流程

CFD 对流动问题的求解流程可以概括为如图 2.8-1 所示的四个步骤。

(1) 对所要研究的问题进行文献调研及资料收集，了解可能出现的流动现象，明确对主要流动结构的捕捉和模拟，并确定相关参数(来流参数、物理数学模型等)。

(2) CFD 的前处理，主要包括：选择或建立满足流动模拟的物理模型(层流/湍流/转换、气体模型、燃烧等)；使用商业 CAD 软件进行算例的几何建模；根据物理几何外形选定包含物体的流动区域；使用网格生成软件对所选定计算区域进行网格划分(网格类型、网格策略、完成生成)，并给定初边界条件。CFD 方法确定后，计算结果的好坏很大程度上取决于网格质量的优劣(通常要进行网格收敛性分析)。网格划分取决于所关注的流动现象，如激波的捕捉、边界层厚度的模拟等。

(3) CFD 的流场求解，包括：选择合适的描述流动问题的控制方程组，并通过一定的数值处理原则和数值方法进行离散，即在网格上构造逼近流动控制方程的代数形式的近似离散方程；通过计算机和 CFD 软件，输入相关参数，迭代求解近似离散方程，获得流动量(速度、密度、压强、温度等)在网格点上的近似解。

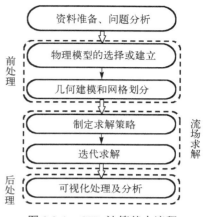

图 2.8-1　CFD 计算基本流程

(4) CFD 的后处理，对所得近似解进行可视化，得到流动问题的计算结果：流动量的分布及其在时间和空间的变化规律、气动力和力矩等流动参数，以及计算结果的分析。

2.8.2　CFD 计算模型

三维 N-S 方程组能够完整描述连续介质流动，主要由质量方程、动量方程和能量方程组成。在假设空气为连续介质的前提下，N-S 方程组满足质量、动量和能量守恒定律，可建立高保真度气动计算方法的控制方程。对于高超声速流动，还需要考虑流动的可压缩性，附加气体状态方程、湍流输运方程等封闭控制方程组。

1. 控制方程

假设流场环境为单组分、单相、无电离、无化学反应的简单流体。在笛卡儿坐标系下，瞬态、可压的三维 N-S 控制方程组如下：

$$\frac{\partial \rho}{\partial t} + \frac{\partial(\rho u)}{\partial x} + \frac{\partial(\rho v)}{\partial y} + \frac{\partial(\rho w)}{\partial z} = 0 \tag{2.8-1}$$

$$\frac{\partial(\rho u)}{\partial t} + \frac{\partial(\rho u^2)}{\partial x} + \frac{\partial(\rho uv)}{\partial y} + \frac{\partial(\rho uw)}{\partial z} = -\frac{\partial p}{\partial x} + \frac{\partial \tau_{xx}}{\partial x} + \frac{\partial \tau_{yx}}{\partial y} + \frac{\partial \tau_{zx}}{\partial z} \tag{2.8-2}$$

$$\frac{\partial(\rho v)}{\partial t} + \frac{\partial(\rho uv)}{\partial x} + \frac{\partial(\rho v^2)}{\partial y} + \frac{\partial(\rho vw)}{\partial z} = -\frac{\partial p}{\partial y} + \frac{\partial \tau_{xy}}{\partial x} + \frac{\partial \tau_{yy}}{\partial y} + \frac{\partial \tau_{zy}}{\partial z} \tag{2.8-3}$$

$$\frac{\partial(\rho w)}{\partial t} + \frac{\partial(\rho uw)}{\partial x} + \frac{\partial(\rho vw)}{\partial y} + \frac{\partial(\rho w^2)}{\partial z} = -\frac{\partial p}{\partial z} + \frac{\partial \tau_{xz}}{\partial x} + \frac{\partial \tau_{yz}}{\partial y} + \frac{\partial \tau_{zz}}{\partial z} \tag{2.8-4}$$

$$\frac{\partial}{\partial t}\left[\rho\left(e+\frac{V^2}{2}\right)\right]+\frac{\partial}{\partial x}\left[\rho u\left(e+\frac{V^2}{2}\right)\right]+\frac{\partial}{\partial y}\left[\rho v\left(e+\frac{V^2}{2}\right)\right]+\frac{\partial}{\partial z}\left[\rho w\left(e+\frac{V^2}{2}\right)\right]$$

$$=\rho\dot{q}+\frac{\partial}{\partial x}\left(k\frac{\partial T}{\partial x}\right)+\frac{\partial}{\partial y}\left(k\frac{\partial T}{\partial y}\right)+\frac{\partial}{\partial z}\left(k\frac{\partial T}{\partial z}\right)-\frac{\partial(up)}{\partial x}-\frac{\partial(vp)}{\partial y}-\frac{\partial(wp)}{\partial z} \qquad (2.8\text{-}5)$$

$$+\frac{\partial(u\tau_{xx})}{\partial x}+\frac{\partial(u\tau_{yx})}{\partial y}+\frac{\partial(u\tau_{zx})}{\partial z}+\frac{\partial(v\tau_{xy})}{\partial x}+\frac{\partial(v\tau_{yy})}{\partial y}+\frac{\partial(v\tau_{zy})}{\partial z}$$

$$+\frac{\partial(w\tau_{xz})}{\partial x}+\frac{\partial(w\tau_{yz})}{\partial y}+\frac{\partial(w\tau_{zz})}{\partial z}$$

式中，V 为来流速度大小；u、v、w 为三个方向的速度；x、y、z 为三个方向的坐标；t 为时间；ρ 为气体密度；p 为气体静压；T 为气体静温；e 为单位质量气体的内能；$\dot{q}$ 为对单位体积流体的加热量；k 为导热系数；τ_{ij} 为不同方向的剪切应力，其表达式为

$$\begin{cases} \tau_{xx}=\lambda\left(\frac{\partial u}{\partial x}+\frac{\partial v}{\partial y}+\frac{\partial w}{\partial z}\right)+2\mu\frac{\partial u}{\partial x} \\ \tau_{yy}=\lambda\left(\frac{\partial u}{\partial x}+\frac{\partial v}{\partial y}+\frac{\partial w}{\partial z}\right)+2\mu\frac{\partial v}{\partial y} \\ \tau_{zz}=\lambda\left(\frac{\partial u}{\partial x}+\frac{\partial v}{\partial y}+\frac{\partial w}{\partial z}\right)+2\mu\frac{\partial w}{\partial z} \end{cases} \qquad (2.8\text{-}6)$$

$$\begin{cases} \tau_{xy}=\tau_{yx}=\mu\left(\frac{\partial v}{\partial x}+\frac{\partial u}{\partial y}\right) \\ \tau_{xz}=\tau_{zx}=\mu\left(\frac{\partial u}{\partial z}+\frac{\partial w}{\partial x}\right) \\ \tau_{yz}=\tau_{zy}=\mu\left(\frac{\partial w}{\partial y}+\frac{\partial v}{\partial z}\right) \end{cases} \qquad (2.8\text{-}7)$$

其中，μ 为分子黏性系数；λ 为第二黏性系数，一般认为 $\lambda=-2/3\mu$。

在能量控制方程中，焓值 h 具有如下关系：

$$\begin{cases} h=e+p/\rho \\ h=c_pT \end{cases} \qquad (2.8\text{-}8)$$

进而得到气体的内能 e 为

$$e=c_pT-p/\rho \qquad (2.8\text{-}9)$$

式中，c_p 为定压比热。

为了封闭 N-S 控制方程组，可选用理想气体满足完全气体假设，即有如下状态方程：

$$p=\rho RT \qquad (2.8\text{-}10)$$

式中，R 为气体常数。

2. 湍流模型

高超声流动需要考虑湍流带来的影响，当前应用较多的是 SST k-ω 两方程湍流模型。

SST k-ω 湍流模型结合了常用的 k-ε 模型和 Wilcox k-ω 模型的优势，其主要思想是在物面处采用 Wilcox k-ω 湍流模型，在附面层边缘和自由剪切层采用 k-ε 模型，两者之间由混合函数过渡，其适用于计算由激波和逆压梯度引起的分离流动。

SST k-ω 湍流模型的湍动能输运方程为

$$\frac{\partial k}{\partial t} + u_j \frac{\partial k}{\partial x_j} = \frac{P_k}{\rho} \frac{Ma_\infty}{R_e} - \beta' k \omega \frac{R_e}{Ma_\infty} + \frac{1}{\rho} \frac{\partial}{\partial x_j} \left[\left(\mu + \frac{\mu_t}{\sigma_k} \right) \frac{\partial k}{\partial x_j} \right] \frac{Ma_\infty}{R_e} \tag{2.8-11}$$

SST k-ω 湍流模型的湍流比耗散率方程为

$$\frac{\partial \omega}{\partial t} + u_j \frac{\partial \omega}{\partial x_j} = \frac{P_\omega}{\rho} \frac{Ma_\infty}{R_e} - \beta \omega^2 \frac{R_e}{Ma_\infty} + \frac{1}{\rho} \frac{\partial}{\partial x_j} \left[\left(\mu + \frac{\mu_t}{\sigma_\omega} \right) \frac{\partial \omega}{\partial x_j} \right] \frac{Ma_\infty}{R_e}$$
$$+ 2(1 - F_1) \frac{1}{\sigma_{\omega 2}} \frac{1}{\omega} \frac{\partial k}{\partial x_j} \frac{\partial \omega}{\partial x_j} \frac{Ma_\infty}{R_e} \tag{2.8-12}$$

湍流模型方程中出现的符号和参数的具体定义及具体表达式可详见相关文献。

2.8.3　基于 CFD 的无黏气动特性计算

基于欧拉方程(CFD)的无黏气动特性计算对除轴向力(阻力)之外的气动特性，如升力系数、俯仰力矩系数、压心、焦点、操稳特性等，都较为准确，可满足导弹方案论证和总体设计需求。这里介绍一种基于笛卡儿网格的快速计算软件 Cart3D 及其使用方法。

Cart3D 区别于其他 CFD 软件的最重要特征就是"快"，分析速度提高了 10 倍以上，同时简单易用，收敛鲁棒性好。该软件输入表面三角形网格，只需简单设置少量参数，即可自动生成自适应加密的笛卡儿网格，且生成速度非常快。

使用 CFD 开展导弹气动特性分析的基本流程是：①建立导弹几何造型；②划分网格；③设置来流参数；④求解；⑤结果处理与分析。网格划分和 CFD 计算软件有很多，下面以仿 Iskander 导弹为例，结合 ANSYS 软件中的 DesignModeler、Meshing、ICEM 和 Cart3D 模块介绍导弹气动特性快速分析过程。

1. 数模转换

(1) 将 2.7 节在 CATIA 中建立的导弹几何模型另存为 STP 格式文件。

(2) 新建 Workbench 项目，添加 Mesh 组件，如图 2.8-2 所示。

(3) 右击 🔲 Geometry 图标，在弹出的快捷菜单中选择 New Geometry 菜单页，打开 DesignModeler 模块。

(4) 选择 File → Import External Geometry File 菜单项，选择已保存的 STP 文件，单击 ⚡ Generate 按钮，导入导弹几何模型，如图 2.8-3 所示。

(5) 关闭 DesignModeler 模块，在 Workbench 中保存项目。

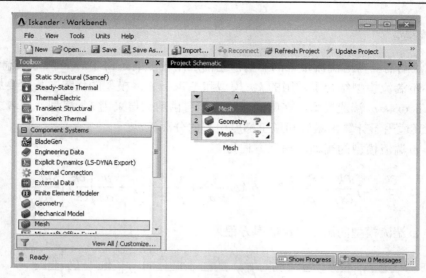

图 2.8-2　新建 Mesh 项目

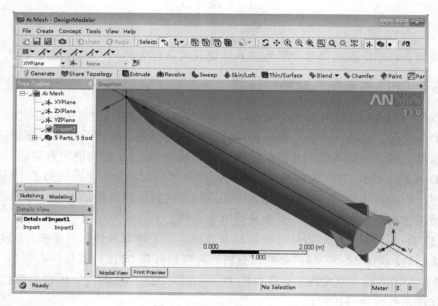

图 2.8-3　导入几何模型 1

2. 生成导弹表面网格

(1) 右击　Mesh 图标，在弹出的快捷菜单中选择 Edit 菜单项，打开 Meshing 模块界面，可以看到导弹几何模型已自动更新到网格模块。

(2) 在模型树中右击 Mesh 图标，在弹出的快捷菜单中选择 Insert → Method 菜单项，在方法设置中 Geometry 选择导弹所有部件，Method 选择 Tetrahedrons，其他为默认设置。

(3) 在模型树中单击 Mesh 图标，出现参数设置选项，Use Advanced Size Function 选择 On：Proximity and Curvature，打开自适应加密选项，Relevance Center 选择 Medium，Curvature Normal Angle(曲率法向角)为 10.0°，Min Size 为 1.5e-003m，其他参数使用默

认设置，如图 2.8-4 所示。

(4) 在模型树中右击 Mesh 图标，在弹出的快捷菜单中选择 Preview → Surface Mesh 菜单项，生成导弹表面网格，如图 2.8-5 所示。

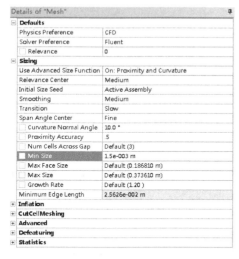

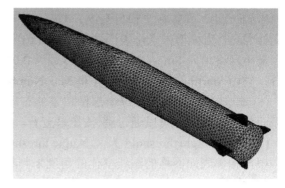

图 2.8-4　Meshing 参数设置　　　　　　　　　图 2.8-5　导入几何模型 2

(5) 选择 File → Export 菜单项，打开另存对话框，在文件名后输入 "Iskander.prj"，保存类型为 ICEM CFD Input Files (*.prj)，单击保存按钮，在目录下生成 Iskander.prj、Iskander.tin、Iskander.uns 共 3 个文件。

3. 生成流场网格

(1) 双击 Iskander.prj 文件，打开 ICEM CFD 13.0，窗口显示导弹表面网格。

(2) 单击 Cart3D 标签按钮，选择其下的体网格创建器 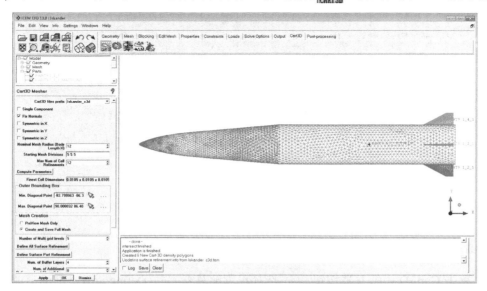，得到如图 2.8-6 所示窗口。

图 2.8-6　Cart3D 模块窗口

(3) 在左面板上选择 Fix Normals 复选框(默认情况已选择，保留即可)，修理表面三角网格的法线。该选项保证几何体表面的每个三角网格的法线方向都指向外表面，从而可使表面三角网格中每个三角单元的编号和坐标都按逆时针顺序排列，这是进一步生成体网格的必须要求。

(4) 设置 Nominal Mesh Radius (Body Length X)为 12，Starting Mesh Division 为 5 5 5，Max Num of Cell Refinements 为 12。

(5) 单击 Compute Parameters 按钮，计算参数。Cart3D 将 ICEM CFD 表面网格转为自身的格式(*.tri)，并存在工作目录中，若部件之间有交叉，则自动求并集，去掉多余部分。输出文件*.a.tri 为模型未求湿表面的文件，*.i.tri 为模型求湿表面以后的文件。计算结束之后会显示最小网格单元 Finest Cell Dimensions 为 $0.0105 \times 0.0105 \times 0.0105$，这是 Cart3D 最小的格子数，它由 Starting Mesh Division 和 Max Number of Cells Refinement 决定。

(6) 计算参数之后会在每个部件和整体布局周围各建立一个用于模型附近网格密度控制的多面体，该多面体可以通过 ▨ 按钮来查看。

(7) 设置 Angle threshold 为 8。Angle threshold 是按模型物面的曲率变化来设置网格自适应，根据相邻表面网格的法线变化的角度来判断是否加密网格，单位为度。

(8) 参数 Num.of Buffer Layers 是设置表面网格附近加密的层数；Number of CutPlanes 是设置用于预览的切面数；通常 Cart3D 只画模型外部的网格，如果选择 Mesh internal Region 复选框，则将模型内部网格也画出。这些可取默认值。

(9) 选择 Create and Save Full Mesh 单选按钮，单击 Apply 按钮后，要求确认是否加载全部网格，单击 Yes 按钮，Cart3D 开始创建网格并自动保存。

(10) 网格创建完之后，选择左侧模型树中的 Mesh→Volume 选项，可显示全部体网格。为显示切面网格，右击 Mesh，选择 Cutplane，弹出窗口，建立切面，单击 Apply 按钮显示切面网格。纵对称面切面网格如图 2.8-7 所示。

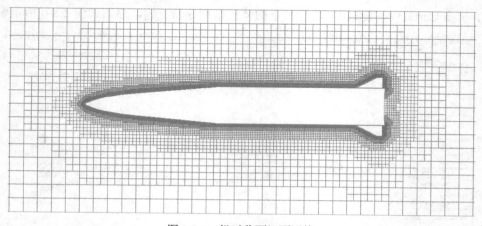

图 2.8-7　纵对称面切面网格

4. 流场求解

(1) 单击 Cart3D 中解算器按钮 ⟳，选择设置解算器参数(Define Solver params)图标 ▦，弹出设置解算器参数对话框，见图 2.8-8。

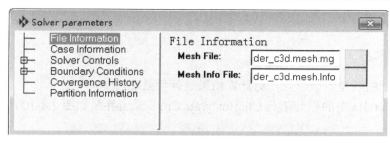

图 2.8-8　解算器参数设置

(2) 选择 File Information 选项，Mesh File 为 Iskander_c3d.mesh.mg(此为缺省文件)，Mesh Info-File 保持缺省(Iskander_c3d.mesh.Info)。

(3) 选择 Case Information 选项，设置马赫数 Mach Number 为 0.8，迎角 Angle of Attack 为 5，侧滑角 Side Slip angle 为 0.0，来流密度 Free Stream Density 为 1.0，来流声速 Free Stream Sound Speed 为 1.0(均为无量纲值)。

(4) 展开 Solver Controls 子项，定义时间离散的 Runge Kutta 格式参数，保持缺省值。

(5) 在 Solver Controls 的 Other controls 中设置 Solver parameters，包括 CFL 条件、空间离散格式、多重网格法等，具体参数如图 2.8-9 所示。

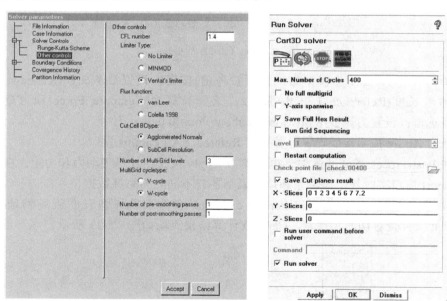

图 2.8-9　解算器控制参数

(6) 设置边界条件(Boundary Conditions)，均为远场条件(Farfield)。

(7) 保持 Convergence History 和 Partition Information 为省缺值，单击 Accept 按钮。

(8) 单击求解器按钮 下的运行(Run Solver) 图标，在弹出的面板上设置运行参数，如图 2.8-9 所示。设置最大循环数(Max. Number of Cycles)为 400；选择保存所有结果(Save Full Hex Result)复选框；选择保存切面结果(Save Cut planes result)复选框，设置 X-Slices 为 0 1 2 3 4 5 6 7 7.2，Y-Slices 为 0，Z-Slices 为 0，单击 Apply 按钮开始计算。

(9) 开始计算后，显示残差的窗口将自动弹出，将其关闭后可以通过单击残差收敛显示

按钮 ▨▨ 来打开。

5. 结果后处理

计算按给定的残差收敛以后，对计算结果进行后处理。

(1) 单击 Cart3D 中的积分工具 Clic(Integrate Cp)，弹出界面如图 2.8-10 所示。

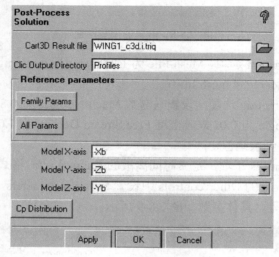

图 2.8-10　Cart3D 后处理

(2) 单击 All Params(为模型布局设置参考值)按钮，设置参考面积(Reference Area)为 0.6648；参考长度(Reference Length)为 7.2；选择计算力(Compute Force)和力矩(Compute Moment)复选框；设置力矩参考点(Moment about Point)0 0 0。

(3) 单击 Apply 按钮接受设置，并关闭 Reference All Params 窗口。

(4) 在 Post-Process Solution 对话框中单击 Apply 按钮，计算气动力和力矩。在界面右侧下方的 Report 窗口实时显示风轴系和体轴系下各自不同的力系数数据。

(5) 使用 Tecplot 软件打开 Iskander_c3d.i.dat 文件查看导弹表面流场物理量，打开 cutPlanes.dat 文件查看切面物理量，Cart 3D 计算结果流场如图 2.8-11 所示。

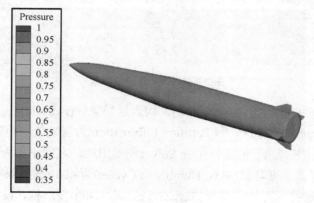

图 2.8-11　Cart3D 计算结果流场

习　题

2-1　已知某巡航飞行器的巡航速度 V，射程 R，巡航初始质量 M_0，平均升阻比 L/D，估计剩余质量。

2-2　已知滑翔导弹的初始速度为 4500m/s，终端速度为 500m/s，平均升阻比为 2.5，估计可滑翔的航程。

2-3　飞行器的气动外形设计要考虑哪些主要因素？

2-4　头部外形设计要考虑的主要因素是什么？弹身直径和长细比的影响表现在哪些方面？

2-5　何谓升力体？其主要适用于什么飞行器？什么情况下不宜采用升力体？

2-6　弹翼的展弦比选择亚声速和超声速时有什么特点？

2-7　弹翼的后掠角对波阻系数的影响有什么特点？

2-8　高速飞行器的弹翼是采用大根稍比还是小根稍比？

2-9　试分析"+"形空气舵布局下，尾控静稳定、鸭控静稳定、尾控静不稳定、鸭控静不稳定导弹各自在平衡状态下力矩系数与操纵力矩系数之比 m_z^α / m_z^δ 的符号。

2-10　静稳定拦截导弹为什么需要自动驾驶仪？导弹是不是一定要设计成静稳定的？静不稳定导弹与静稳定导弹的舵机相比，要求相同吗？

2.11　设某"十"字形布局的轴对称导弹，在零攻角时：弹身的特征面积为 S_B，弹身升力线斜率为 $(C_N^\alpha)_b$；每块弹翼的面积为 S_W，对应的弹翼升力线斜率为 $(C_N^\alpha)_W$；每块尾翼的面积为 S_T，对应的尾翼升力线斜率为 $(C_N^\alpha)_T$；实验测得忽略舵面时弹体的压心位置 x_p，质心位置 x_c，尾控舵安装在尾翼后缘，舵压心离导弹质心距离大致为 l，不考虑翼身及舵之间相互干扰的影响，为使弹身获得稳态攻角 α，且操稳比达到 0.9，假设舵面操纵力系数 $(C_N^\delta)_\delta$，试估计单个升降舵所对应的面积 S_r？

2-12　气动系数表的物理意义及用途有哪些？

第 3 章　弹体稳定性和操控性及部位安排

如前所述，制导、导航与控制(GNC)是导弹设计与控制的重要组成部分，制导为导弹质心的飞行运动提供上层决策和纠偏的姿态指令(对于弹道导弹)或者加速度过载指令(对于战术拦截导弹)，导航为制导计算与姿态控制提供必需的定位、定速和定姿的状态信息，姿态控制为制导提供底层的支持与操纵控制功能，实现制导所要求的指令。

导弹飞行性能与弹体的稳定性和操纵性密切相关，弹体设计在于保证具有足够的稳定与操控能力、快速响应能力，并尽可能高升阻比、小耦合，降低气动热效应；反之，基于气动数据六分量表分析弹体的稳定性与操纵性，可以评估气动外形设计、部件尺寸、布局和安排是否满足设计要求，因此稳定性与操纵性是战术导弹总体设计的重要内容，也是难点之一。

3.1　静稳定裕度及其计算方法

1. 静稳定裕度概念

导弹的压心若位于质心之后，相对距离越远，提供的恢复力矩越大，静稳定性就越大，因此静稳定裕度定义为压心与质心之间的距离Δx，也用百分数表示：

$$\eta = \frac{\Delta x}{l} \times 100\% = \frac{x_p(t) - x_c(t)}{l} \times 100\% \tag{3.1-1}$$

显然，导弹的静稳定裕度不仅与外形设计有关，还与质量分布有关，也是随飞行时间改变的。

2. 计算方法

(1) 计算导弹质心的位置：可直接根据各部件的质量m_i和质心x_i，由质心公式得弹体质心坐标(设计中可用软件 SolidWorks、CATIA 或 ProE 等 CAD 软件完成)，即

$$x_c = \frac{\sum_{i=1}^{n} m_i x_i}{\sum_{i=1}^{n} m_i} \tag{3.1-2}$$

(2) 计算各部件的压心位置x_{pi}。

(3) 根据各部件的法向力系数导数C_{Ni}^{α}、面积S_i和压心位置，如果忽略轴向力的影响，按式(3.1-3)得静稳定裕度为

$$\Delta x = x_p(t) - x_c(t) = \frac{\sum_{i=1}^{n} C_{Ni}^{\alpha} \alpha q S_i (x_{pi} - x_c)}{\sum_{i=1}^{n} C_{Ni}^{\alpha} \alpha q S_i} = \frac{\sum_{i=1}^{n} C_{Ni}^{\alpha} S_i (x_{pi} - x_c)}{\sum_{i=1}^{n} C_{Ni}^{\alpha} S_i} \qquad (3.1\text{-}3)$$

在导弹设计中，通常最后是设计尾翼(或尾舵)的面积以满足静稳定裕度要求，如火箭弹、再入弹头、探空火箭和一些地空导弹、反舰导弹、空地航弹等。

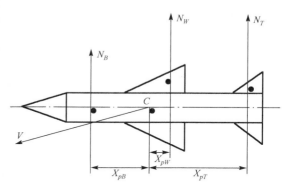

例 3.1-1　如图 3.1-1 所示，已知轴对称导弹的弹翼和尾翼为 "+" 形布局，弹翼的法向力系数导数、相对质心的距离和参考面积分别为 C_W^{α}、X_{pW}、S_W，其压心位于质心之后，弹身的分别为 C_B^{α}、X_{pB}、S_B，其压心位于质心之前，尾翼的分别为 C_T^{α}、X_{pT}、S_T，弹体参考长度为 l，如果忽略翼身干扰与空气舵的影响，试计算纵向静稳定裕度。

图 3.1-1　静稳定裕度计算

解：单块尾翼的面积为 S_T，"+" 形布局，4 块弹翼和尾翼的有效面积分别只有一半发生作用，因此弹翼的有效面积为 $2S_W$，尾翼的有效面积为 $2S_T$。

弹翼法向力：　　　　　　　　　　$N_W = C_W^{\alpha} \alpha q \cdot 2S_W$

尾翼法向力：　　　　　　　　　　$N_T = C_T^{\alpha} \alpha q \cdot 2S_T$

弹身法向力：　　　　　　　　　　$N_B = C_B^{\alpha} \alpha q \cdot S_B$

总法向力近似为

$$N = N_B + N_W + N_T$$

其相对导弹质心俯仰轴的气动力矩为

$$M_z = N_W \cdot X_{pW} + N_T \cdot X_{pT} - N_B \cdot X_{pB}$$

设弹体的压力中心离质心的距离为 Δx，即绝对静稳定裕度，其为

$$\Delta x \approx \frac{M_z}{N}$$

因此，相对静稳定裕度为

$$\eta = \frac{\Delta x}{l} \times 100\%$$

问题：如果是 "×" 形布局，其他不变，静稳定裕度是多少？增大还是减小？另外，对应的空气舵配置中，哪种的配平操纵效能高？

3.2　无控弹体稳定性分析

无控火箭或导弹脱离发射器进入姿态控制系统正常工作之前，均处于无控状态，推力偏

斜、风会对其姿态造成干扰，为确保飞行稳定性，这里主要基于线性小扰动理论研究稳定性问题和措施。

3.2.1　飞行动力学方程线性化

对于弹体外形轴对称问题，只需研究在纵平面内的运动稳定性。其速度坐标系中的动力学方程为

$$
\begin{cases}
m\dfrac{\mathrm{d}v}{\mathrm{d}t} = P\cos\alpha - X - mg\sin\theta \\[2mm]
mv\dfrac{\mathrm{d}\theta}{\mathrm{d}t} = P\sin\alpha + Y - mg\cos\theta \\[2mm]
J_z\dfrac{\mathrm{d}\omega_z}{\mathrm{d}t} = M_z \\[2mm]
\alpha \approx \varphi - \theta
\end{cases}
\tag{3.2-1}
$$

式中，P 为沿轴线推力；X、Y、M_z 分别为阻力、升力和对 z 轴的俯仰力矩；α、φ、θ 分别为攻角、俯仰角和弹道倾角；J_z 为弹体对坐标系 z 轴的转动惯量。

在典型或标准弹道上一点附近线性化，由泰勒展开方法，取一阶线性项，如

$$z = f(v, \omega_z, \alpha, \theta)$$

$$\Delta z = \frac{\partial f}{\partial v}\Delta v + \frac{\partial f}{\partial \omega_z}\Delta\omega_z + \frac{\partial f}{\partial \alpha}\Delta\alpha + \frac{\partial f}{\partial \theta}\Delta\theta$$

则得

$$
\begin{cases}
m\dfrac{\mathrm{d}\Delta v}{\mathrm{d}t} = (P^v - X^v)_0\Delta v - (P\alpha + X^\alpha)_0\Delta\alpha - mg\cos\theta_0\Delta\theta \\[2mm]
mv\dfrac{\mathrm{d}\Delta\theta}{\mathrm{d}t} = (P^v\alpha + Y^v)_0\Delta v + (P + Y^\alpha)_0\Delta\alpha + mg\sin\theta_0\Delta\theta \\[2mm]
J_z\dfrac{\mathrm{d}\Delta\omega_z}{\mathrm{d}t} = (M_z^v)_0\Delta v + (M_z^\alpha)_0\Delta\alpha + (M_z^{\omega_z})_0\Delta\omega_z \\[2mm]
\Delta\alpha \approx \Delta\varphi - \Delta\theta
\end{cases}
\tag{3.2-2}
$$

重排得

$$
\begin{cases}
m\dfrac{\mathrm{d}\Delta v}{\mathrm{d}t} = (P^v - X^v)_0\Delta v - (P\alpha + X^\alpha)_0\Delta\alpha - mg\cos\theta_0\Delta\theta \\[2mm]
J_z\dfrac{\mathrm{d}\Delta\omega_z}{\mathrm{d}t} = (M_z^v)_0\Delta v + (M_z^\alpha)_0\Delta\alpha + (M_z^{\omega_z})_0\Delta\omega_z \\[2mm]
mv\dfrac{\mathrm{d}\Delta\theta}{\mathrm{d}t} = (P^v\alpha + Y^v)_0\Delta v + (P + Y^\alpha)_0\Delta\alpha + mg\sin\theta_0\Delta\theta \\[2mm]
\Delta\alpha \approx \Delta\varphi - \Delta\theta
\end{cases}
\tag{3.2-3}
$$

定义动力学系数 a_{mn}，m 代表方程编号，n 代表扰动运动参量，那么用 1 代表 Δv，2 代表 $\Delta\omega_z$，3 代表 $\Delta\theta$，4 代表 $\Delta\alpha$，对式(3.2-3)中第二式除以 J_z，定义 $a_{22} = -\dfrac{(M_z^{\omega_z})_0}{J_z}$，称为角速度阻尼动力学系数，且 $a_{22} > 0$，$a_{24} = -\dfrac{(M_z^\alpha)_0}{J_z} = -\dfrac{(m_z^\alpha)_0 qSl}{J_z}$，称为稳定力矩动力学系数。

如果弹体静稳定，则弹体自身能提供恢复力矩，$m_z^\alpha < 0$，$a_{24} > 0$；反之，如果静不稳定，则导致发散力矩，$m_z^\alpha > 0$，$a_{24} < 0$。

定义 $a_{21} = -\dfrac{(M_z^v)_0}{J_z}$，称为速度变化对弹体转动影响的动力学系数。

对式(3.2-3)中第二式除以 $(mv)_0$，定义 $a_{34} = \left(\dfrac{P + Y^\alpha}{mv}\right)_0$，称为攻角增量的法向力动力学系数，$a_{33} = -\left(\dfrac{g\sin\theta}{v}\right)_0$，称为重力动力学系数，$a_{31} = -\left(\dfrac{P^v\alpha + Y^v}{mv}\right)_0$，称为速度增量的法向力动力学系数。对式(3.2-3)中第一式除以 m，得

$$a_{14} = \left(\frac{P\alpha + X^\alpha}{m}\right)_0$$

$$a_{13} = (g\cos\theta)_0$$

$$a_{11} = -\left(\frac{P^v - X^v}{m}\right)_0$$

引入动力学系数后，弹体在干扰输入下的纵向扰动线性化模型为

$$\begin{cases} \Delta\dot{v} + a_{11}\Delta v + a_{13}\Delta\theta + a_{14}\Delta\alpha = F_{xd} \\ \Delta\dot{\omega}_z + a_{21}\Delta v + a_{22}\Delta\omega_z + a_{24}\Delta\alpha = M_{zd} \\ \Delta\dot{\theta} + a_{31}\Delta v + a_{33}\Delta\theta - a_{34}\Delta\alpha = F_{yd} \\ \Delta\varphi = \Delta\theta + \Delta\alpha \end{cases} \tag{3.2-4}$$

其为一组线性常微分方程组，取状态向量 $\begin{bmatrix} \Delta v & \Delta\omega_z & \Delta\alpha & \Delta\varphi \end{bmatrix}^{\mathrm{T}}$，则上述方程组可以等效表达为

$$\begin{bmatrix} \Delta\dot{v} \\ \Delta\dot{\omega}_z \\ \Delta\dot{\alpha} \\ \Delta\dot{\varphi} \end{bmatrix} = A_z \begin{bmatrix} \Delta v \\ \Delta\omega_z \\ \Delta\alpha \\ \Delta\varphi \end{bmatrix} + \begin{bmatrix} F_{xd} \\ M_{zd} \\ F_{yd} \\ 0 \end{bmatrix} \tag{3.2-5}$$

式中，A_z 为纵向动力学系数矩阵，即

$$A_z = \begin{bmatrix} -a_{11} & 0 & -a_{14} + a_{13} & -a_{13} \\ -a_{21} & -a_{22} & -a_{24} & 0 \\ a_{31} & 1 & -(a_{34} + a_{33}) & a_{33} \\ 0 & 1 & 0 & 0 \end{bmatrix} \tag{3.2-6}$$

3.2.2　扰动运动的状态解及运动特性

式(3.2-5)表达了飞行器纵向扰动运动，包括自由扰动运动和强迫扰动运动，扰动运动的

解是由齐次线性方程组的通解和特解所组成的，前者代表扰动运动的自由分量，后者代表强迫分量，这里仅研究自由扰动问题的稳定性问题。

根据常系数齐次线性微分方程组通解理论，式(3.2-5)的解为

$$\Delta v = \sum_{i=1}^{4} D_{i1} \mathrm{e}^{S_i t}$$

$$\Delta \varphi = \sum_{i=1}^{4} D_{i2} \mathrm{e}^{S_i t}$$

$$\Delta \omega_z = \sum_{i=1}^{4} D_{i3} \mathrm{e}^{S_i t} \tag{3.2-7}$$

$$\Delta \alpha = \sum_{i=1}^{4} D_{i4} \mathrm{e}^{S_i t}$$

式中，D_{ij} 是由初始条件确定的系数；S_i 是扰动微分方程特征方程式(3.2-5)式的根，$i = 1, 2, 3, 4$。

纵向扰动运动的特征方程式为

$$D(s) = S^4 + A_1 S^3 + A_2 S^2 + A_3 S + A_4 = 0 \tag{3.2-8}$$

为四阶方程，具有 4 个根 S_i，以 x_j 代表变量 Δv、$\Delta \varphi$、$\Delta \omega_z$、$\Delta \alpha$，统写为

$$x_j = \sum_{i=1}^{4} D_{ij} \mathrm{e}^{S_i t}$$

1) 若方程的特征根全为实根

纵向扰动运动是由 4 个非周期运动组成，如果 $S_i < 0$（$i = 1, 2, 3, 4$），扰动参数随时间增加而减小，扰动运动稳定。

2) 若方程的特征根为两个实根和一对共轭复根

假设实根为 S_1、S_2，一对共轭复根为 $S_{3,4} = \sigma \pm \mathrm{j}\omega$。

于是，纵向扰动运动的解析解为

$$x_j(t) = D_{1j} \mathrm{e}^{S_1 t} + D_{2j} \mathrm{e}^{S_2 t} + D_{3j} \mathrm{e}^{S_3 t} + D_{4j}{}^{S_4 t} \tag{3.2-9}$$

式中，D_{3j} 和 D_{4j} 也应是共轭复数，即

$$D_{3j} = p - \mathrm{j}q, \quad D_{4j} = p + \mathrm{j}q$$

上述一对共轭复根的解析解为

$$x_{j3,4}(t) = D_{3j} \mathrm{e}^{S_3 t} + D_{4j}{}^{S_4 t} = p \mathrm{e}^{\sigma t}(\mathrm{e}^{\mathrm{j}\omega t} + \mathrm{e}^{-\mathrm{j}\omega t}) - \mathrm{j}q \mathrm{e}^{\sigma t}(\mathrm{e}^{\mathrm{j}\omega t} - \mathrm{e}^{-\mathrm{j}\omega t}) \tag{3.2-10}$$

根据欧拉公式得

$$\mathrm{e}^{\mathrm{j}\omega t} + \mathrm{e}^{-\mathrm{j}\omega t} = 2\cos\omega t$$
$$\mathrm{e}^{\mathrm{j}\omega t} - \mathrm{e}^{-\mathrm{j}\omega t} = 2\mathrm{j}\sin\omega t \tag{3.2-11}$$

于是式(3.2-10)可写为

$$x_{j3,4}(t) = 2e^{\sigma t}\sqrt{p^2+q^2}\left(\frac{p}{\sqrt{p^2+q^2}}\cos\omega t + \frac{p}{\sqrt{p^2+q^2}}\sin\omega t\right) \tag{3.2-12}$$

$$= D_{j3,4}e^{\sigma t}\sin(\omega t + \phi)$$

可见，一对共轭复根形成了振荡形式的扰动运动，振幅为 $D_{j3,4}e^{\sigma t}$，其中 $D_{j3,4}=2\sqrt{p^2+q^2}$，角频率为 ω，ϕ 为相位，$\phi=\arctan\dfrac{p}{q}$。

若复根的实部 $\sigma<0$，扰动运动为减幅振荡的稳定运动。

3) 若方程的特征根为两对共轭复根

$$S_{1,2}=\sigma_1\pm j\omega_1$$
$$S_{3,4}=\sigma_2\pm j\omega_2$$

则解为

$$x_j(t)=D_{j1,2}e^{\sigma_1 t}\sin(\omega_1 t+\phi_1)+D_{j3,4}e^{\sigma_2 t}\sin(\omega_2 t+\phi_2) \tag{3.2-13}$$

只要两共轭复根的实部为负，扰动运动就振荡稳定。

可见，在上述纵向扰动运动的解析解中，如果特征根的实根或共轭复根的实部均为负值，则纵向扰动运动是稳定的；反之，只要有一个实根为正，或一对共轭复根的实部为正，纵向扰动运动就是不稳定的。

导弹的特征方程式通常有两对共轭复根，表现为一对大复根和一对小复根的规律性，例如：

$$\begin{cases}-0.376\pm j2.426\\-0.003\pm j0.075\end{cases}\,' \quad \begin{cases}-1.158\pm j10.1\\-0.002\pm j0.025\end{cases}$$

这说明自由扰动包含两个不同特征分量，即两个不同周期的振荡运动分量，它们的振幅和频率相差很大。

3.2.3　短周期扰动运动及稳定性

1. 振荡周期及衰减程度

以攻角 $\Delta\alpha$ 为例，当 $S_{1,2}=\sigma\pm j\omega$ 时，有

$$\Delta\alpha_{1,2}=De^{\sigma t}\sin(\omega t+\phi)$$

这里，ω 是振荡频率，振荡周期为

$$T=\frac{2\pi}{\omega}$$

为定量评定扰动运动参数衰减快慢，引入衰减程度量，即振幅衰减一半所需时间。

$$e^{\sigma\Delta t}=e^{\sigma(t_2-t_1)}=\frac{1}{2}$$

若 $\sigma<0$，则衰减时间为

$$\Delta t = t_2 - t_1 = -\frac{0.693}{\sigma}$$

举例如下。

(1) $S_{12} = -0.376 \pm j2.426$ ，$S_{3,4} = -0.003 \pm j0.075$。

振荡周期：分别为 2.589s 和 82.67s。

衰减程度：Δt =1.943s 和 231.0s。

(2) $S_{12} = -1.158 \pm j10.1$ ，$S_{3,4} = -0.00267 \pm j0.027$。

振荡周期：分别为 0.622s 和 232.7s。

衰减程度：Δt = 0.599s 和 295.6s。

可见，小复根的周期长，衰减慢；而大复根的周期短，衰减快。

2. 短周期运动和长周期运动

由于共轭复根的实数部分决定着扰动运动的衰减程度，而虚数部分决定着振荡角频率，上述一对大复根决定的扰动运动分量，其运动形态周期短，衰减快，属于一种振荡频率高而振幅衰减快的运动，通常称为短周期运动；相反，小复根对应长周期扰动。

弹体的纵向扰动运动是由长、短两个周期运动分量叠加组成的，但在扰动运动的最初阶段，起主导作用的是短周期运动形态，长周期运动还很不明显。如果忽略长周期运动分量，这时速度 V 变化带来的影响可忽略不计，只需考虑 $\Delta\alpha$、$\Delta\omega_z$、$\Delta\varphi$ 的变化，于是纵向扰动运动方程简化为

$$\begin{bmatrix} \Delta\dot{\omega}_z \\ \Delta\dot{\alpha} \\ \Delta\dot{\varphi} \end{bmatrix} = A \begin{bmatrix} \Delta\omega_z \\ \Delta\alpha \\ \Delta\varphi \end{bmatrix} \tag{3.2-14}$$

式中，

$$A = \begin{bmatrix} -a_{22} & -a_{24} & 0 \\ 1 & -(a_{34}+a_{33}) & a_{33} \\ 1 & 0 & 0 \end{bmatrix}$$

特征方程式为三阶：

$$D(s) = S^3 + A_1 S^2 + A_2 S + A_3 = 0 \tag{3.2-15}$$

其中，

$$A_1 = a_{22} + a_{34} + a_{33}$$

$$A_2 = a_{24} + a_{22}(a_{34}+a_{33})$$

$$A_3 = a_{24}a_{33}$$

这里，a_{24} 为稳定力矩动力学系数，若静稳定，则 $a_{24} > 0$；a_{34} 为法向力动力学系数，大于 0；a_{33} 为重力动力学系数，与速度倾角 θ 有关；a_{22} 为气动阻尼动力学系数，根据定义，$a_{22} > 0$。

3. 扰动运动稳定条件

扰动运动的动态稳定性对于无控弹体是非常重要的。

短周期运动特征方程式可化为

$$S^3 + (a_{22} + a_{34} + a_{33})S^2 + [a_{24} + a_{22}(a_{34} + a_{33})]S + a_{24}a_{33} = 0 \qquad (3.2\text{-}16)$$

首先分析重力动力学系数 a_{33} 对稳定性的影响：

$$a_{33} = -\frac{g}{v}\sin\theta_0$$

如果弹体静稳定，显然 $a_{24} > 0$，当其做垂直直线上升运动时，因弹道倾角 $\theta_0 = 90°$，故 $a_{33} < 0$，因此 $a_{24}a_{33} < 0$，其他倾斜爬升 $\theta_0 > 0$ 亦如此，于是特征方程式的系数不能满足赫尔维茨稳定判据的稳定条件，可见重力动力学系数对无控弹体垂直上升或导弹倾斜爬升的扰动运动起不稳定作用；而对于下降再入运动，则 $a_{33} < 0$，扰动运动特征方程式的系数均是正的，这时重力动力学系数对扰动运动起稳定作用。

对于静不稳定弹体，特征方程式的最后两项，无论在上升段还是在下降段，均有一项为负，显然扰动运动不稳定，因此无控弹体必须静稳定才可能动稳定。

如果起飞速度很大，使得 $a_{33} \to 0$，可忽略重力动力学系数 a_{33} 的影响，可见起飞速度越大，越有利于稳定。若无控弹体速度在短时间内加速到较大值，如 $v = 1000\text{m/s}$，则 $a_{33} < 0.01$，若 $\theta_0 = 90°$，$a_{33} = 0.009$。但当速度很小时，比如，运载火箭点火后的几秒之内，发动机的推力向量控制系统还没有达到额定工作状态，a_{33} 起不稳定作用，只要有较大的切变风干扰，就易倾翻失稳，因此天气恶劣时就要取消卫星发射。而对于探空火箭，箭体要有足够大的恢复力矩来抵抗升空飞行中切变风的干扰力矩，这样才可维持扰动攻角 $\Delta\alpha$ 在某一小幅范围内；若抵抗力矩不足，则干扰力矩会使箭体攻角增大，导致倾翻，所以为保证探空火箭上升段的稳定，弹体恢复力矩计算很重要，阻尼力矩也需考虑。

如果速度足够大，则可以略去重力动力学系数 a_{33} 的影响，特征方程为

$$S^2 + (a_{22} + a_{34})S + (a_{24} + a_{22}a_{34}) = 0 \qquad (3.2\text{-}17)$$

它的根为

$$S_{1,2} = -\frac{1}{2}(a_{22} + a_{34}) \pm \sqrt{(a_{22} + a_{34})^2 - 4(a_{24} + a_{22}a_{34})} \qquad (3.2\text{-}18)$$

下面分析根的可能形式。

1) 若为共轭复根

如果 $(a_{22} + a_{34})^2 - 4(a_{24} + a_{22}a_{34}) < 0$，即根号内为负，则 $S_{1,2}$ 为一对共轭复根，此时有

$$S_{1,2} = \sigma + j\omega = -\frac{1}{2}(a_{22} + a_{34}) \pm j\sqrt{(a_{22} + a_{34})^2 - 4(a_{24} + a_{22}a_{34})} \qquad (3.2\text{-}19)$$

式中，

$$\sigma = -\frac{1}{2}(a_{22} + a_{34})$$

因为 $a_{22} > 0$，$a_{34} > 0$，所以 $\sigma < 0$，短周期扰动运动是稳定的。

2）若为实根

如果 $(a_{22} + a_{34})^2 - 4(a_{24} + a_{22}a_{34}) > 0$ ，则 $S_{1,2}$ 为两个实根。

当 $a_{24} + a_{22}a_{34} = 0$ 时， $S_{1,2}$ 出现一个零根，扰动运动是中立稳定的；

当 $a_{24} + a_{22}a_{34} < 0$ 时，必有一个正实根，扰动运动不稳定；

当 $a_{24} + a_{22}a_{34} > 0$ 时，全为负实根，扰动运动稳定。

综合以上三种情况，具有短周期纵向扰动稳定性的充分必要条件是

$$a_{24} + a_{22}a_{34} > 0 \tag{3.2-20}$$

对于静稳定情况，式(3.2-20)自然满足，代入动力学系数可得

$$-m_z^{\omega_z} \frac{l}{v} \cdot \frac{P + Y^\alpha}{mv} > m_z^\alpha \tag{3.2-21}$$

由于静稳定 $m_z^\alpha < 0$ ，在有气动阻尼力矩情况下，不等式左边始终为正，即上述不等式自然成立，此时弹体一定具有纵向动稳定性。注意，这是在忽略了重力动力学系数 a_{33} 的不稳定作用或飞行速度足够大的情况下得出的结论。

即使弹体是静不稳定的，即 $m_z^\alpha > 0$ ，但只要其静不稳定度较小，或气动阻尼可观，就能够使得上述不等式成立，所以理论上扰动运动仍可能是稳定的，只不过稳定裕度极小而不足以抗干扰。因此，如果没有控制系统，像火箭弹、再入弹头和探空火箭要实现稳定飞行，外形设计与布局必须是静稳定的。

静稳定与动稳定既有内在的联系，又有严格的区别，静稳定仅仅代表弹体在气动力作用下自身存在恢复力矩，而动稳定则是整个扰动运动在各力矩包括操纵力矩、惯性力矩和气动力矩等的作用下，由不平衡能够走向平衡，即经过一段时间，扰动衰减至零。尽管如此，静稳定性仍然是导弹设计中一个非常重要的概念和指标，计算或测量力矩系数 m_z^α 还是气动外形设计与计算的中心议题之一。

通过本节分析，可知无控弹体上升段飞行稳定的必要条件是：弹体必须静稳定，要有足够的恢复力矩，限制扰动攻角在某一小幅范围内；倾斜发射的导弹要有足够的离轨速度，一方面可增强空气舵的动压及有效工作前的无控稳定性，另一方面可克服重力对弹道的下沉影响，确保发射安全。

3.2.4　探空火箭稳定性与尾翼尺寸

如图 3.2-1 所示，总法向力近似为箭身与尾翼法向力之和：

$$N = N_B + N_T \tag{3.2-22}$$

压心系数为

$$\bar{x}_p = \frac{x_p}{l} \tag{3.2-23}$$

由合力矩定理得

$$N \cdot x_p = N_B \cdot x_B + N_T \cdot x_T \tag{3.2-24}$$

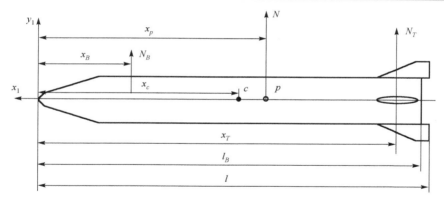

图 3.2-1　压心与尾翼计算

故压心系数为

$$\overline{x}_p = \frac{N_B \cdot x_B + N_T \cdot x_T}{N \cdot l} \tag{3.2-25}$$

假设 S_m 是箭身横截面积，S_T 是单块尾翼的面积，则弹身法向力为

$$N_B = (C_N^\alpha)_B \cdot \alpha \cdot \frac{1}{2}\rho v^2 \cdot S_m$$

假设尾翼为 "+" 形布局，尾翼法向力为

$$N_T = 2(C_N^\alpha)_T \cdot \alpha \cdot \frac{1}{2}\rho v^2 \cdot S_T$$

$$N = N_B + N_T = (C_N^\alpha)_B \cdot \alpha \cdot \frac{1}{2}\rho v^2 \cdot S_m + 2(C_N^\alpha)_T \cdot \alpha \cdot \frac{1}{2}\rho v^2 \cdot S_T$$

$$\overline{x}_B = \frac{x_B}{l}, \qquad \overline{x}_T = \frac{x_T}{l}$$

故箭体压心系数为

$$\overline{x}_p = \frac{(C_N^\alpha)_B \cdot \alpha \cdot \frac{1}{2}\rho v^2 \cdot S_m \cdot x_B + (C_N^\alpha)_T \cdot \alpha \cdot \rho V^2 \cdot S_T \cdot x_T}{\left[(C_N^\alpha)_B \cdot \alpha \cdot \frac{1}{2}\rho v^2 \cdot S_m + (C_N^\alpha)_T \cdot \alpha \cdot \rho V^2 \cdot S_T \right] \cdot l} \tag{3.2-26}$$

定义箭身压心系数为

$$\overline{x'}_B = \frac{x_B}{l_B} \tag{3.2-27}$$

长度系数为

$$\overline{l}_B = \frac{l_B}{l} \tag{3.2-28}$$

则

$$\bar{x}_p = \frac{(0.5C_N^\alpha)_B \cdot \bar{x}_B' \bar{l}_B + (C_N^\alpha)_T \cdot \dfrac{S_T}{S_m} \cdot \bar{x}_T}{(0.5C_N^\alpha)_B + (C_N^\alpha)_T \cdot \dfrac{S_T}{S_m}} \tag{3.2-29}$$

弹身和尾翼的法向力系数在初步设计阶段可按以下解析式估计。

1) 亚声速情况

弹身压心系数 $\bar{x}_B'$、尾翼压心系数 $\bar{x}_T$、各自升力系数的导数为

$$\bar{x}_B' \approx 0.5$$

$$\bar{x}_T \approx \frac{x_T}{l}$$

$$(C_N^\alpha)_B \approx 1$$

$$(C_N^\alpha)_T = \frac{1.84\pi\lambda_T}{2.4 + \lambda_T}$$

式中，λ_T 是展弦比；x_T 是尾翼压心位置：

$$\begin{cases} x_T = l - \dfrac{1}{2}c_p \\ \lambda_T = \dfrac{2b}{c_p} \end{cases}$$

其中，c_p 为尾翼平均几何弦长，如图 3.2-2 所示。

把上面各式代入式(3.2-29)得箭体的压心系数：

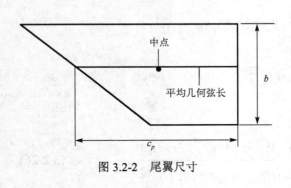

中点

平均几何弦长

b

c_p

图 3.2-2　尾翼尺寸

$$\bar{x}_p = \frac{0.5\bar{l}_B(2.4 + \lambda_T) + 1.84\pi\lambda_T \cdot \dfrac{2S_T}{S_m}\bar{x}_T}{2.4 + \lambda_T + 1.84\pi\lambda_T \cdot \dfrac{2S_T}{S_m}} \tag{3.2-30}$$

2) 超声速情况

$$\bar{x}_B' \approx 0.4$$

$$\bar{x}_T \approx \frac{x_T}{l}$$

$$(C_N^\alpha)_B \approx 2.4$$

$$(C_N^\alpha)_T = \frac{4}{\sqrt{Ma^2 - 1}}\left(1 - \frac{1}{2\lambda_T\sqrt{Ma^2 - 1}}\right)$$

这时，箭体压心系数为

$$\bar{x}_p = \frac{0.48\bar{l}_B\lambda_T(Ma^2 - 1) + [2\lambda_T\sqrt{Ma^2 - 1} - 1] \cdot \dfrac{2S_T}{S_m}\bar{x}_T}{1.2\lambda_T(Ma^2 - 1) + [2\lambda_T\sqrt{Ma^2 - 1} - 1] \cdot \dfrac{2S_T}{S_m}\bar{x}_T} \tag{3.2-31}$$

静稳定裕度为

$$\eta = \frac{x_p - x_c}{l} = \overline{x}_p - \overline{x}_c \tag{3.2-32}$$

式中，$x_p = \overline{x}_p \cdot l$，是箭体压心位置；$x_c = \overline{x}_c \cdot l$，是箭体质心位置。

假设最大干扰力矩为

$$M_{zd} = M_{wd} + M_{Fd} \tag{3.2-33}$$

式中，M_{wd} 为切变风的最大干扰力矩；M_{Fd} 为推力偏斜干扰力矩。

对于无控探空火箭，为保证恢复力矩大于干扰力矩，恢复力矩为

$$M_s = [(C_N^\alpha)_B + 2(C_N^\alpha)_T]\alpha_{max} \frac{1}{2}\rho V^2 S_m (\overline{x}_p - \overline{x}_c) \cdot l > M_{zd} \tag{3.2-34}$$

式中，α_{max} 为干扰所造成的最大许可攻角。

由(3.2-34)可求出所需要的静稳定裕度：

$$\eta = \frac{x_p - x_c}{l} = \overline{x}_p - \overline{x}_c$$

假设 $\overline{x}_c \approx 0.5$，则可求需要的压心系数 $\overline{x}_p$，进而求出单块尾翼面积 S_T。

假设

$$\lambda_T \approx 1.5 \sim 2, \quad \Lambda = 60°$$

因为马赫数 Ma 是时变的，尾翼面积要取最大值。

尾翼跨度为

$$b = \sqrt{2S_T \lambda_T} \tag{3.2-35}$$

尾翼气动弦长为

$$c_p = \frac{b}{\lambda_T} \tag{3.2-36}$$

可进一步求出翼根和翼梢的尺寸。

3.3 导弹机动性和操纵性

3.3.1 机动性和操纵性概念

机动性是战术导弹的一项重要性能指标，是指导弹在飞行途中改变飞行弹道，或产生法向过载和侧向过载，或改变速度方向的能力，图 3.3-1 示意了轴对称导弹通过产生攻角 α 和侧滑角 β 获取法向过载和侧向过载，完成空间纵向和侧向转弯机动。

以图 3.3-2 所示的平面运动为例：

$$\begin{aligned} m\dot{v} &= F\cos\alpha - D - mg\sin\theta \\ mv\dot{\theta} &= F\sin\alpha + L - mg\cos\theta \end{aligned} \tag{3.3-1}$$

式(3.3-1)表达了切向加速和法向转弯运动，其中，α 是导弹的攻角，F 是推力，升力 $L = \frac{1}{2}\rho v^2 \cdot C_L^\alpha \alpha \cdot S$，阻力 $D = \frac{1}{2}\rho v^2 \cdot C_D \cdot S$。

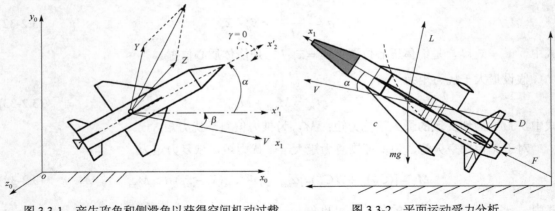

图 3.3-1　产生攻角和侧滑角以获得空间机动过载　　　　图 3.3-2　平面运动受力分析

机动是通过操纵来实现的，当发动机关机后推力为零，导弹通过偏转空气舵使得弹体产生攻角，进而产生升力 L。根据上述平面运动的法向方程可知，单位舵偏角产生的操纵作用使得升力带来的法向过载越大，导弹的转弯加速能力就越强，表明操纵性能越好，于是可把导弹的法向过载 n_y 作为机动性能指标。

法向过载 n_y：除导弹重力以外的外力所产生的法向视加速度 a_y 对重力加速度之比，即

$$n_y = \frac{a_y}{g} \tag{3.3-2}$$

因此把舵偏角 δ 产生的法向过载 n_y，即 $\frac{n_y}{\delta}$，作为导弹操纵性的度量指标之一。

3.3.2　法向过载和机动性能的计算

法向过载为

$$n_y = \frac{V\theta}{g} + \cos\theta = \frac{L + F\sin\alpha}{mg} \approx \frac{L + F\alpha}{mg} = \frac{qSC_L^\alpha \alpha + F\alpha}{mg} \tag{3.3-3}$$

则

$$\frac{n_y}{\delta} = \frac{qSC_L^\alpha + F}{mg}\frac{\alpha}{\delta} \tag{3.3-4}$$

假设空气舵操纵产生攻角的变化过程是瞬时完成的，即忽略攻角的动态变化过程，瞬间到达稳态，称为瞬时平衡假设，此时弹体上的操纵(控制)力矩等于气动力矩，有

$$m_z^\alpha \alpha + m_z^\delta \delta = 0 \tag{3.3-5}$$

故

$$\frac{\alpha}{\delta} = -\frac{m_z^\delta}{m_z^\alpha}$$

对于静稳定弹体，有

$$m_z^\alpha = -\frac{C_L^\alpha (x_p - x_c)}{l} \tag{3.3-6}$$

因此，

$$\frac{n_y}{\delta} = \frac{qSC_L^\alpha + F}{mg}\frac{\alpha}{\delta} = -\frac{qSC_L^\alpha + F}{mg}\frac{m_z^\delta}{m_z^\alpha} = \frac{(qSC_L^\alpha + F)m_z^\delta l}{mg(x_p - x_c)C_L^\alpha} \tag{3.3-7}$$

那么，导弹机动性与哪些因素有关呢？根据式(3.3-7)可知：

(1) 对气动力控制的导弹，作用在弹上的升力 $L = qSC_L^\alpha\alpha$ 越大，机动性越好，如果主动段机动，发动机推力 F 越大，n_y/δ 越大，如果被动段拦截，则显然有 $F = 0$；

(2) $x_p - x_c$ 是导弹压心与质心之间的距离，如果是静稳定的，就表示导弹的静稳定度。显然，静稳定度越大，n_y/δ 的值反而越小，因此要想提高导弹的机动性，静稳定度不能过大，特别是 $x_p - x_c$ 处于临界稳定，此时 n_y/δ 的理论值无穷大，所以大机动的导弹的静稳定度在零附近，甚至其可能静不稳定。

m_z^δ 表示操纵力矩系数，m_z^δ 越大，单位舵偏角产生的配平攻角 α 值就越大。

导弹的机动性除与上述跟气动布局相关的因素(升阻比、静稳定度等)有关之外，还与导弹的机动方式、操纵方式、控制系统及其执行机构的精度和响应快慢等多种因素相关。

3.3.3　机动方式

导弹机动方式是指导弹如何实现空间全方位的机动运动，通常纵平面内通过改变攻角来改变弹体的法向力，从而实现升降运动，但侧平面内的机动运动如何实现就与弹体的气动布局、发动机类型和舵面配置有关。

导弹的机动方式主要有三种：侧滑转弯(skid-to-turn, STT)机动、倾斜转弯(bank-to-turn, BTT)机动、弹体连续滚动，这里主要介绍前两种。第三种主要用于单兵肩扛式反坦克、打低空飞机的导弹，如我国的红缨-5 号，其只有一对继电舵机，高速自旋。

1. 侧滑转弯机动

侧滑转弯机动是目前世界上绝大多数导弹采用的机动方式，包括弹道导弹、地空导弹、空空导弹和反舰导弹等。侧滑转弯是在纵平面内通过操控升降舵改变攻角，通过操控方向舵改变弹体的侧滑角，从而改变纵平面和侧平面内的升力和侧力，实现空间全方位的合成运动，显然这是一种直角坐标方式的三轴控制。要求弹体的气动外形设计成轴对称的，并且在飞行过程中控制弹体对自身纵轴 x_1 的滚动角保持在零附近，然后控制俯仰姿态以产生所需要的攻角 α，控制偏航角以产生所需要的侧滑角 β，从而产生所需要的法向力和侧向力，二者的合成就能产生任意方向所需的机动过载。

侧滑转弯的优点在于响应快，控制和操纵相对简单；缺点在于弹翼和尾翼的气动效能没有全部利用，存在结构死重，因此升阻比不高，并且其不适合吸气式冲压导弹。

侧滑转弯机动的必要条件是导弹必须轴对称，如图 2.2-6 所示，而且飞行过程中的滚动角和角速率必须保持为零。这是为什么？

根据导弹的欧拉动力学方程(3.3-8)，由于存在非线性的惯性交叉耦合，故三轴姿态控制之间存在相互干扰：

$$
\begin{cases}
I_x\dot{\omega}_x + (I_z - I_y)\omega_z\omega_y = M_x \\
I_y\dot{\omega}_y + (I_x - I_z)\omega_x\omega_z = M_y \\
I_z\dot{\omega}_z + (I_y - I_x)\omega_y\omega_x = M_z
\end{cases}
\tag{3.3-8}
$$

如果导弹外形设计与质量布局满足轴对称，则

$$
I_y = I_z
$$

若飞行过程中控制滚动角 $\gamma = 0$，则

$$
\omega_x \to 0
$$

那么欧拉动力学方程就可变为解耦形式，实现了三轴解耦：

$$
\begin{cases}
I_x\dot{\omega}_x = M_x \\
I_y\dot{\omega}_y = M_y \\
I_z\dot{\omega}_z = M_z
\end{cases}
\tag{3.3-9}
$$

控制系统三个通道的操纵和设计就可独立，可实现攻角和侧滑角的快速响应。

2. 倾斜转弯机动

倾斜转弯适合一类面对称的飞行器，如飞机或巡航导弹，图 3.3-3 所示，这类面对称飞行器只有一对在水平面内的弹翼，没有垂直弹翼。显然可以像 STT 那样，通过操纵升降舵产生攻角 α，进而由水平面内的弹翼产生大的升力，实现竖直平面内的转弯机动，但是因为没有垂直弹翼，弹体无法像 STT 一样产生侧滑角 β 以提供足够的侧向力实现侧平面内的转弯。

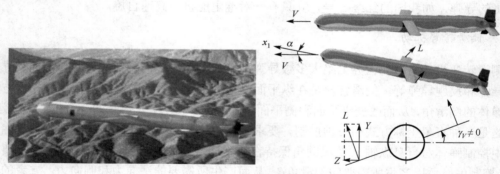

图 3.3-3　面对称导弹使用倾斜转弯机动的原理示意图

如图 3.3-3 所示，如果先使该类导弹产生某一攻角 α，然后使导弹绕自身纵轴滚动或倾斜一个角度 γ，那么弹翼产生的主升力也相应滚动或倾斜了角度 γ，通过正交分解就得到了侧平面内的侧向力，从而实现了侧滑转弯。注意：理论上倾侧角应是 γ_V。这是为什么？

优点：只有一对弹翼，在同样起飞重量的条件下，倾斜转弯的导弹减小了结构死重，发挥了气动效能，大大提高了气动外形的升阻比，从而增大了射程，特别适合冲压巡航导弹等一类面对称飞行器的运动控制。另外，对于图 3.3-4 所示采用吸气式发动机的冲压导弹，如果有大的侧滑角，可能使进气道堵塞，无法吸入空气，倾斜转弯要避免这种大侧滑角情况的发生，理论上要求侧滑角 $\beta = 0$。

此外，对于这类面对称飞行器，倾斜转弯时要降低纵向运动和侧向运动的交联，确保稳定性，侧滑角越小越好。

例 3.3-1　假设某 BTT 巡航导弹在末段对经纬度已知的固定目标进行俯冲攻击，在雷达导引头捕获到目标之前，使用比例导引律，试求制导指令。

图 3.3-4　吸气式发动机冲压导弹

解：根据目标的经纬度，可求目标在地面系(惯性系)中的位置矢量 R_T，由 IMU/GPS 组合导航计算出导弹在相同坐标系中的位置矢量 R_M，则导弹对目标的相对位置和相对速度矢量为

$$R_{MT} = R_M - R_T = x_r \boldsymbol{i} + y_r \boldsymbol{j} + z_r \boldsymbol{k}$$

$$V_{MT} = \frac{\mathrm{d}R_{MT}}{\mathrm{d}t} = V_M - V_T = v_{rx} \boldsymbol{i} + v_{ry} \boldsymbol{j} + v_{rz} \boldsymbol{k}$$

地面系中，弹目视线的角速度矢量为

$$\boldsymbol{\Omega} = \frac{R_{MT} \times \dfrac{\mathrm{d}R_{MT}}{\mathrm{d}t}}{R_{MT} \cdot R_{MT}}$$

故三个分量为

$$\Omega_x = \frac{y_r v_{rz} - z_r v_{ry}}{R^2}, \quad \Omega_y = \frac{z_r v_{rx} - x_r v_{rz}}{R^2}, \quad \Omega_z = \frac{x_r v_{ry} - y_r v_{rx}}{R^2}$$

则在视线坐标系中的视线角速度：

$$\boldsymbol{\Omega}_s = \begin{bmatrix} \Omega_\xi \\ \Omega_\eta \\ \Omega_\varsigma \end{bmatrix} = \boldsymbol{S}_o(\lambda_D, \lambda_T) \begin{bmatrix} \Omega_x \\ \Omega_y \\ \Omega_z \end{bmatrix}$$

式中，λ_D、λ_T 分别为视线方位角和高低角；$\boldsymbol{S}_o$ 为目标地面系到视线坐标系的转换矩阵。

在视线坐标系中的相对速度：

$$V_s = \begin{bmatrix} v_\xi \\ v_\eta \\ v_\varsigma \end{bmatrix} = \boldsymbol{S}_o(\lambda_D, \lambda_T) \begin{bmatrix} v_{rx} \\ v_{ry} \\ v_{rz} \end{bmatrix}$$

故导弹在视线坐标系中的过载为 $\boldsymbol{a}_s = \boldsymbol{\Omega}_s \times \boldsymbol{v}_s = [a_\xi \quad a_\eta \quad a_\varsigma]^{\mathrm{T}}$，根据比例导引，如果导航比为 N，则导弹在视线坐标系中垂直视线的法向、侧向制导指令为

$$a_{\eta c} = N \cdot a_\eta$$

$$a_{\varsigma c} = N \cdot a_\varsigma$$

BTT 要求主升力对准目标，对应的法向需要加速度为

$$a_{Lc}(\alpha) = \sqrt{a_{\eta c}^2 + a_{\varsigma c}^2} \, \mathrm{sgn}(a_{\eta c})$$

协调指令为侧滑角指令：

$$\beta_c = 0$$

弹体的倾侧角指令：

$$\gamma_V = \arctan \frac{a_{z_1c}}{a_{y_1c}} \times 57.3°$$

根据

$$\gamma_V = \gamma \cos\alpha - \psi \cos\alpha$$

可求出滚动角指令 γ ，特别地若在小攻角情况下，可得

$$\gamma \approx \gamma_V$$

如果算出的滚动角指令为小信号，为避免噪声干扰导致不稳定，工程上仍然采用 STT 控制，此时滚动角指令 $\gamma = 0$ ，则弹体坐标系中的需要加速度为

$$\begin{bmatrix} a_{x_1c} \\ a_{y_1c} \\ a_{z_1c} \end{bmatrix} = B_s \begin{bmatrix} a_{\xi c} \\ a_{\eta c} \\ a_{\varsigma c} \end{bmatrix} = B_o O_s \begin{bmatrix} a_{\xi c} \\ a_{\eta c} \\ a_{\varsigma c} \end{bmatrix}$$

$a_{\xi c}$ 对于导弹来说不好调节，且比例导引并不要求视线方向的飞行过载，但 a_{x_1c} 根据当前惯组测量是已知的，为保证视线方向的过载匹配，由两个向量的第一个元素相等，解方程可求出 $a_{\xi c}$ 。

于是，弹体坐标系中的加速度制导指令为

$$a_{y_1c}(\alpha_c) = f_{y_1}(a_{x_1}, a_{\eta}, a_{\varsigma}, B_s)$$
$$a_{z_1c}(\beta_c) = f_{z_1}(a_{x_1}, a_{\eta}, a_{\varsigma}, B_s)$$

根据捷联惯组输出的法向和侧向加速度值，就可进行误差反馈，导引导弹飞向目标。

3.3.4　操纵方式及其效率

导弹操纵方式包括正常式尾控、鸭式舵控制、旋转弹翼控制、推力向量控制等，如图 3.3-5 所示。旋转弹翼控制由于缺点多，已被淘汰。

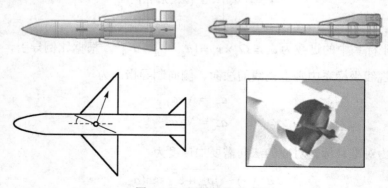

图 3.3-5　四种操纵方式

1. 正常式尾控

正常式尾控是多数气动力控制的飞行器如飞机、飞艇、弹道导弹、地空导弹、反舰导弹、空地导弹等常采用的一种操纵方式，对于静稳定的弹体，速度矢量 V_∞ 对空气舵的有效攻角(或合成攻角)减小，因为从图 3.3-6 可以看出

$$\alpha' = \alpha - \delta \tag{3.3-10}$$

式中，α 为弹身的攻角；δ 为空气舵的舵偏角；α' 为空气舵的有效攻角。

另外，空气舵在尾部，来流 V_∞ 受到弹身的约束，到达空气舵的部分气流近似平行于轴线，也有利于舵的操纵。

对于正常式尾控方式，子系统的封装效率高，例如，直接驱动的电动舵机可以安装在喷管喉部外围的空间中；与鸭式舵控制比较，舵机铰链力矩小，同时诱导滚动力矩小，这是因为舵的有效攻角减小和抵达舵的部分气流近似平行于轴线。其缺点是舵偏转产生了附加的负升力，如图 3.3-6 所示，减小了弹体的法向力，但因为空气舵的面积比较小，减小的效果不明显。

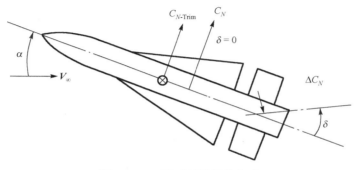

图 3.3-6　正常式尾控操纵方式

2. 鸭式舵控制

鸭式舵因其细长、体积小、挂弹方便，常用于空空导弹的操纵。静稳定鸭式布局恰恰与正常式布局相反，在鸭式舵上产生了正的附加升力 ΔC_N，增强了弹体机动能力，但诱导滚动力矩增大，且鸭式舵容易失速，若不做特别处理，鸭式舵不能工作在大攻角下，如图 3.3-7 所示。

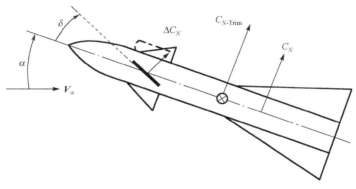

图 3.3-7　鸭式舵操纵方式

来流速度矢量 V_∞ 对空气舵的有效攻角为

$$\alpha' = \delta + \alpha \qquad\qquad (3.3\text{-}11)$$

可见鸭式舵的有效攻角增大了，这就使得常规鸭式布局难以工作在大攻角情况下。

采用拼合舵措施，如图 3.3-8 所示，可以改善鸭式舵在较大弹身攻角情况下操控的稳定性。拼合舵就是在鸭式舵前面添置对应的固定面，起部分导流作用，改变流到鸭式舵的气流的方向，从而减小气流对舵的当地攻角。

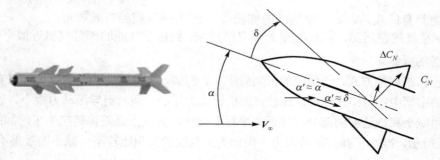

图 3.3-8　拼合鸭式舵

3. 推力向量控制

推力向量控制就是改变推力的方向，利用推力在弹体坐标轴 cy_1 与 cz_1 上的分量进行姿态操纵，如燃气舵、侧喷力控制、摆动喷管、摇摆发动机等，功率均较大，特别适合弹道导弹和高空飞行的战术导弹。燃气舵的操纵原理类似空气舵，区别在于其介质是高温高压的燃气，因此其可在真空段进行姿态操纵。侧喷力控制是在导弹四周安装小喷嘴，喷气直接产生侧向控制力和控制力矩，可以快速操纵弹体姿态，如 THADD 高空反导导弹。摆动喷管是通过液压伺服机构驱动喷管绕弹体的俯仰轴和偏航轴摆动较小的角度，通常小于 10°，从而改变推力的方向，形成控制力矩，主要在中远程弹道导弹上应用，而摇摆发动机常作为大型运载火箭的姿控机构。

4. 静不稳定弹体的操纵

对于有大机动能力需求的地空导弹，需要采用静不稳定弹体，操纵有些区别。这里以尾控静不稳定弹体为例，从图 3.3-9 可以看出，静不稳定的压心在质心前面，配平时的舵偏角与攻角转动方向相同，所以空气舵的合成攻角也为

$$\alpha' = \alpha + \delta$$

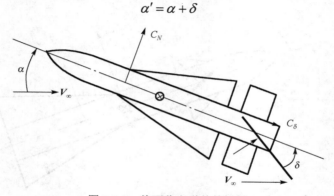

图 3.3-9　静不稳定弹体的操纵

　　这与静稳定鸭式舵弹体的情况类似，因此要注意空气舵若没有特别措施，也不能工作在大攻角情况下，否则容易引起空气舵的操控失速。喷气直接力控制是一种可改善静不稳定弹体操纵性能的办法。

　　如果是燃气舵操纵，对于静不稳定弹体，则不存在这个问题，因为弹体攻角对燃气舵的工作没有影响，主要是烧蚀和推力损失需要考虑，烧蚀问题使得燃气舵的工作时间短，目前一般不超过 1min，也只能用于主动段飞行期间。

　　后面还会看到静不稳定弹体比静稳定弹体的操纵需要更大的操纵力矩、舵机功率和频宽。例如，为了提高机动性，某战术导弹不得不设计成静不稳定的，但是飞行控制试验出现不稳定，遥测数据表明原来是按静稳定设计的空气舵出现操纵力矩不足的原因，增加了直接力操纵机构之后，就实现了静不稳定的飞行控制。

3.3.5　导弹舵偏摆的方向

　　空气舵操纵的偏转方向要注意与所要求的操纵力矩方向对应，根据作用力与反作用力原理，可定性判别。如果空气舵向上偏转，那么空气舵上的控制力就是向下的，依据质心的相对位置可判别操纵力矩的方向；另外，要注意舵机电压的极性。

　　如图 3.3-10 所示，对于"+"形布局的静稳定尾控导弹，要求俯仰姿态向下偏转，导弹头部偏航姿态向左(从上往下看)，逆时针滚动(从后往前看)，则尾部后翼缘位置处空气舵面相应的偏摆方向是什么？"×"形布局容易判别吗？

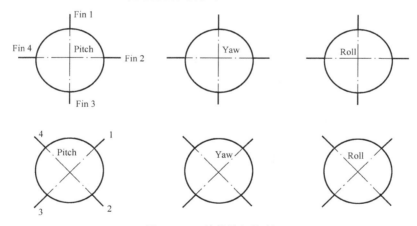

图 3.3-10　舵的偏摆控制

3.4　弹体操控特性计算和分析

　　在第一轮解析设计初步完成弹体外形方案、结构布局和尺寸之后，就可用 DATCOM 的工程解析法快速估算弹体的气动特性，得到弹体在不同马赫数、高度、攻角、侧滑角以及舵偏角输入组合情况下的气动系数表，其输出则包括轴向力系数、法向力系数、横向力系数、俯仰力矩系数、偏航力矩系数和滚动力矩系数，俗称气动六分量。在此基础上可以利用这些气动系数快速计算弹体的弹道特性包括升阻比、过载能力、操稳特性等是否满足战术技术性能指标要求。如果不满足，则需要调整尺寸或改变外形与部件布局，直到基本满足。在方案尺寸经过几轮迭代之后，可初步确定气动外形方案，然后要进行空气动力学的数值计算，例如，使用 Fluent 软件对选定的外形划分网格进行详细计算(计算工作量通常较大)，再次得到气动系数六分量表，与弹道和控制进行迭代，直到满足要求为止，在此基础上制作缩比气动模型进行风洞试验，得到试验数据六分量表。

对各阶段的气动系数表，除了分析纵向和侧向的静稳定性、弹体频率，还要分析操控特性，气动系数表还是制导计算与姿控设计的基础。

操控特性是弹体的重要控制特性，主要包括线性度、操稳比和耦合特性。线性度是指力矩系数对应攻角或舵偏角变化的比例情况；操稳比是指配平攻角增量与舵偏角增量之比。这里以某升力体飞行器的气动系数六分量表在 $Ma = 2$ 和 $Ma = 4$ 时的部分数据为例，如表 3.4-1、表 3.4-2 所示，阐述如何分析操控特性。

表 3.4-1　　$Ma = 2$ 的气动系数六分量表

升降舵偏角/(°)	攻角/(°)	侧滑角/(°)	C_A	C_N	C_Z	m_x	m_y	m_z
10	−10	0	0.3661	−0.9074	0	0	0	0.0367
10	−5	0	0.3674	−0.4119	0	0	0	0.0280
10	0	0	0.3649	0.0057	0	0	0	0.0061
10	2	0	0.3637	0.1712	0	0	0	−0.0032
10	4	0	0.3622	0.3375	0	0	0	−0.0121
10	6	0	0.3648	0.5160	0	0	0	−0.0200
10	10	0	0.3657	0.9265	0	0	0	−0.0265
10	15	0	0.3577	1.7096	0	0	0	−0.0337
10	20	0	0.3716	2.3909	0	0	0	−0.0505
−20	0	0	0.3471	−0.1433	0	0	0	0.0662
−15	0	0	0.3440	−0.1231	0	0	0	0.0574
−10	0	0	0.3409	−0.1029	0	0	0	0.0486
−5	0	0	0.3378	−0.0827	0	0	0	0.0399
−2	0	0	0.3359	−0.0705	0	0	0	0.0346
0	0	0	0.3347	−0.0625	0	0	0	0.03112
2	0	0	0.3369	−0.0447	0	0	0	0.0266
5	0	0	0.3477	−0.0247	0	0	0	0.0190
10	0	0	0.3649	0.0057	0	0	0	0.0061
15	0	0	0.3977	0.0369	0	0	0	−0.0060
20	0	0	0.4293	0.0767	0	0	0	−0.0197

表 3.4-2　　$Ma = 4$ 的气动系数六分量表

升降舵偏角/(°)	攻角/(°)	侧滑角/(°)	C_A	C_N	C_Z	m_x	m_y	m_z
10	−10	0	0.1823	−0.8074	0	0	0	0.01203
10	−5	0	0.1688	−0.3580	0	0	0	0.00618
10	0	0	0.1667	−0.0026	0	0	0	0.00106
10	2	0	0.1686	0.1318	0	0	0	−0.00093
10	4	0	0.1695	0.2757	0	0	0	−0.00333
10	6	0	0.1724	0.4351	0	0	0	−0.004991

续表

升降舵偏角/(°)	攻角/(°)	侧滑角/(°)	C_A	C_N	C_Z	m_x	m_y	m_z
10	10	0	0.1838	0.8045	0	0	0	−0.009545
10	15	0	0.2073	1.4241	0	0	0	−0.01928
10	20	0	0.2485	1.9773	0	0	0	−0.02809
10	20	0	0.3009	2.4791	0	0	0	−0.03983
−20	0	0	0.1571	−0.0584	0	0	0	0.0189
−15	0	0	0.1573	−0.0506	0	0	0	0.0168
−10	0	0	0.1575	−0.0428	0	0	0	0.0147
−5	0	0	0.1577	−0.0350	0	0	0	0.0126
−2	0	0	0.1578	−0.0303	0	0	0	0.0113
0	0	0	0.1579	−0.0272	0	0	0	0.01055
2	0	0	0.1611	−0.0318	0	0	0	0.0090
5	0	0	0.1617	−0.0220	0	0	0	0.0068
10	0	0	0.1667	−0.0026	0	0	0	0.0010
15	0	0	0.1779	0.0062	0	0	0	−0.0061
20	0	0	0.1923	0.0352	0	0	0	−0.0156

3.4.1　线性度分析

(1) 图 3.4-1 绘出了 $Ma = 2$ 和 $Ma = 4$ 的俯仰力矩系数随舵偏角和攻角变化的曲线；

(2) 图 3.4-1(a)中，升降舵偏角、攻角、侧滑角均为零时，俯仰力矩系数不为 0，而是 0.03112，$Ma = 4$ 时为 0.01055，说明弹体是面对称体，并且存在偏置面 Flap。12.5°升降舵偏角时的俯仰力矩系数为 0，说明升降舵与−12.5°的 Flap 上下对称。

(3) 图 3.4-1(a)、(b)中，10°舵偏角处一定范围内为近似直线，线性度比较好。

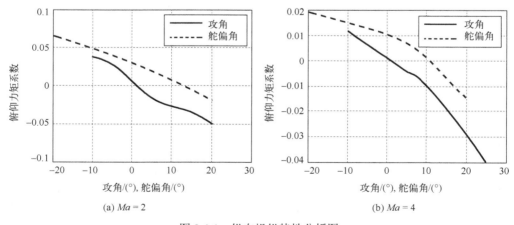

(a) $Ma = 2$　　　　　　　　　　　　　　(b) $Ma = 4$

图 3.4-1　纵向操纵特性分析图

3.4.2　操稳比分析

操稳比 $\Delta\alpha / \Delta\delta$ 的取值要考虑操纵灵敏度，过于灵敏或不够灵敏都是不合理的，期望范围是 0.8～1.2。如果是从一种平衡态到另一种平衡态，也称为平衡比。

对于非轴对称弹体，需根据力矩系数增量平衡方程

$$m_z(\alpha, \delta) = m_{z0}\big|_{\alpha_0, \delta_0} + m_z^\alpha\big|_{\alpha_0, \delta_0}(\alpha - \alpha_0) + m_z^\delta\big|_{\alpha_0, \delta_0}(\delta - \delta_0) = 0$$

求工作状态点 (α_0, δ_0) 下的操稳比 $\dfrac{\Delta\alpha}{\Delta\delta} = \dfrac{\alpha - \alpha_0}{\delta - \delta_0}$。

例 3.4-1   试用差分法近似求在表 3.4-1 中工作点 ($\alpha_0 = 0$， $\delta_0 = 10°$， $\beta = 0$) 处的操稳比。

查表 3.4-1 可知，该点对应的力矩系数为 0.006163，15°舵偏角的力矩系数为 -0.006029，即

$$m_{z0} + m_z^\delta \cdot 10° = 0.006163$$

$$m_{z0} + m_z^\delta \cdot 15° = -0.006029$$

故可得 ($\alpha_0 = 0$， $\delta_0 = 10°$) 处的操纵力矩系数斜率近似为 $m_z^\delta = -0.002438/(°)$。

10°舵偏角、6°攻角的力矩系数为 -0.020060，即

$$m_{z0} + m_z^\alpha \alpha + m_z^\delta \delta = m_z^\alpha \cdot 6° + (m_{z0} + m_z^\delta \delta)$$

$$= m_z^\alpha \cdot 6° + 0.006163 = -0.02006$$

则攻角的稳定力矩系数斜率为

$$m_z^\alpha = -0.0043705$$

于是，

$$0.006163 - 0.0043705\alpha - 0.002438(\delta - 10°) = 0$$

(1) 若 $\delta = 1°$，则 $\alpha = 6.43°$，于是 $\Delta\alpha/\Delta\delta = 6.43°/(1° - 10°) = -0.71$。

(2) 若 $\delta = 2°$，则 $\alpha = 5.87°$，于是 $\Delta\alpha/\Delta\delta = 5.87°/(2° - 10°) = -0.73$。

(3) 若 $\delta = 5°$，则 $\alpha = 4.2°$，于是 $\Delta\alpha/\Delta\delta = 4.2°/(5° - 10°) = -0.84$。

这说明工作点在 ($\alpha_0 = 0$， $\delta_0 = 10°$) 处的操稳比超过 0.7，接近 0.8～1.2 的理想范围。

若改变工作点为 ($\alpha_0 = 0$， $\delta_0 = 12.7°$)，则 $m_{z0} = 0$，于是平衡比为

$$\frac{\Delta\alpha}{\Delta\delta} = -\frac{m_z^\delta}{m_z^\alpha} = -0.56$$

负号表示转向相反。可见，不同工作点处的操稳比是不同的，弹体的操控特性不仅与外形方案布局相关，也与工作点的参数相关，具有非线性。

问题：练习计算 $Ma = 4$ 时 10°舵偏角处的操纵力矩系数、稳定力矩系数和操稳比。

以上介绍了用差分法求力矩系数导数的方法，由于导弹操纵的非线性特性，不同的工作点有不同的斜率，可采用三阶以上样条函数法先对力矩系数进行平滑拟合，再求导，这样精度会高些。

3.4.3　操纵耦合分析

操纵耦合分析是弹体外形设计中非常重要的一项内容，也是评判弹体设计方案是否可

实现的环节之一。弹体气动外形通常具有较强的非线性特性，主要表现为气动耦合、操纵耦合和惯性耦合，要尽可能减小耦合，降低导弹控制的难度。比如，STT 导弹的偏航机动需要侧滑，但侧滑角会引起诱导滚动力矩，给滚动控制带来困难，这就是气动耦合。同理，一个通道的控制舵偏转会引起另一个通道的干扰力矩，这就是操控耦合。方案设计的一般原则是要求耦合干扰力矩小于主通道最大控制力矩的 15%，这样各通道的操控舵才有足够的抑制干扰的能力，以稳定主通道。以表 3.4-3 为例，该弹体外形为扁平升力体，按 BTT方式转弯机动。

表 3.4-3　$Ma = 2$, $\alpha = 3°$ 的气动耦合数据表

Ma	攻角/(°)	侧滑角/(°)	滚动舵偏角/(°)	方向舵偏角/(°)	升降舵偏角/(°)	m_x	m_y	m_z
2	0	0	0	0	0	0.0000	0.0000	0.0454
2	3	0	0	0	0	0.0000	0.0000	0.0275
2	3	0	0	5	0	−0.0119	−0.0423	0.0298
2	3	0	5	0	0	−0.0134	−0.0064	0.0250
2	3	0	10	0	0	−0.0266	−0.0125	0.0203
2	3	3	0	0	0	−0.0173	−0.0422	0.0264
2	3	6	0	0	0	−0.0342	−0.0831	0.0239

表 3.4-3 中方向舵偏转 5°引起的俯仰通道的干扰力矩系数是 0.0298 − 0.0275 = 0.0023，为3°攻角所产生的俯仰力矩系数 $m_z = 0.0275$ 的 8.4%，说明偏航通道操控对俯仰通道的干扰小；但 5°偏航舵产生的滚动力矩系数是 $m_x = -0.0119$，5°滚动舵偏角产生的滚动力矩系数也才为−0.0134，所以几乎需要 5°的滚动舵偏转来对抗偏航舵偏转引起的干扰。在导弹的滚动操纵中，由于弹体的横向尺寸比较小，滚动操控往往表现力矩不足，所以要尽量减小偏航舵对滚动通道的操控干扰，这是导弹设计中的又一个难点。

滚动舵上下差动 5°，引起的俯仰通道的干扰力矩系数是 0.0250 − 0.0275 = − 0.0025，是俯仰通道控制力矩的 10%左右，而 5°的滚动舵偏转对偏航通道的干扰力矩系数 $m_y = -0.0064$，是 5°方向舵控制力矩系数的 15%。

3°侧滑角引起的俯仰干扰力矩系数为 0.0264 − 0.0275 = − 0.0011，是无侧滑时俯仰力矩系数的 4%，侧滑 6°的俯仰干扰力矩系数为 0.0239 − 0.0275 = − 0.0036，是无侧滑俯仰力矩系数的 13%，可见侧滑对俯仰的干扰并不大。

对于 BTT 飞行器，侧滑角若存在，则为干扰，需要抑制。在偏航通道中，侧滑 3°引起的偏航力矩系数是 $m_y = -0.0422$，至少需要偏航舵偏转 5°才能抑制。侧滑 6°，则至少需要 10°，对于偏航通道的方向舵，这个量值是可接受的。

侧滑 3°对滚动的干扰力矩系数 $m_x = -0.0173$，至少需要 7°的滚动舵偏转才能抑制，侧滑6°对滚动的干扰力矩系数 $m_x = -0.0342$，至少需要 13°的滚动舵偏转才能抑制，可见侧滑对滚动的干扰较大。

由于没有单独副翼，升降舵要同时控制俯仰和滚动，俯仰通道最大有 10°攻角要控制，再加上超调需要的裕度，升降舵的控制力矩就不够，似乎需要增加舵面积，但这又会导致导弹升阻比的减小。如果偏航舵能够控制侧滑角在 3°以内，则可降低升降舵的负担，但也需要

7°的滚动舵偏角，即上下差动至少 7°。

在导弹设计中，通常没有单独副翼，而是升降舵和方向舵舵偏角的组合分配，这将在 3.5 节讨论，所以要特别注意验证四个舵对三个通道干扰的抑制能力，有没有足够的操纵力矩裕度，否则需要修改外形方案，或调整尺寸进行折中，以满足要求。

问题：试分析表 3.4-4 中马赫数为 4 的耦合情况。

表 3.4-4　$Ma = 4$, $\alpha = 3°$ 的气动耦合数据表

Ma	攻角/(°)	侧滑角/(°)	滚动舵偏角/(°)	方向舵偏角/(°)	升降舵偏角/(°)	m_x	m_y	m_z
4	0	0	0	0	0	0.0000	0.0000	0.01990
4	3	0	0	0	0	0.0000	0.0000	0.00552
4	3	0	0	5	0	−0.0064	−0.0187	0.00637
4	3	0	5	0	0	−0.0068	−0.0037	0.00430
4	3	0	10	0	0	−0.0140	−0.0076	0.00142
4	3	3	0	0	0	−0.0085	−0.0190	0.00566
4	3	6	0	0	0	−0.0167	−0.0379	0.00595

3.4.4　惯性耦合分析

飞行器外形往往设计成面对称或轴对称，使惯量矩阵尽可能对角化，但面对称弹体的惯量积 $I_{xy} \neq 0$，这是造成偏航和滚动耦合的重要因素，因此设计时要使 $I_{xy} \ll I_y$，$I_{xz} \ll I_z$，至于 STT 欧拉动力学三轴之间的惯性耦合，可通过设计合适的角速率反馈增益稳定俯仰、偏航通道，并抑制三轴惯性交叉耦合。

3.5　等效舵偏角与实际舵偏角之间的关系

飞机的横向尺寸大，在机翼上可安装副翼进行滚动控制，所以飞机通常具有俯仰、偏航和滚动三通道各自独立的空气舵进行控制，如图 3.5-1 所示。

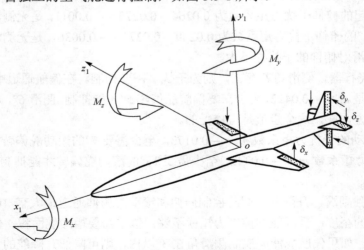

图 3.5-1　飞机的三通道空气舵控制示意图

　　由于导弹横向尺寸小、舵机安装的空间有限以及重量的约束，在导弹的三通道控制中，不设置专门的副翼，通常只有四个舵机，那么如何进行三轴控制呢？需要进行舵偏角的组合及分配。

3.5.1　空气舵偏转角的分配

　　操纵系统包括 4 个舵面、舵机和伺服机构，舵面的偏转需按照自动驾驶仪的输出指令(即等效舵偏 δ_x、δ_y、δ_z)换算成能够由舵机驱动的偏转角 δ_1、δ_2、δ_3、δ_4，而自动驾驶仪的控制轴通常为弹体坐标系的弹体轴 ox_1、oy_1、oz_1。

　　为便于讨论，假设导弹靠尾部 4 个空气舵进行控制且没有控制面造成的下洗干扰。现在给出术语"升降舵"、"方向舵"和"副翼"的定义。通常，气动力控制的导弹具有两个对称轴，若取"+"形布局，则导弹具有如图 3.5-2(a)所示的 4 个控制面，控制面 2 和 4 称为升降舵，同向偏转可实现俯仰控制；控制面 1 和 3 称为方向舵，同向偏转可实现偏航控制。如果控制面 2 和 4 分别拥有各自的舵机，一个顺时针偏转，另一个逆时针偏转，称为差动，它们就可以作为副翼使用，实现滚动控制，同理控制面 1 和 3 差动也可实现滚动控制。

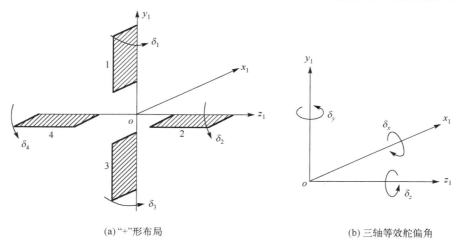

(a) "+"形布局　　　　　　　　　　　　　　(b) 三轴等效舵偏角

图 3.5-2　控制面与自动驾驶仪指令

　　根据图 3.5-2，如果是"+"形布局，俯仰自动驾驶仪只驱动控制面 2 和 4 偏转，而偏航自动驾驶仪则只驱动控制面 1 和 3 偏转，正的滚动指令要靠空气舵 1 和 2 的负偏转和空气舵 3 和 4 的正偏转来实现，所以空气舵的偏转角要与三轴各自的等效舵偏角对应，等效舵偏角的计算原则是基于操纵力矩等效。

　　例如，对于俯仰通道，定义

$$m_z^\delta \delta_2 q S_r \cdot l + m_z^\delta \delta_4 q S_r \cdot l = m_z^\delta \delta_z q \cdot 2 S_r \cdot l$$

得俯仰通道的等效舵偏角为

$$\delta_z = \frac{1}{2}(\delta_2 + \delta_4) \tag{3.5-1}$$

同理，偏航与滚动的等效舵偏角为

$$\delta_y = \frac{1}{2}(\delta_1 + \delta_3) \tag{3.5-2}$$

$$\delta_x = \frac{1}{2}(-\delta_1 - \delta_2 + \delta_3 + \delta_4) \tag{3.5-3}$$

求伪逆(也称为广义逆)，可得"+"形布局的舵偏角分配。

如果是"×"形布局，控制面对自动驾驶仪的俯仰轴和偏航轴的安装角 $\phi = 45°$，则俯仰、偏航和滚动的姿态控制要同时使 4 个面进行组合偏转操纵。

图 3.5-3(a) 给出了一种"×"形空气舵布局的舵面编号定义，从弹体尾部向头部看，位于左下方的舵面编号为 1，沿顺时针方向依次为 2、3 和 4 号舵面。从尾部看，定义图示偏转方向为正(即右手定则)。

图 3.5-3(b)给出了对应的舵偏角分配，其中的限幅环节是必不可少的。

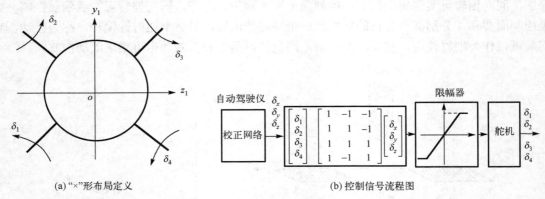

(a) "×"形布局定义　　　　　　　　　　　　　　　(b) 控制信号流程图

图 3.5-3　　"×"形布局定义及其自动驾驶仪到舵机输出的控制信号流程图

根据上述定义，"×"形布局导弹 3 个通道的等效舵偏角经计算，可得滚动通道：

$$\delta_x = \frac{\delta_1 + \delta_2 + \delta_3 + \delta_4}{4}$$

偏航通道：

$$\delta_y = \frac{-\delta_1 + \delta_2 + \delta_3 - \delta_4}{4}$$

俯仰通道：

$$\delta_z = \frac{-\delta_1 - \delta_2 + \delta_3 + \delta_4}{4}$$

因为非方阵，求伪逆，可得等效舵偏角到实际舵偏角的分配关系式为

$$\begin{bmatrix} \delta_1 \\ \delta_2 \\ \delta_3 \\ \delta_4 \end{bmatrix} = \begin{bmatrix} 1 & -1 & -1 \\ 1 & 1 & -1 \\ 1 & 1 & 1 \\ 1 & -1 & 1 \end{bmatrix} \begin{bmatrix} \delta_x \\ \delta_y \\ \delta_z \end{bmatrix}$$

以下给出小舵偏角条件下的等效舵偏角的计算过程。

空气舵绕弹体圆周 45°径向的轴转动，计算每个舵的滚动操纵力矩：

$$M_{x1}(\delta_1) = -C_N^\delta \cdot \delta_1 \cdot q \cdot S_r \cdot r$$

$$M_{x1}(\delta_2) = -C_N^\delta \cdot \delta_2 \cdot q \cdot S_r \cdot r$$

$$M_{x1}(\delta_3) = -C_N^\delta \cdot \delta_3 \cdot q \cdot S_r \cdot r$$

$$M_{x1}(\delta_4) = -C_N^\delta \cdot \delta_4 \cdot q \cdot S_r \cdot r$$

式中，r 为舵面压心到纵轴 ox_1 的力臂；S_r 为舵面的参考面积。

四个舵对弹体纵轴 ox_1 总的滚动操纵力矩定义为

$$M_{x1}(\delta_x) = -C_N^\delta \cdot \delta_x \cdot q \cdot 4S_r \cdot r$$

显然有

$$M_{x1}(\delta_x) = M_{x1}(\delta_1) + M_{x1}(\delta_2) + M_{x1}(\delta_3) + M_{x1}(\delta_4)$$

故滚动通道：

$$\delta_x = \frac{\delta_1 + \delta_2 + \delta_3 + \delta_4}{4}$$

同理，偏航方向对 oy_1 轴的操纵力矩：

$$M_{y1}(\delta_1) = C_N^\delta \cdot \delta_1 \cdot q \cdot S_r \cdot \cos 45° \cdot \Delta l$$

$$M_{y1}(\delta_2) = -C_N^\delta \cdot \delta_2 \cdot q \cdot S_r \cdot \cos 45° \cdot \Delta l$$

$$M_{y1}(\delta_3) = -C_N^\delta \cdot \delta_3 \cdot q \cdot S_r \cdot \cos 45° \cdot \Delta l$$

$$M_{y1}(\delta_4) = C_N^\delta \cdot \delta_4 \cdot q \cdot S_r \cdot \cos 45° \cdot \Delta l$$

四个空气舵对弹体轴 oy_1 总的偏航操纵力矩记为

$$M_{y1}(\delta_y) = -C_N^\delta \cdot \delta_y \cdot q \cdot 4S_r \cdot \cos 45° \cdot \Delta l = M_{y1}(\delta_1) + M_{y1}(\delta_2) + M_{y1}(\delta_3) + M_{y1}(\delta_4)$$

可得偏航通道：

$$\delta_y = \frac{-\delta_1 + \delta_2 + \delta_3 - \delta_4}{4}$$

俯仰方向对 oz_1 轴的操纵力矩：

$$M_{z1}(\delta_1) = C_N^\delta \cdot \delta_1 \cdot q \cdot S_r \cdot \cos 45° \cdot \Delta l$$

$$M_{z1}(\delta_2) = C_N^\delta \cdot \delta_2 \cdot q \cdot S_r \cdot \cos 45° \cdot \Delta l$$

$$M_{z1}(\delta_3) = -C_N^\delta \cdot \delta_3 \cdot q \cdot S_r \cdot \cos 45° \cdot \Delta l$$

$$M_{z1}(\delta_4) = -C_N^\delta \cdot \delta_4 \cdot q \cdot S_r \cdot \cos 45° \cdot \Delta l$$

式中，Δl 为舵面压心到过质心 oz_1 轴的力臂。

四个空气舵对轴 oz_1 总的俯仰操纵力矩记为

$$M_{z1}(\delta_z) = -C_N^\delta \cdot \delta_z \cdot q \cdot 4S_r \cdot \cos 45° \cdot \Delta l = M_{z1}(\delta_1) + M_{z1}(\delta_2) + M_{z1}(\delta_3) + M_{z1}(\delta_4)$$

可得俯仰通道：

$$\delta_z = \frac{-\delta_1 - \delta_2 + \delta_3 + \delta_4}{4}$$

注意：设计控制器时，计算动力学系数 a_{25} 要用上述等效舵偏角对应的操纵力矩表达式；舵偏角排列、编号及每一步等效操纵力矩的定义过程，对于不同的定义，分配矩阵也不同。

3.5.2　推力向量等效摆角或等效舵偏角的计算

前面提到等效舵偏角是按操纵力矩等效求得的，这里给出一个运载火箭，共四台发动机，其中两台为摇摆发动机，控制火箭姿态的等效摆角算例。

摆动角以图 3.5-4 所示 δ_3、δ_4 箭头偏摆方向为正，则对应的偏航和俯仰控制力矩为负，$ox_1y_1z_1$ 为弹体的惯量主轴坐标系。

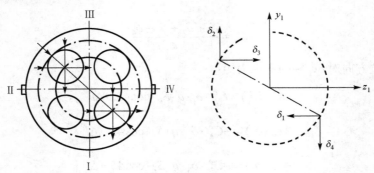

图 3.5-4　摇摆发动机推力向量控制偏转指令

根据力矩的计算公式，两摇摆发动机对箭体坐标系的力矩为

$$\boldsymbol{M} = \sum \boldsymbol{r}_r \times \boldsymbol{F}_i$$

$$= \begin{vmatrix} i & j & k \\ -(x_p - x_c) & -r\cos 45° & r\cos 45° \\ P & P\sin\delta_4 & -P\sin\delta_1 \end{vmatrix} + \begin{vmatrix} i & j & k \\ -(x_p - x_c) & r\cos 45° & -r\cos 45° \\ P & P\sin\delta_2 & -P\sin\delta_3 \end{vmatrix} \tag{3.5-4}$$

则控制力矩：

$$\begin{aligned}
M_{x_1c} &= -Pr\cos 45° \cdot (-\sin\delta_1 - \sin\delta_2 + \sin\delta_3 + \sin\delta_4) \\
M_{y_1c} &= -P(x_p - x_c) \cdot (\sin\delta_1 + \sin\delta_3) \\
M_{z_1c} &= -P(x_p - x_c) \cdot (\sin\delta_2 + \sin\delta_4)
\end{aligned} \tag{3.5-5}$$

定义等效舵偏角，满足

$$\begin{aligned}
M_{x_1c} &= -Pr\cos 45° \cdot 4\delta_\gamma \\
M_{y_1c} &= -P(x_p - x_c) \cdot 2\delta_\psi \\
M_{z_1c} &= -P(x_p - x_c) \cdot 2\delta_\varphi
\end{aligned}$$

其中，P 为单台摇摆发动机推力；γ 为安装半径；x_p 为喷口位置；x_c 为火箭质心位置。于是摇摆发动机摆角与等效摆角的关系：

$$\delta_1 = -\delta_\gamma + \delta_\psi$$
$$\delta_2 = -\delta_\gamma + \delta_\varphi$$
$$\delta_3 = \delta_\gamma + \delta_\psi$$
$$\delta_4 = \delta_\gamma + \delta_\varphi$$

(3.5-6)

3.6　部位安排

3.6.1　导弹部位安排的任务及其基本要求

选择了导弹的推进系统和总体参数(分别见第 4 章、第 5 章)、气动布局形式、弹体各主要部件的外形几何参数以后，导弹的初步设计便可进行部位安排工作，它是导弹设计中一项复杂而且极为重要的工作。其主要任务是将导弹的有效载荷、动力装置和弹体各主要部件等进行合理的安排，确定其具体位置，包装成一个整体，以保证导弹能承受飞行过程中的各种载荷，并具有良好的气动性能。在部位安排的过程中，需要确定弹体各主要部件的承力结构，确定或调整导弹的压心、质心位置，并计算导弹的转动惯量等结构参数。

部位安排、外形设计及气动特性分析是相辅相成的，不能截然分开。外形设计必须考虑部位安排问题，而部位安排则以气动布局和操控特性为基础。根据已确定的气动布局形式，弹身直径、长度，导弹各组成部分的外形尺寸、质量等技术数据，将战斗部、引信(含保险装置)、弹上制导设备和动力装置等进行合理的安排，同时确定弹翼、尾翼和操纵面等的具体位置，确定相互连接形式和相应的主要承力构件，最后绘制部位安排图、三面图和拟定技术要求，因此简单地说，部位安排的任务就是容积、质量、结构和承力的安排，在初步设计阶段，由于一些设备或分系统的外形尺寸和质量不可能估得十分准确，总是先粗后细，故一般需反复进行。

部位安排的基本要求有以下几个方面。

(1) 导弹是控制系统的控制对象，在飞行过程中它必须具有良好的机动性与操纵性，因此在部位安排过程中，应根据导弹的飞行任务特点，使导弹具有合理的质心和焦点位置，操纵效率要高。

(2) 保证弹上各分系统工作的协调匹配，并相互配合，充分发挥其功能，形成一个有序工作的大系统。

(3) 弹体能够承受飞行过程中的各种载荷，结构合理、紧凑，弹身空间利用率高，质量小。

(4) 具有良好的工艺性，储存和维护方便，战前准备时间短，并保证作战使用方便、可靠，随时可投入战斗。

上述要求相互关联，但有时又相互矛盾，安排调整时要熟悉必须考虑的约束。

3.6.2　部位安排的约束

1. 保证稳定性问题

若导弹类型和任务特点要求导弹在飞行过程中是静稳定的，则必须保证压心在质心之后不小于某一最小距离，而且Δx的变化应尽可能小，即

$$\Delta x = x_p - x_c \geqslant \Delta x_{\min} \tag{3.6-1}$$

在导弹飞行过程中，随着推进剂或燃料不断消耗，导弹的质心位置将不断发生变化，同时随着飞行高度的变化，马赫数也将发生变化，从而使导弹的压心位置和静稳定度发生变化。

对采用液体火箭发动机的导弹，在飞行过程中，由于推进剂的消耗，其质心位置的变化规律有大致如图3.6-1(a)所示的三种情况。

第1种情况是导弹的满载(推进剂未消耗)质心与空载(推进剂耗尽，相应的时间为t_e)质心重合。在飞行过程中，推进剂因加速而压于贮箱后底，故质心稍向后移动。

第2种情况是导弹的满载质心位于空载质心之前，推进剂耗尽后，质心位置后移。

第3种情况是导弹的满载质心位于空载质心之后，推进剂耗尽后，质心位置前移。

对采用固体火箭发动机的导弹，其质心位置的变化规律如图3.6-1(b)所示，近似于直线，若装药做特殊设计，则可以有其他规律的变化。

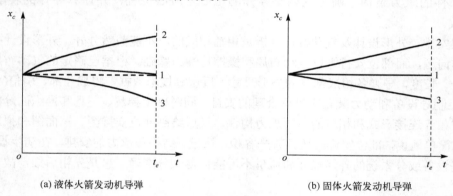

(a) 液体火箭发动机导弹　　　　　　　　　　　(b) 固体火箭发动机导弹

图3.6-1　质心位置变化规律

对采用涡喷、涡扇冲压发动机的巡航导弹，其质心位置的变化规律也近似于线性变化规律。

导弹压心位置的变化规律大致如图3.6-2所示，其中最低的那条曲线是最常见的，其特点是：开始时，压心位置x_p随马赫数的增加而后移，后来又前移。出现这种现象的原因是：导弹的飞行马赫数由亚声速($Ma<1$)逐渐增大至超声速($Ma>1$)时，导弹压心的位置急剧后移；超声速后，随着飞行马赫数的继续增加，弹翼的压心位置继续后移，弹翼对弹身的诱导部分的压心位置也后移，使x_p继续后移。但随着飞行马赫数的再增大，因弹身和弹翼各自的升力线斜率随马赫数的变化并不相同，如图3.6-3所示，弹身与弹翼的升力比发生变化，当Ma较大时，弹身升力(主要由头部产生)在总升力中所占的比例增加，从而使导弹的压心向前移动。

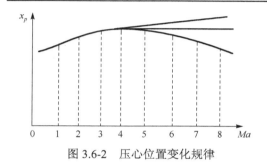

图 3.6-2　压心位置变化规律

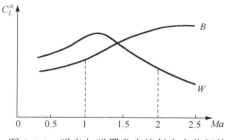

图 3.6-3　弹身与弹翼升力线斜率变化规律

为了计算导弹在飞行过程中质心与压心相对位置的变化，必须分别求出质心和压心位置的变化规律。质心位置变化规律 $x_c(t)$ 的计算较容易，可根据推进剂消耗量随时间的变化规律由质心位置计算公式得出，而在确定 $x_p(t)$ 时，必须假设导弹的典型弹道，先求出速度 v 和高度 H 随时间的变化规律。将质心位置的变化规律 $x_c(t)$ 和压心位置的变化规律 $x_p(t)$ 画在一起，如图 3.6-4 所示，即可求出 $\Delta x = x_p(t) - x_c(t)$。

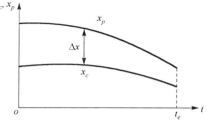

图 3.6-4　确定静稳定度的变化规律

为保证导弹外形是静稳定的，要保证 $\Delta x(t) = x_p(t) - x_c(t) > 0$，从而保证 $m_z^\alpha < 0$，并保证在飞行过程中有适当的裕度。压心的计算或风洞试验结果都存在一定的误差，其值约为弹身长度的 0.5%。在跨声速时，误差可能会大些。确定导弹质心的位置也存在一定的误差，其值也约为弹身长度的 0.5%。考虑到这些因素，并留有一定的裕度，导弹的压心应在质心之后不小于 3% 的弹身长度，即

$$\Delta x(t) = x_p(t) - x_c(t) \geqslant 3\% l$$

以保证导弹在各种情况下仍是静稳定的，其中 l 为弹身长度。

2. 导弹角振荡的固有频率

以升降舵偏角 δ 为输入，俯仰角速度 $\dot{\varphi}$ 为输出，则弹体的传递函数可表示为

$$W_\delta^{\dot{\varphi}}(s) = \frac{a_{25}(S + a_{34})}{S^2 + (a_{22} + a_{34})S + (a_{24} + a_{22}a_{34})} \tag{3.6-2}$$

式中，a_{22}、a_{24}、a_{25}、a_{34} 为导弹纵向运动的动力学系数：

$$\begin{cases} a_{22} = \dfrac{-57.3 m_z^{\bar{\omega}_z} qSl^2}{v J_z} \\[3mm] a_{24} = \dfrac{-57.3 m_z^\alpha qSl}{J_z} \\[3mm] a_{25} = \dfrac{57.3 m_z^\delta qSl}{J_z} \\[3mm] a_{34} = \dfrac{57.3 C_L^\alpha qS + F}{mv} \end{cases} \tag{3.6-3}$$

其中，$m_z^{\bar{\omega}_z}$、m_z^{α}、m_z^{δ} 分别为俯仰力矩系数 m_z 对无因次俯仰角速度 $\bar{\omega}_z = \omega_z l / v$、攻角 α、升降舵偏角 δ 的偏导数；C_L^{α} 为升力线斜率；v、q 分别为导弹的飞行速度和动压；S、l、m、J_z 分别为参考面积、参考长度、质量和转动惯量；F 为发动机的推力。

将式(3.6-2)改写为标准形式：

$$W_{\delta}^{\dot{\varphi}}(s) = \frac{K_c(T_{1c}S+1)}{T_c^2 S^2 + 2\xi T_c S + 1} \tag{3.6-4}$$

式中，K_c 为导弹的放大系数：

$$K_c = \frac{a_{25}a_{34}}{a_{24} + a_{22}a_{34}} \tag{3.6-5}$$

T_c 为导弹的时间常数：

$$T_c = \frac{1}{\sqrt{a_{24} + a_{22}a_{34}}} \tag{3.6-6}$$

ξ 为相对阻尼系数：

$$\xi = \frac{a_{34} + a_{22}}{2\sqrt{a_{24} + a_{22}a_{34}}} \tag{3.6-7}$$

由自动控制原理可知，式(3.6-4)是一个带零点的二阶环节，其固有角频率 ω_n 为

$$\omega_n = \frac{1}{T_c} \tag{3.6-8}$$

而 $T_{1c} = 1 / a_{34}$。

当忽略阻尼影响，即 $a_{22} \approx 0$ 时，式(3.6-8)可近似表示为

$$\omega_n = \sqrt{a_{24} + a_{22}a_{34}} \approx \sqrt{a_{24}}$$

将式(3.6-3)的第一式代入，得

$$\omega_n = \sqrt{\frac{-57.3 m_z^{\alpha} qSl}{J_z}} \tag{3.6-9}$$

由式(3.6-9)可以看出，导弹绕其质心角振荡的固有频率与静稳定性 m_z^{α} 有关，其绝对值越大，作用在导弹上的稳定力矩 $m_z^{\alpha}\alpha qSl$ 就越大，因而角加速度越大，角振荡的固有频率就越高。此外，ω_n 还与导弹的转动惯量有关，转动惯量越大，角振荡的固有频率就越低。式(3.6-6)可转换为频率的形式：

$$f_n = \frac{\omega_n}{2\pi} = \frac{1}{2\pi}\sqrt{\frac{-57.3 m_z^{\alpha} qSl}{J_z}} \tag{3.6-10}$$

式(3.6-5)也可改写为

$$K_c = \frac{a_{25}a_{34}}{(2\pi f_n)^2} \tag{3.6-11}$$

式中，K_c 为稳态时输入量升降舵偏角 δ 与输出量导弹的俯仰角速度 $\dot{\varphi}$ 之间的比例系数。由式 (3.6-11)可以看出，在 a_{25} 和 a_{34} 各自相同的情况下，f_n 越高，放大系数 K_c 就越小，操纵(改变姿态角 φ)越难，因此从易于操纵的角度来看，不希望固有频率过高，即导弹的静稳定性不

能过大。

以升降舵偏角 δ 为输入，攻角 α 为输出时，导弹的传递函数为

$$W_\delta^\alpha(S) = \frac{a_{25}}{S^2 + (a_{22} + a_{34})S + (a_{24} + a_{22}a_{34})} = \frac{K_\alpha}{T_c^2 S^2 + 2\xi T_c S + 1} \tag{3.6-12}$$

式中，K_α 为导弹的放大系数，其值为

$$K_\alpha = \frac{a_{25}}{a_{24} + a_{22}a_{34}} \tag{3.6-13}$$

式(3.6-13)也可改写为

$$K_\alpha = \frac{a_{25}}{(2\pi f_n)^2} \tag{3.6-14}$$

式(3.6-14)表示稳态时，升降舵偏角(输入)与弹体攻角(输出)之间的比例关系。在操纵力矩动力学系数 a_{25} 相同的情况下，f_n 越高，K_α 越小，在相同舵偏角情况下，攻角越小。而在线性范围内，导弹升力与其攻角 α 成正比，K_α 越小，法向过载 n_y 越小。对鸭式布局和正常式布局的导弹，一般 K_α 的取值范围为 0.7～0.8，在 a_{25} 确定的情况下，即可确定相应的固有频率上限，即 $f_{\max}$ 值。

另外，导弹的实际弹道总是围绕着动力学理论弹道来回振荡，如图 3.6-5 所示，其振荡频率设为 f_g，称为制导回路的自振频率，它是由制导系统频率特性决定的，如图 3.6-6 所示，其中 $x(S)$ 为输入，$y(S)$ 为输出(如过载)，$x_n(S)$ 为干扰，$\delta(S)$ 为舵偏角信号，$W(S)$ 为制导回路的开环传递函数，其放大系数设为 K，制导回路的自振频率 f_g 与 K 有关。K 越大，f_g 就越大，导弹的固有频率必须远离制导回路的自振频率 f_g，否则将出现共振，使振幅越来越大，进而导致失控。

为了避免出现共振，可采取以下措施。

(1) 减小 f_g。为减小 f_g，要减小制导回路开环放大系数 K，而稳态误差 h_d 可近似为

$$h_d \approx \frac{W_y}{K} \tag{3.6-15}$$

式中，W_y 为战术拦截导弹的法向加速度。由式(3.6-15)可见，K 越大，稳态误差越小；K 越小，稳态误差越大，所以为减小稳态误差，K 值不能太小，减小制导回路的自振频率 f_g 将受到一定的限制。

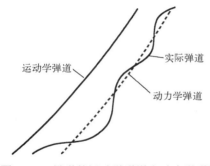

图 3.6-5　导弹的运动学弹道和动力学弹道

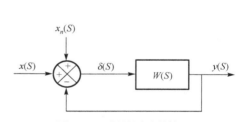

图 3.6-6　制导回路结构

(2) 增加 f_n，即增加导弹的静稳定度，使其满足以下关系：

$$\left| m_z^\alpha \right| \gg \frac{0.689 J_z f_g^2}{qSl} \tag{3.6-16}$$

制导回路的开环放大系数 K 不仅影响稳态误差，还影响起伏误差。K 越大，f_g 越高，稳态误差越小；但 K 越大，频带宽度越宽，起伏误差越大。因此，需综合考虑 K 对稳态误差和起伏误差的影响，选定最佳的制导回路增益 K^* 值，与其相应的频率 f_g^* 称为制导回路的最佳自振频率，导弹的固有频率 f_n 应满足以下关系：

$$f_n > f_g^*$$

据统计，各类导弹的固有频率 f_n 如表 3.6-1 所示。

表 3.6-1　各类导弹的固有频率

导弹类型	飞行高度/km	固有频率 f_n/Hz
空空导弹	20～25	≥1.8
地空导弹	<4～5	≥3～4
	20～25	≥1.3～1.6
巡航导弹		<1.6～2

为获得良好的性能，导弹、姿态稳定系统和制导系统的固有角频率之间应有适当的关系：

$$\begin{cases} \omega_c \geqslant 3\omega_g \\ \omega_c = K\omega_n \end{cases} \tag{3.6-17}$$

式中，ω_c 和 ω_g 为姿态闭环控制系统和制导系统的频带宽度；K 值的大小与对稳定系统的快速性要求有关。

对中等快速性系统：

$$K = 1.1 \sim 1.4$$

对高等快速性系统：

$$K = 1.5 \sim 1.8$$

选定导弹的固有角频率 ω_n，可按式(3.6-18)计算压力中心的位置 x_p：

$$x_p = \frac{\omega_n^2 J_z}{57.3 C_L^\alpha qS} + x_c \tag{3.6-18}$$

3. 静稳定裕度与导弹机动性及操纵性的关系

导弹的机动性是指导弹迅速改变飞行速度的大小和方向的能力，通常以导弹所能产生的法向加速度或过载来表示：

$$\frac{n_y}{\delta} = \frac{C_L^\alpha qS + F}{mg} \frac{\alpha}{\delta} = -\frac{C_L^\alpha qS + F}{mg} \frac{m_z^\delta}{m_z^\alpha} = \frac{(C_L^\alpha qS + F) m_z^\delta l}{mg(x_p - x_c) C_L^\alpha} \tag{3.6-19}$$

式中，n_y / δ 表示单位舵偏角所能产生的操纵过载。从式(3.6-19)可以看出：当 $\left| m_z^\alpha \right|$ 或 $\Delta x = x_p - x_c$ 增加时，n_y / δ 减小，即静稳定性增加，则机动性减小，在飞行过程中的 n_y / δ 时

刻发生变化，若其变化很大，就很难对导弹进行控制。因此，导弹的静稳定度必须控制在一定的范围内。在低空飞行时，由于空气密度大，因而动压 q 大，从限制 $(n_y/\delta)_{\max}$ 出发，静稳定性应满足

$$\left|m_z^{\alpha}\right| \geqslant \frac{(C_L^{\alpha}qS + F)m_z^{\delta}}{mg\left(\dfrac{n_y}{\delta}\right)_{\max}} \tag{3.6-20}$$

对于高空情况，由于空气密度小，动压 q 较小，为保证需用过载，静稳定性不能过大，应满足

$$\left|m_z^{\alpha}\right| \leqslant \frac{(C_L^{\alpha}qS + F)m_z^{\delta}}{mg\dfrac{n_y}{\delta_{\max}}} \tag{3.6-21}$$

式中，n_y 应为高空需用过载；$\delta_{\max}$ 为导弹升降舵的极限偏角。

4. 与极限攻角 α^* 的关系

导弹的俯仰力矩系数 m_z 随弹体攻角 α 的变化曲线如图 3.6-7 所示，可以看出，小攻角时它们之间为线性关系，当攻角增大至某一值时，线性关系就不存在了，极限攻角是指 m_z 随弹体攻角 α 的变化曲线出现显著非线性关系时相应的攻角，传统的设计观点认为，极限攻角 α^* 可作为配平攻角的最大值，极限攻角 α^* 增大意味着攻角可大一些，从而增大导弹的升力和可用过载，提高导弹的机动性。当 $\alpha > \alpha^*$ 时，导弹作为控制对象而言，则是非线性的，导弹就会失控，α^* 不仅与导弹的气动布局形式有关，而且与 m_z^{α} 有关，由图 3.6-7 可以看出，导弹的静稳定性(绝对值)增加时，α^* 随之增加，平衡攻角的极限值也随之增大。

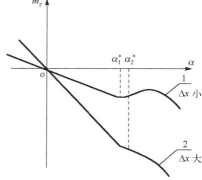

图 3.6-7 非线性极限攻角

为限制攻角，根据瞬时平衡关系，Δx 应满足以下关系：

$$\Delta x = x_p - x_c \geqslant \frac{m_z^{\delta}\delta_{\max}l}{C_L^{\alpha}\alpha_{\max}} \tag{3.6-22}$$

攻角最大值一般出现在高空、小动压情况下。

5. 静稳定度与舵机力矩及铰链力矩的关系

总体设计中需要选择舵机，并将其与其他各部件紧密配合安装在弹身中，它的质量和体积往往与舵机功率或输出力矩有关。根据典型配平飞行弹道、操纵力矩、瞬时平衡原理和空气动力学原理可以计算出空气舵的铰链力矩，从而估算舵机力矩；反之，如果设计时选定了舵机成件，弹体静稳定性的限制就必须满足一定的约束，从式(3.6-19)可知，若导弹的静稳定性(绝对值)增加，为得到所要求的过载 n_y，升降舵偏角 δ 就需要加大，相应的铰链力矩将增大，则舵机力矩 M_{ac} 至少应大于铰链力矩，为此应保证

$$M_{ac} \geq (m_h^{\alpha} \cdot \alpha + m_h^{\delta} \cdot \delta)qS_r l_r \tag{3.6-23}$$

其中，m_h^{α}、m_h^{δ} 分别为铰链力矩系数对攻角 α 和升降舵偏角 δ 的偏导数；S_r 和 l_r 分别为升降舵参考面积及参考长度。

由式(3.6-19)和式(3.6-23)可得

$$\begin{cases} m_z^{\alpha} \geq \dfrac{m_h^{\alpha}}{m_h^{\delta}} m_z^{\delta} - \dfrac{M_{ac}(C_L^{\alpha}qS+F)m_z^{\delta}}{m_h^{\delta}qS_r l_r \cdot mgn_y} \\[3mm] \Delta x = x_p - x_c \leq \left[\dfrac{M_{ac}(C_L^{\alpha}qS+F)m_z^{\delta}}{m_h^{\delta}qS_r l_r \cdot mgn_y} - \dfrac{m_h^{\alpha}}{m_h^{\delta}} m_z^{\delta} \right] \dfrac{l_r}{C_L^{\alpha}} \end{cases} \tag{3.6-24}$$

3.6.3　放宽静稳定度的设计

上述传统的设计思想往往受到弹体必须静稳定理念的约束，总是想设计成静稳定的，即在飞行过程中，压心应始终在质心之后，可是因为布局的约束，有时会不得不设计成静不稳定的，放宽静稳定度就是将导弹自身的静稳定度设计得比传统的小，甚至将导弹设计成静不稳定的。由于任何需要机动的导弹(即使静稳定也一样需要自动驾驶仪)，当弹体静不稳定时，只要有自动驾驶仪或姿态稳定控制系统，静不稳定弹体是可操控而变成飞行稳定的系统，与静稳定的情况相比，需修改校正控制器。另外，对舵机的功率和频宽要求要高些，当然操控的难度也相应增加了，特别是尾舵的合成攻角增大了，需要限制舵偏角。

1. 导弹自身特性

$$a_{24} = -\frac{57.3 m_z^{\alpha} qSl}{J_z} = \frac{57.3(x_p - x_c)qSl}{J_z}$$

当 $\Delta x = x_p - x_c > 0$ 时，$a_{24} > 0$，弹体是静稳定的。当 $\Delta x = 0$ 时，$a_{24} = 0$，弹体是中立稳定的。当 $\Delta x = x_p - x_c < 0$ 时，$a_{24} < 0$，弹体是静不稳定的，下面分析三种情况的稳定性。

1) 当 $a_{24} = 0$ 时

$$W_{\delta}^{\dot{\phi}}(S) = \frac{a_{25}(S + a_{34})}{S^2 + (a_{22} + a_{34})S + a_{22}a_{34}} \tag{3.6-25}$$

将式(3.6-25)转换为标准形式后得

$$W_{\delta}^{\dot{\phi}}(S) = \frac{K_c(T_{1c}S + 1)}{T_c^2 S^2 + 2\xi T_c S + 1} \tag{3.6-26}$$

式中，

$$K_c = \frac{a_{25}}{a_{22}}$$

$$T_c = \frac{1}{\sqrt{a_{22}a_{34}}}$$

$$\xi = \frac{a_{34} + a_{22}}{2\sqrt{a_{22}a_{34}}}$$

$$T_{1c} = \frac{1}{a_{34}}$$

由此可见，当 $a_{24} = 0$ 时，理论上导弹自身仍然是稳定的，这是由于导弹具有气动阻尼，但是稳定裕度极小。与具有静稳定性的导弹相比，T_{1c} 不变，而 K_c、T_c 和 ξ 值均增大了，K_c 对提高导弹的操纵性和机动性有利。

2) 当 $a_{24} + a_{22}a_{34} = 0$ 时

这是在计及气动阻尼的情况下，可得

$$W_\delta^\phi(S) = \frac{a_{25}(S + a_{34})}{[S + (a_{22} + a_{34})]S} \tag{3.6-27}$$

由此可见，因 $W_\delta^\phi(S)$ 中有一个积分环节，故导弹是不稳定的。

3) 当 $a_{24} + a_{22}a_{34} < 0$ 时

此时，导弹自身的传递函数可表示为

$$W_\delta^\phi(S) = \frac{K_c(T_{1c}S + 1)}{T_c^2 S^2 + 2\xi T_c S - 1} \tag{3.6-28}$$

式中，

$$K_c = \frac{a_{25}a_{34}}{-(a_{24} + a_{22}a_{34})}$$

$$T_c = \frac{1}{\sqrt{-(a_{24} + a_{22}a_{34})}}$$

$$\xi = \frac{a_{34} + a_{22}}{2\sqrt{-(a_{24} + a_{22}a_{34})}}$$

$$T_{1c} = \frac{1}{a_{34}}$$

因其特征方程式的常数项小于零，故导弹是不稳定的。

2. 人工稳定原理与稳定条件

若自身静不稳定的导弹 $(a_{24} < 0)$ 引入角速度 $\dot\phi$ 反馈，假设敏感元件角速度陀螺和舵机系统都是理想的，则其结构图如图 3.6-8 所示，系统的闭环传递函数为

$$W_{\dot\phi_d}^{\dot\phi}(S) = \frac{K_{ac}a_{25}(S + a_{34})}{S^2 + (a_{22} + a_{34} + K_{ac}K_{\dot\phi}a_{25})S + K_{ac}K_{\dot\phi}a_{25}a_{34} + (a_{24} + a_{22}a_{34})} \tag{3.6-29}$$

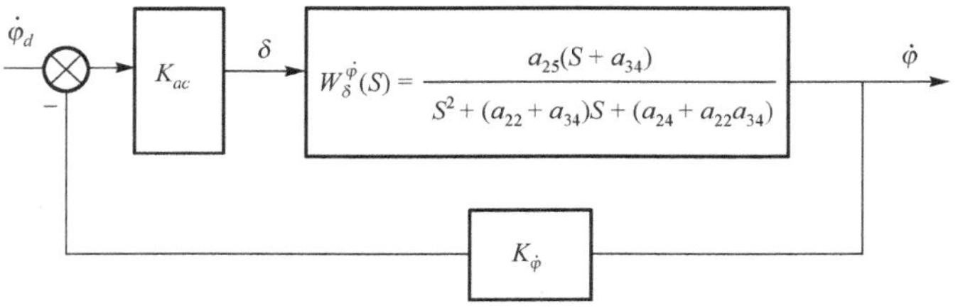

图 3.6-8　人工速度阻尼稳定回路

其特征方程式为

$$S^2 + (a_{22} + a_{34} + K_{ac}K_{\dot{\phi}}a_{25})S + K_{ac}K_{\dot{\phi}}a_{25}a_{34} + (a_{24} + a_{22}a_{34}) \tag{3.6-30}$$

根据稳定条件，为保证闭环系统稳定，必须满足

$$\begin{cases} a_{22} + a_{34} + K_{ac}K_{\dot{\phi}}a_{25} > 0 \\ K_{ac}K_{\dot{\phi}}a_{25}a_{34} + (a_{24} + a_{22}a_{34}) > 0 \end{cases} \tag{3.6-31}$$

对于正常式布局导弹，有

$$m_z^\delta < 0, \quad a_{25} = \frac{57.3 m_z^\delta q S l}{J_z} < 0$$

由式(3.6-31)，可得稳定性条件为

$$\begin{cases} K_{\dot{\phi}} < -\dfrac{a_{22} + a_{34}}{K_{ac}a_{25}} \\ K_{\dot{\phi}} < -\dfrac{a_{24} + a_{22}a_{34}}{K_{ac}a_{25}a_{34}} \end{cases} \tag{3.6-32}$$

说明只要选择正的角速度反馈增益系数 $K_{\dot{\phi}}$ 且满足式(3.6-32)条件，就可以实现静不稳定弹体的稳定。

3. 放宽静稳定度的负面影响

对正常式布局，在放宽静稳定度后，在平衡状态下，舵偏角和攻角的极性相同，从而使升力增大，阻力减小，即升阻比增加，使导弹的战术技术性能提高。但放宽静稳定度也会带来不利的影响，例如，对自动控制系统的设计将带来如下一些新问题。

1) 对控制效率的影响

如前所述，引入角速度 $\dot{\phi}$ 负反馈可以使自身静不稳定的导弹在飞行中实现动稳定，但对于式(3.6-29)和图 3.6-8 所示系统，在单位阶跃输入作用下，其输出 $\dot{\phi}$ 的稳态值为

$$\dot{\phi}(\infty) = \lim_{S \to 0} S W_{\phi_d}^{\phi}(S) \frac{1}{S} = \frac{K_{ac}a_{25}a_{34}}{K_{ac}K_{\dot{\phi}}a_{25}a_{34} + (a_{24} + a_{22}a_{34})} \tag{3.6-33}$$

当 $|K_{\dot{\phi}}|$ 很大时，式(3.6-33)分母中的第一项 $K_{ac}K_{\dot{\phi}}a_{25}a_{34}$ 起主要作用，式(3.6-33)可近似为

$$\dot{\phi}(\infty) \approx \frac{1}{K_{\dot{\phi}}} \tag{3.6-34}$$

可见，如果 $|K_{\dot{\phi}}|$ 越大，人工阻尼越大，则导弹系统的稳态值 $\dot{\phi}(\infty)$ 越小，控制效率越低，跟踪不上角速率的单位阶跃输入。

2) 对舵机快速性、功率和弹体操纵力矩的要求

由瞬时平衡条件得

$$\alpha = -\frac{m_z^\delta}{m_z^\alpha}\delta \tag{3.6-35}$$

对正常式导弹，$m_z^\delta < 0$，若导弹是静稳定的，则 $m_z^\alpha < 0$，此时在平衡状态下，α 与 δ 的极性相反；若导弹是静不稳定的，则 $m_z^\alpha > 0$，此时在平衡状态下，α 与 δ 的极性是相同的，因此对静不稳定的导弹，若要产生一个正攻角 α，空气舵应先偏一个负舵偏角，使导弹抬头，

由于静不稳定，攻角 α 要继续增大至超过所需的配平攻角，此时空气舵必须迅速反转，产生正偏角，用以平衡不稳定力矩直到配平。因此，从操纵与平衡的观点来看，静不稳定弹体要求有人工稳定系统，与静稳定相比，舵机的灵敏度要高、反应要快、延迟要小，操纵力矩也要大；但要注意，通常舵机输出力矩越大，响应频率越低。

3) 对大攻角和舵偏角的限制

静不稳定弹体操纵时，空气舵的有效舵偏角与鸭式布局静稳定弹体的情况类似，弹身不能有导致操纵失速的过大攻角和舵偏角。

对于接近中立稳定的导弹，舵面的效率很高，导弹自身的放大系数很大，小的舵偏角就能产生大攻角和大过载。为了保证飞行安全，应对攻角和过载加以限制，可通过在弹身头部安装攻角传感器或在质心附近安装加速度计来实现，使其不发散。

对有大机动过载需求的静不稳定战术导弹，如果空气舵的舵偏角受限或操纵力矩不足，则可能需要考虑直接力等措施作为补充。

4) 对校正网络的影响

对飞行过程中要经历静不稳定、中立稳定和静稳定等多种状态的导弹，即静稳定性变化很大的导弹，为了保证稳定并获得良好的动态品质，稳定系统需采用变系数的校正网络。

5) 导弹弹性振动的影响

对自身静不稳定的导弹，自动驾驶仪引入角速度和线加速度等的反馈，但同时也可能增强导弹弹性振动对自动驾驶仪稳定工作的不利影响，因为测量的弹体角速度或加速度包含了弹性振动的不稳定分量，反馈后将使得自动驾驶仪控制不稳定，对长细比较大的导弹，这种问题将更加严重，尤其是低频弹性振动的影响需要重视。

3.6.4　改变静稳定度的方法

改变静稳定度的方法不外乎两种：一是改变焦点的位置；二是改变质心的位置。

1. 改变焦点位置的方法

1) 移动弹翼的位置

弹翼安装位置对全弹压力中心位置的影响很大，移动弹翼位置可有效地改变导弹焦点的位置。

可近似认为导弹的压心是弹身、弹翼和尾翼由攻角 α 产生的法向力的合力作用点，因总的法向力对导弹头部顶点的力矩应等于各分力的力矩之和，所以可得弹翼位置：

$$x_{pW} = \frac{N x_p - N_B x_{pB} - N_T K_{TB} x_{pT}}{N_W K_{WB}} \tag{3.6-36}$$

式中，N、N_B、N_T、N_W 分别为由攻角 α 所产生的导弹总法向力，以及弹身、尾翼和弹翼的法向力；x_p、x_{pB}、x_{pT}、x_{pW} 分别为对应法向力的作用点(压力中心)；K_{TB}、K_{WB} 为弹身对尾翼和弹翼的干扰因子。

由式(3.6-36)求出 x_{pW} 后，即可确定弹翼的位置。

2) 增设反安定面

因结构限制，弹翼难于前移，静稳定度过大时，可增设反安定面，通过改变其面积及其位置来调整导弹的焦点。它通常远离导弹质心，可使导弹焦点有效前移，但会产生废重。

3) 改变尾翼的面积或位置

改变尾翼的面积或位置也可有效地改变导弹的焦点位置，当尾翼面积加大或位置后移时，可使导弹的焦点后移；反之，则前移。

2. 改变质心位置的方法

通常改变质心位置的方法如下。

(1) 改变载重在弹身内的安排，特别是改变密度大的载重和可变质量(主要是推进剂或燃料)的位置。可变质量应尽量安排在导弹质心附近，以减小导弹质心和静稳定度在飞行过程中的变化，使质心位置的变化控制在允许范围内。

(2) 当弹身内载重的安排难以改变时，可采用配重的方法以改变质心位置。但这种方法会产生废重，故不宜采用。

一般来说，调整质心的幅度较为有限，因此改变静稳定度的有效方法是改变焦点位置，其中移动弹翼位置是最有效的。

3.7 保证弹上设备的工作条件问题

在部位安排时，必须考虑弹上各分系统的一些特殊要求，使它们具有良好的工作环境，保证它们正常、可靠地工作。

3.7.1 战斗部系统

战斗部系统由战斗部、引信组成，用以杀伤预定的目标。部位安排时，一般要求如下。

1. 战斗部

战斗部是导弹的有效载荷，一般安排在导弹的头部，但在导引头的后面，不同类型的战斗部对工作环境的要求也有所不同。

杀伤战斗部：周边不应有过强的结构，如弹翼、舵系统、弹身的加强框、管路、电缆束等，以免影响破片或连续杆的飞散，进而影响杀伤目标的效果。

聚能战斗部：破甲效果除与战斗部本身的性能有关外，还与战斗部的炸高，即战斗部的药型罩端面到目标外表面之间的距离有关，圆锥形药型罩的最有利炸高为其罩底内径的 2～3.6 倍，它一般由风帽的高度来保证。需要考虑的另一个问题是聚能战斗部前舱段的环境，不能影响金属射流的形成及其破甲威力。

半破甲战斗部：前舱段及内部设备不应使战斗部在进入目标(舰艇、坦克等)内部之前发生变形、破坏或提前引爆等。

2. 引信(含保险装置)

无线电近炸引信：一般安装在导弹头部，应靠近战斗部，以免增大电路损耗和干扰影响，并尽量远离振源(如发动机)，其天线一般就安装在弹身前部的同一舱段表面，靠近引信和战斗部，周围不应有弹翼、空气舵等金属部件，以免信号发生遮蔽和畸变。

触发引信：应安装在较强结构之处，如弹身前段加强框、弹翼的前缘等处。

3.7.2　弹上制导设备

1. 导引头

对于寻的制导的导弹，导引头是最关键的测量部件。对于应用最广的雷达型和红外型导引头，为了对目标在大范围内进行搜索与跟踪，要求其天线(雷达型)或位标器(红外型)在正前方有一个广阔的视场角 ±50°，弹身头部是满足这一要求的最佳部位。因此，导引头通常将相关组件部件包装成一个整体，安装在弹身头部，外加整流罩(天线罩)加以保护并改善气动性能。天线罩的存在对信号的传输将产生衰减、折射，甚至畸变等不利影响，因此头罩的外形、结构应综合考虑信号传输、气动性能和工艺等方面的要求，头罩材料要有良好电磁波穿透性。

2. 自动驾驶仪

自动驾驶仪由敏感元件、放大变换元件、校正元件和伺服机构等组成。从便于维护、检测和保证环境条件出发，要求惯性器件与电子器件集中包装在一个密封容器内(不包括伺服机构)，安装在一个接近导弹质心、远离振源的舱段内(含伺服机构)，这就是集中式安装。但这种安排因其组成元件各自对安装部位的要求不尽相同，所以难以同时满足。例如，对线加速度计(它是用来测量导弹平移加速度的传感器)，若捷联惯性导航，则要求安装在导弹的质心位置处，否则它感受的加速度 a 不仅是导弹质心平移运动的加速度 a_c，而且还有导弹(视为刚体)绕质心转动而产生的加速度分量 Δa，称为杆臂效应：

$$a = a_c + \Delta a = a_c \pm l\varepsilon \tag{3.7-1}$$

式中，正负号取决于线加速度计的安装位置相对于导弹质心的位置；l 为线加速度计至导弹质心的距离；ε 为导弹绕质心转动的角加速度。

自动驾驶仪中另一个极为重要的敏感元件角速度陀螺(阻尼陀螺)用以测量导弹姿态角变化率，因导弹并非一个刚体，而是一个弹性体，在飞行过程中，在外界干扰的作用下其会发生弹性振动，其一阶弹性振型如图 3.7-1 所示。若角速度陀螺安装在一阶弹性振型的波节处，由于角速度陀螺的频带一般较宽，因此，它能感受波节处由弹性振动模态引起的角振荡，这种情况下角速度陀螺对弹性振动不是起阻尼作用的"阻尼器"，而是起不稳定的激振作用，速度陀螺应安装在一阶弹性振型的波腹处，而线加速度计则应安装在一阶弹性振型的波节处，可见不同元件对安装位置的要求是不同的，各有各的最佳安装位置。

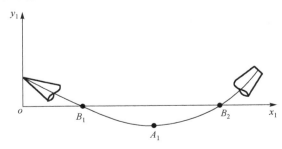

图 3.7-1　导弹的一阶弹性振型与传感器位置

3. 舵机

舵机是控制导弹舵偏转的伺服机构,是自动驾驶仪的执行元件。它应尽量靠近操纵面以简化操纵机构,减小拉杆长度、间隙、摩擦、弹性变形和非线性因素的影响,提高控制准确度。舵机的安装位置应便于检测和调整,拉杆应有调节螺栓,间隙不仅会造成操纵面的偏转误差,而且容易引起舵系统的激烈振动,应尽可能加以消除。对操纵面的零位和极限偏角,也需要检测与调整,避免造成操纵面正负偏转不对称和非线性等。

4. 应答机

应答机是无线电遥测遥控中通过应答的方式,用以识别指令信息和测距定位的弹上设备,它与制导站之间遥控指令的传输通道应避免被弹体金属部件所遮蔽,故其天线通常安装在弹尾(弹身底部)或翼端,以保证弹、站之间遥控指令传输通道的畅通无阻。应答机尽量接近天线,以减小馈线长度和传输损耗。

5. 能源

导弹的弹上能源一般由电源和液压源(或气源)等组成,两者可以分开,也可以合并成一个整体,形成电液伺服装置,舵系统(对液压舵机)是弹上消耗能源最多的设备,故液压源的安装位置应紧靠舵系统。电源应尽量靠近用电量大的设备,以利于电源稳定工作,减小电缆长度及其质量。

3.7.3　动力装置

不同类型的发动机对环境要求有所不同,动力装置安排情况也有所差别。

1. 固体火箭发动机

固体火箭发动机的安装位置有两种:弹身中段和尾段。固体火箭发动机安排在弹身中段时,因其药柱接近导弹质心,故在其工作过程中,导弹质心位置的变化较小。此时,其喷管的安排方式可有两种。

(1) 采用长尾喷管。喷管的几何形状和长尾带来的摩擦效应对发动机内弹道性能有不利影响。对亚声速长尾喷管,比冲损失约为 2%(与长度和直径之比有关);长度过长会产生阻塞,并使喷管质量大为增加;占用空间多,安置舵机和操纵机构(对正常式)等困难;对周围设备的热环境影响增大,因而必须采取隔热措施等。

(2) 采用斜置喷管。这种安排就是将喷管轴线在水平面内或铅垂面内相对于导弹纵轴斜置一定的角度,斜置角一般为 12°～18°。它们通常成对安装于弹身的两侧或上下,喷管的轴线应通过导弹的质心,以避免由于推力偏差而产生滚动干扰力矩,这种安排避免了长尾喷管具有的缺点,但其有效推力将随斜置角的增大而减小。

另外,采用这种安排时,应仔细研究高温燃气流对弹身舱体、舱内设备、尾舱(对正常式布局)和副翼(对鸭式布局、后缘副翼)流场及操纵效率的影响。

固体火箭发动机安排在弹身尾段时,工作条件较好,无比冲或推力损失,也无阻塞问题和高温燃气流对弹身结构、舱内设备、操纵面的效率等造成的不利影响。但在工作过程中,导弹的质心变化大(前移)，对正常式布局安置舵机和操纵机构有些困难；燃气流对无线电指令的传输有不利影响(衰减、相移和噪声等)，采用复合推进剂时影响更为严重。

2. 液体火箭发动机

早期液体导弹的火箭发动机推力室都安排在弹尾。涡轮泵(对泵压式输送系统)安排在推力室之前，紧靠推力室。推进剂贮箱安排在导弹质心附近，以减小飞行过程中导弹质心的变化。这种安排的缺点是推力室安置在弹尾，迫使尾舵前移(对正常式布局)，影响尾舵的操纵效率。

3. 冲压发动机

早期冲压发动机大多采用外挂的方式安置在弹翼翼梢(左右各一台)、弹身下方(一台)、弹身下侧方(两台)、弹身上下(两台)，如图 3.7-2 所示。这种外挂方式下，发动机与弹体之间的相互影响小(进气道唇口应避免与弹身头部激波相交)，进排气问题简单。安置在弹翼翼梢的方案见图(a)，由于发动机的存在，流过弹翼的气流接近二维状态，可提高弹翼的升力，但这种外挂方式下导弹阻力将增大。对安置在弹身下方(图(b))和弹身下侧方(图(c))的方案，因推力线不通过导弹质心，将造成很大的抬头力矩。当两台发动机推力不一致时，将造成较大的俯仰干扰力矩(图(d))或偏航干扰力矩(图(a)、图(c))。

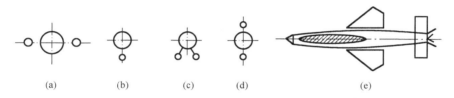

图 3.7-2　冲压发动机的外挂形式

主发动机采用冲压发动机或固冲发动机的现代导弹大多将发动机内置于弹身尾段，这种方案下，导弹迎风面积小，阻力小，进气道的安排主要有以下两种方案。

1) 头部进气道

头部进气道的进口安排在弹身头部，如图 3.7-2(e)所示，其主要优点在于进口流场是未受扰动的，可保证是高度均匀的速度场，但这种进气道具有一系列缺点：首先，大攻角时速度场不均匀，使总压恢复系数和效率降低；其次，进口安排在弹身头部，致使弹身从头到尾都有发动机及其进、排气通道，占用了大量的弹身空间，势必引起部位安排的复杂化、弹身直径或长度的增大、阻力和结构质量的增加，最终影响导弹的性能；最后，对寻的制导的导弹，则难于在弹身头部安置雷达导引头的抛物面天线或红外导引头的位标器。虽然头部进气道具有如此多的缺点，但因能提供最佳的进气条件，故现代先进的有翼导弹仍有部分采用头部进气道。

2) 非头部进气道

使用冲压发动机巡航的现代有翼导弹大多采用非头部进气道，常用的为弹身两侧和腹部进气道，前者进口安置在弹身左右两侧，而后者进口则安置在弹身的后下方。非头部进气道虽无头部进气道的缺点，但其进口流场易受弹身的干扰，特别是弹身附面层的影响，为消除这种影响，要求进气口至弹身表面的距离大于当地附面层厚度，初步设计时，可按 $0.01l'$ 考虑(l' 为进气口至弹身头部的距离)。两侧进气与腹部进气相比，前者对攻角和侧滑角的变化较敏感，攻角和侧滑角增大时，总压恢复系数下降，紊流度增大；而后者不太敏感，特别适合正攻角情况下工作，但不能有较大的负攻角。

冲压发动机常采用空气涡轮泵供应燃料，涡轮的工质为空气。空气涡轮的取气方法影响输送系统的工作特性，也影响导弹的气动特性。空气涡轮有两种取气方法。

(1) 内部取气。内部取气是指气源来自进气道的亚声段，其优点是不影响导弹的气动特性；涡轮泵安置在冲压发动机的中心锥内，结构紧凑，但缺点是空气涡轮与冲压发动机的工作相互影响。

(2) 外部取气。外部取气是指气源来自外流，这就避免了空气涡轮与冲压发动机之间的相互影响，但对导弹的气动特性有影响，如阻力增加。当两台以上冲压发动机共用一个涡轮泵时，一般采用外部取气。因为在这种情况下，涡轮泵只能安置在弹身内，这对供油对称、推力同步和导管铺设都有利。

4. 涡轮喷气和涡扇发动机

涡轮喷气和涡扇发动机的部位安排问题与冲压发动机相似，发动机大多内置于弹身尾段，采用腹部进气道的安排也是一个重要问题，其进气口位置不仅要考虑附面层的影响，还要避开气流分离区。分离区内的气流参数极不稳定，若进气口处于气流的分离区内，会造成供油参数偏低和供油压力脉动等现象，使发动机不能正常工作，为避开气流分离区，通常要求进气口至弹身头部的距离大于 7 倍的弹身直径。

由于迎风面的进气道流量系数和总压恢复系数要比背风面高，因此对主要在正攻角情况下机动的导弹，采用腹部进气道是较为有利的。

3.7.4　弹体承力结构安排

导弹在飞行过程中，将承受各种载荷，如表面力(发动机推力、空气动力和运载时的支反力等)、质量力(重力和惯性力)、局部载荷(贮箱、密封舱的内压和分离机构的预紧力)等。弹体结构必须能在各种载荷、振动和气动加热等工作环境下，有效地抵抗变形与破坏，保证可靠、安全地工作，因此弹体结构应首先保证能可靠地承载。弹体的结构布局必须与相应的外载相匹配，符合结构力学的基本原理，如开剖面不能承受扭转、铰接接头不能承弯，几何可变系统也是不能承载的。集中力必须通过梁、加强框等承力构件来传递，不允许由蒙皮、腹板等来承受。不论在蒙皮的切向还是法向，承受集中力都是不允许的。弹翼与弹身连接时，其翼梁不能"中断"，必须"穿过"弹身，即与弹身横梁或与弹身的加强框相连接等。

在保证结构能承载，并满足强度、刚度要求的条件下，应使弹体结构的尺寸、质量最小。为此，在初步设计阶段，可采取以下措施。

1. 减小有效载荷及其尺寸和质量

据统计，导弹的有效载荷增加 1kg，导弹的总质量将增加 5～10kg；有效载荷的尺寸大将导致弹身所需容积、尺寸增大，阻力增加，还将引起导弹质量的增大，可见选用小型化、微型化的元件，减小有效载荷的尺寸和质量是非常重要的。

对战斗部，必须从杀伤目标的机理、主装药的爆热、密度和结构参数的优化等方面提高其威力，以减小战斗部的尺寸和质量。对于总体方案设计，除非特别定制，战斗部一般从厂家的产品目录中选择，质量、尺寸和威力是已知的输入。

对制导系统的弹上设备，应不断采用新的元件、组件技术，实现小型化、微型化，大规模集成电路和 MEMS 器件技术使电子设备实现微型化，改善了性能，提高了可靠性，开辟了新的广阔天地。

2. 提高弹身空间的利用率

从提高弹身的空间利用率观点看，图 3.7-3(a)所示翼梁"穿过"弹身的翼身连接方案占用空间大，尤其是对双梁式弹翼，多梁式弹翼更甚。图 3.7-3(b)所示弹翼与弹身的加强连接则占用空间小。例如，推进剂(含氧化剂与燃烧剂)贮箱的安排，四底式贮箱(图 3.7-3(c))之间夹层的空隙大，而双层底式贮箱(图 3.7-3(d))则空隙小。再如，环形气瓶的空间利用率优于球形气瓶等。采取以上有利的构造措施可提高弹身空间的利用率，增大导弹的密度。

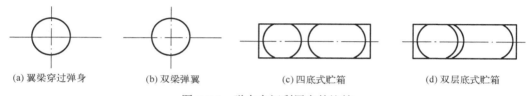

(a) 翼梁穿过弹身　　　(b) 双梁弹翼　　　(c) 四底式贮箱　　　(d) 双层底式贮箱

图 3.7-3　弹身空间利用率的比较

3. 缩短传力路线

传力路线是指外载荷通过结构进行传递的过程。显然，传力路线越短，载荷传递就越直接，结构质量越小；传力路线长，就意味结构必须使用更多的材料，使结构质量增大。

4. 综合利用承力构件

承力构件的综合利用也可有效地减小弹体结构质量，因为在导弹使用过程中，各种载荷一般不会同时出现，有些可能同时出现，但并不同时出现峰值，有时甚至相互抵消。即使同时出现峰值，作用点及其影响也不同，与另起炉灶相比，可能仍然是有利的。如图 3.7-4 所示，一种地空导弹加强框的综合利用是一个很好的应用范例，它是旋转弹翼的支点、两台冲压发动机的前支点、四台并联助推器的前支点和贮箱的悬挂点。一物多用，综合利用，充分发挥了该加强框的作用。

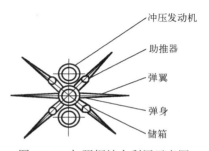

冲压发动机

助推器

弹翼

弹身

储箱

图 3.7-4　加强框综合利用示意图

5. 减小分离面和开口的数量及其尺寸

分离面和开口(舱口)，特别是大开口，意味着需要加强相应结构和增加连接件，导致弹体结构质量增加，因此在满足工艺、维护和使用要求的情况下，应尽量减小分离面和开口的数量及其尺寸。

6. 采用整体式结构

采用整体式战斗部、整体式固体火箭发动机和整体式贮箱等不仅可以提高弹身空间的利用率，而且它们参与总体受力，不必另安排相应舱段，故可以减小弹身结构质量。弹体采用整体结构也具有许多优点，如强度高、刚度好、外形准确、表面光滑、零件和连接件少等，适用于高速、大机动、大翼载导弹的弹翼和载荷大的弹身舱段，如翼身连接舱段等。

例如，俄罗斯的 Iskander 地地战术精确打击导弹，固体火箭发动机助推燃烧完毕之后，与弹头不分离，发动机壳体继续作为弹体提供弹道滑翔和再入打击的升力，并且有高的升阻比，燃气舵和空气舵也是共用一套伺服舵机。

7. 其他

减小导弹尺寸和质量，部位安排时，还应注意以下几点。

集中力通过节点时应避免偏心；需用杆系结构时，应多用桁架结构，少用刚架结构；尽量使主要承力元件在设计载荷作用下处于受拉情况，以避免出现局部弯矩、扭矩和失稳。

弹身纵向承力元件应统一安排，不允许"切断"或在分离面处错开，相关部件的位置应尽可能接近，以减小电缆、导管的长度、质量、损耗和占用空间，尽量减少突出物，以保持良好的气动外形，减小阻力，无法避免时加整流罩。

由以上分析可知，为减小尺寸和质量，某些要求有时不能同时满足，甚至相互矛盾。例如，翼梁"穿过"弹身的连接方案，传力路线短，但占用弹身的空间大；而由弹身加强框连接的方案则相反，传力路线长，但占用弹身的空间小；电缆、导管若铺设在弹身外壁，虽不占用弹身空间，但影响导弹的气动外形阻力，若开槽铺设，也影响弹身强度，若铺设在弹身内部，则不影响导弹的气动外形，但占用弹身空间，若通过弹身中段的整体式贮箱，则又会引起贮箱的防漏密封等问题，因此在部位安排时，需要具体问题具体分析，抓住主要矛盾，通过计算、分析、试验进行综合评价后才能决定结构设计方案。

3.8　总体结构布局与模样装配图

3.8.1　总体结构布局

总体结构布局就是安排各子系统在弹身中的部位，使其与弹体构成一个满足飞行与操纵性能的有机融合体，大致顺序为导引头、战斗部、制导控制系统(计算机、惯性器件、供电单元、自动驾驶仪)、主发动机、尾舱、助推器。不同类型的导弹会有不同的特点，甚至存在一定的差别，但大同小异，要注意了解典型导弹的方案与结构布局，这里主要以反舰导弹为例进行介绍。

图 3.8-1 所示鱼叉反舰导弹的弹体拥有两组"×"形翼面，位于弹体中部的是四块大面积梯形翼，弹尾则设有四个较小的全动式控制舵面，两组弹翼前后完全平行，而且均为折叠式，

折叠幅度为弹翼的一半；此外，舰射、潜射型的火箭助推器上也有一组 "×" 形稳定翼。为了减轻重量，除了战斗部、助推器采用钢质结构外，其余的外壳、翼面都采用铝合金制造，总体结构布局安排依序为导引段、战斗部、推进段与尾舱。

图 3.8-1　AGM-84 鱼叉反舰导弹外形图

如图 3.8-2 所示，弹体长度为 3.84m，含火箭助推器则为 4.6m，直径为 34.3cm，翼展长为 91.4cm。导引段位于导弹前部，主要组件包括天线罩、德州仪器公司 (TI) 的 PR-53/DSQ-28 主动雷达寻标器、导引控制单元 (missile guidance unit, MGU)、AN/APN-194 单脉冲雷达高度计及其发射天线。PR-53/DSQ-28 采用 J 波段频率，全面采用固态电子元件，机械扫描式阵列天线的旋转范围为 ±45°，能在各种天候下搜索远方的海上小型目标，并具备优秀的电子对抗能力。

图 3.8-2　鱼叉反舰导弹剖视图

1. 推进系统

鱼叉反舰导弹发动机段占据弹体后段，主要部件包括铝制的半埋固定式发动机进气道、一台 CAE J402-CA-400 型单轴涡轮喷气发动机以及燃料箱，此外还有 1 个发射电缆插孔以及 2 个位于燃料箱前端的银锌电池；在靠近尾翼及连接发射架的后弹耳处还刻意加强了结构。舰射及潜射型鱼叉的弹尾拥有一台固体火箭助推器，长度为 0.74m，重 137kg，装有 66kg 的高能推进剂，推力为 66kN，作用时间为 2.5～3s，能在发射后 2.9s 内让导弹获得 10g 的加速度，飞行速度达到 $Ma = 0.75$，当导弹爬升至 340m 的高度时便自动脱离，由涡轮发动机接手工作。

J402-CA-400 单轴涡轮喷气发动机长度为 0.748m，重 45.36kg，采用环形燃烧室，压缩机为轴流和离心组合式，转子转速为 41200r/min，持续推力为 290kgf(1kgf = 9.80665N)，在海平面高度上从启动到最大推力的额定时间约 7s，持续作用时间为 15min，工作寿命约 1h，能提供弹体 $Ma = 0.85～0.9$ 的巡航速度。燃料箱长度为 1.22m，可储存 45.4kg 的燃油。

发动机工作时，燃油先被加压，接着进入燃烧室，混合压缩进来的空气，然后点火燃烧。发动机的点火装置采用固体推进剂启动器以及含镁量为 62% 的烟火剂，由电发火花塞引爆启动。

2. 制导系统

鱼叉反舰导弹的制导 MGU 包括飞行姿态控制系统和飞行高度测量系统。操纵系统中，位于尾舱的尾翼采用电力伺服驱动，每个翼面的舵机由连续运转电动机、传动机构、摩擦圆盘离合器及制动器组成，偏转角度为±30°。

导航由三轴捷联式惯性姿态参考仪 ARA、数字计算机、供电单元和自动驾驶仪构成一个单一总成，重量仅 11kg，耗电功率为 100W。ARA 的 3 个速率陀螺负责向自动驾驶仪提供导弹在三个轴的角速度分量，进而求得相对应的控制信号传给尾翼控制系统。至于飞行高度测量系统，则以 AN/APN-194 单脉冲主动式雷达高度计为主，用于维持低空巡航的飞行高度，雷达发射天线位于导弹战斗部外壳处下方。

法制 AM-39 飞鱼导弹也采用典型正常式气动布局，与鱼叉类似，四个弹翼和舵面按"×"形配置在弹身的中部和尾部；整个导弹由主动雷达导引头、前设备舱、战斗部、主发动机、助推器、后设备舱、弹翼和空气舵组成，结构布局如图 3.8-3 所示。

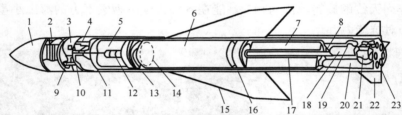

1-主动雷达导引头；2-弹载计算机；3-高度表；4-垂直陀螺；5-战斗部；6-主发动机；7-助推器；8-热电池；9-航向陀螺；10-高度表发射天线；11-触发引信；12-引爆装置；13-保险机构和引火装置；14-自毁断裂索；15-弹翼；16-发动机点火装置；17-长喷管；18-变流机；19-自毁设备；20-助推喷管；21-舵机；22-尾翼；23-自毁监控陀螺

图 3.8-3　AM-39 飞鱼导弹结构布局

AM-39 飞鱼导弹的弹身呈锥头圆形，弹翼为梯形悬臂式；总长 4.7m，弹径为 0.35m，翼展长为 1.1m，导弹发射总重 652kg。飞鱼导弹的推进系统包含两部分：主发动机为一台端面燃烧的固体火箭发动机，总重 170kg，工作时间为 150s，平均推力为 2.4kN，可使导弹的巡航速度保持在 $Ma = 0.9$；助推器是一台侧面燃烧药柱的固体火箭发动机，重达 80kg，工作时间为 2.5s，平均推力为 74kN，可把导弹迅速加速到超声速，而后在主发动机作用下以巡航速度飞行。两台发动机工作可使导弹最大射程达 65km。

AM-39 飞鱼导弹选择带冲击效应的聚能穿甲爆破型战斗部，同时兼有破片杀伤能力。战斗部上装有延时触发引信和近炸引信，带有机械、惯性和气压三级保险装置，从而可保证战斗部适时解除保险准时爆炸。整个战斗部重 160kg，装高爆炸药 40kg，能穿透 12mm 厚的钢板。

图 3.8-4 所示为战斧巡航导弹的结构布局，图 3.8-5 所示为某地空导弹结构布局。

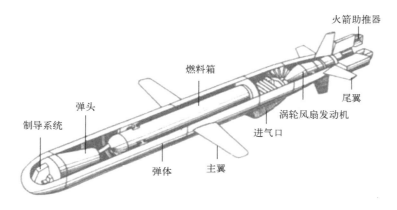

图 3.8-4　战斧巡航导弹结构布局

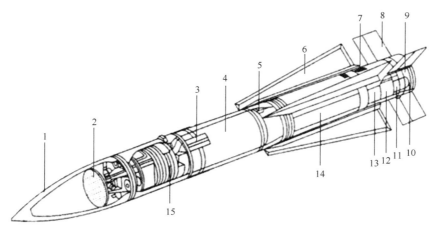

1-雷达头罩；2-平面阵列主动雷达天线；3-近炸引信(4个90°等间隔)；4-战斗部；5-战斗部保险装置；6-弹翼；
7-凹陷连接器；8-空气舵；9-喷管；10-尾部探测天线；11-液压伺服功放单元；12-自动驾驶仪；
13-变流适配器；14-火箭发动机；15-弹载计算机与惯组

图 3.8-5　某地空导弹结构布局

3.8.2　计算机辅助结构布局设计

有了方案及结构布局，在完成总体参数和几何尺寸设计之后，接下来就要借助软件如
SolidWorks、CATIA 或者 Pro/E 绘出三维模样装配图，如图 3.8-6 所示，检查尺寸匹配，这

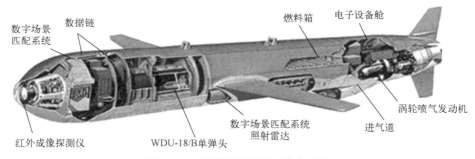

图 3.8-6　战斧巡航导弹三维布局图

个过程是需要反复的。模样装配图是初步方案设计时各分系统的汇总协调图。在总体设计时，部位安排、尺寸协调和电缆走线是件非常重要的事，有时直接影响到总体方案，特别是在尺寸受限情况下。有了计算机装配图，就可完成导弹质心、转动惯量随飞行时间变化的计算。

像 Iskander 这类导弹，按照舱段可划分为前舱、战斗部舱、设备舱、发动机舱和尾舱，按分系统可分为探测系统(导引头)、引战系统(战斗部、引信)、制导控制系统(弹载计算机、惯组、电池)、固体火箭发动机、舵系统(空气舵、舵机、电池、舵机控制器)等。采用 CATIA 软件可以很方便建立导弹初步的结构布局，如图 3.8-7 所示。

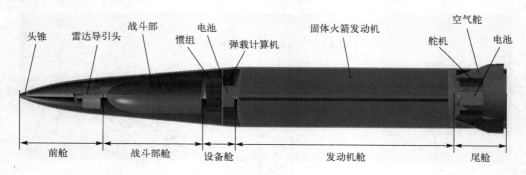

图 3.8-7　仿 Iskander 导弹结构布局图

通过 CAD 结构布局可快速估算出导弹质量、质心、转动惯量等原始参数，为总体设计迭代提供依据。

在方案论证阶段，各分系统还未最终确定，这时可根据初步分配的长度、直径等尺寸参数，或借鉴已有设备的体积、重量等参数，建立初步的结构布局。导弹各分系统的密度范围在 $1.1 \times 10^3 \sim 1.9 \times 10^3$ kg/m^3，具体而言，制导、控制系统密度值可取 1.1×10^3kg/m^3，战斗部系统密度值可取 1.9×10^3kg/m^3，推进剂密度值可取 1.7×10^3kg/m^3，发动机壳体密度值可取 2.7×10^3kg/m^3(铝)或 7.8×10^3kg/m^3(钢)，气动面的密度在 $1.35 \times 10^3 \sim 4.5 \times 10^3$ kg/m^3。

下面给出导弹 CAD 结构布局的主要流程：

(1) 根据发动机长度、直径等参数，建立初步的推进系统 3D 模型；

(2) 根据气动外形以及类似导弹结构形式和厚度尺寸等参数，建立初步的导弹壳体 3D 模型(包括空气舵)；

(3) 根据总体分配的分系统或设备重量和尺寸参数绘制 3D 模型，在未确定具体设备型号的情况下，可使用立方体或圆柱体占位，设备之间及与壳体保留一定的间隙，为详细设计留有足够裕度；

(4) 为弹上设备(导引头、弹载计算机、惯组、电池、舵机等)赋密度，可适当微调密度值以满足重量参数，调整设备的位置使得结构布局紧凑并留有电缆转弯空间；

(5) 利用 CATIA 惯性测量工具自动计算导弹质量、质心位置和转动惯量。

输出导弹总质量用于初步的射程能力评估，输出质心位置用于初步操稳特性评估，输出转动惯量用于初步的控制性能评估。

习　题

3-1　已知某轴对称导弹，弹翼和尾翼为"×"形布局，各部件的法向力系数导数、相对质心的距离和单块有效面积分别为，弹翼：$C_W^\alpha, X_{pW} = l/20, S$，其压心位于质心之后；弹身和头部：$C_B^\alpha, X_{pB} = l/4, 5S$，其压心位于质心之前；尾翼：$C_T^\alpha, X_{pT} = 8l/20$，要求导弹静稳定裕度为 $0.03l$，如果忽略翼身干扰与舵的影响，试求每块尾翼的面积 S_T。

3-2　静稳定与动稳定的区别及关系是什么？为什么羽毛球、标枪和飞镖是静稳定的，而粉笔不是静稳定的？

3-3　如何表征和描述导弹的操纵性？

3-4　STT 机动方式需要满足什么必要条件？

3-5　BTT 机动方式适合什么类型的导弹？有何特点？

3-6　静稳定正常式布局导弹和鸭式舵导弹的操纵有何不同？舵的有效攻角如何计算？鸭式舵导弹需要什么措施才能工作在大攻角下？为什么？

3-7　导弹弹体操控设计上要注意哪些类型的耦合？

3-8　等效舵偏角是根据什么原则进行等效的？已知"+"形导弹的等效舵偏角，如何分配弹体上各舵的舵偏角？如果是"×"形，又如何分配？

3-9　如果某地空导弹是静稳定的，弹体静稳定度对于舵机力矩和铰链力矩要满足什么约束？在高空和低空又要满足什么约束？

3-10　导弹弹体如果内部布局使弹体变成了静不稳定的，与静稳定相比，需要采取什么措施？舵机有什么要求？

3-11　弹体静稳定的自然频率、结构固有振动频率、闭环稳定频率、制导控制频率和舵机频率之间的大小有什么约束？

3-12　如果不安装角速率陀螺，只有角度陀螺，进行角度误差反馈可以使静不稳定弹体变成稳定的系统吗？如果可以，要怎样才行呢？

3-13　静不稳定导弹尾控舵如何操纵，才能实现配平攻角的改变？与静稳定导弹有何区别？

第 4 章　推进系统选择

推进系统包括火箭发动机与空气喷气发动机等。火箭发动机是同时携带燃料和氧化剂的，不需要大气中的氧气完成燃烧，包括液体火箭发动机和固体火箭发动机。空气喷气发动机只携带燃料，从大气中压缩空气并吸入燃烧室进行燃烧，为巡航飞行器如飞机、巡航导弹提供可持续的巡航动力，包括涡轮喷气、涡轮涡扇和冲压发动机，其中冲压发动机需要固体火箭助推到一定的马赫数才能有效工作。

在总体设计中，要选择推进系统类型，基于推进系统的工作原理，结合导弹飞行性能指标，总体设计部门计算给出平均推力、总冲、工作时间、燃料重量、发动机重量、尺寸限制等的参数作为发动机部门的设计参考。发动机部门会根据这些参数，尤其是平均推力、总冲、尺寸限制等，进行精细设计与试验，显然会与总体指标有些差别，两部门经过多轮协商折中修改与设计，最后得到所要求的发动机。总体设计论证时，如果与发动机工作原理结合得紧密，提出的发动机指标与发动机部门的设计研制就相对容易吻合。

如果有现成的发动机系列型谱，这是最理想的，总体设计时可以采用模块化直接在型谱中选择合适的发动机模块，调整其他分系统，如外形设计与部位安排、结构与控制系统，将大大缩短研发周期，节约成本，提高可靠性。例如，美国的直接上升式空射反卫星导弹就将波音公司 782kg 质量、33kN 推力和 33s 工作时间的固体火箭发动机作为第一级，沃特公司 445kg 质量、27kN 推力和 27s 工作时间的牵牛星-Ⅲ型固体火箭发动机作为第二级。欧洲航天局的阿里安运载火箭、我国的大型运载火箭也是按照这种模块化组装设计方式，先研制不同运载能力的系列液体火箭发动机和助推器型谱，再组合设计得到不同运载能力的系列运载火箭型谱。

早期都是液体导弹，如我国的 DF-3、DF-5，目前液体火箭推进系统主要用于运载火箭、弹道导弹的末修级和空间飞行器。因此，这里简要介绍导弹总体设计中需要用到的常用固体火箭推进系统和空气喷气发动机推进系统的相关理论知识。空气喷气发动机要求了解涡轮喷气发动机、涡轮涡扇喷气发动机、火箭冲压发动机和超声速冲压发动机的工作原理。

4.1　固体火箭发动机

4.1.1　典型固体火箭发动机结构

1. 野战火箭弹发动机

野战火箭弹用来大面积摧毁敌方防御工事和大量杀伤其有生力量，要求能大量生产，射击密集度高，故离轨速度要高，发动机推力大而工作时间短，采用多管内外燃、能大量连续生产的廉价双基药柱、自由装填结构形式。图 4.1-1 所示是一种使火箭弹高速旋转稳定的发动机，采用 7 根双基管形药柱，倾斜多喷管结构使火箭弹旋转。

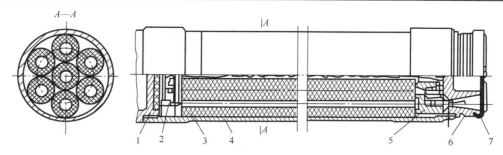

1-前盖；2-点火器；3-管形药柱；4-燃烧室；5-后支撑挡板；6-喷管；7-密封盖

图 4.1-1　野战火箭弹发动机结构图

2. 反坦克导弹发动机

反坦克导弹用来击毁敌方的坦克和装甲车辆，为攻击此类活动目标，要使用起飞和续航二级双推力发动机。图 4.1-2 所示为一典型反坦克导弹的双室双推力发动机结构，第一级为八角星形内燃药柱，推力大，可使短时间内达到预定飞行速度；第二级是端面刻有三圈环形沟槽的端面燃烧药柱，克服空气阻力和重力影响，保持飞行速度，要求推力小而工作时间长。

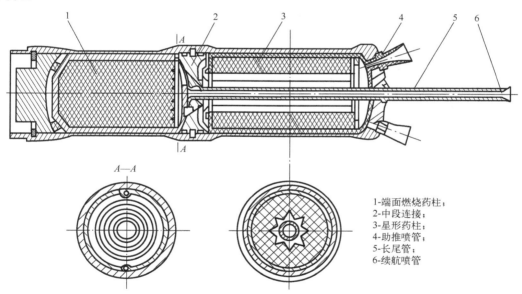

1-端面燃烧药柱；
2-中段连接；
3-星形药柱；
4-助推喷管；
5-长尾管；
6-续航喷管

图 4.1-2　反坦克导弹发动机结构图

3. 空空导弹发动机

空空导弹通常挂在歼击机上，要求发动机体积小、重量轻、工作安全和高空点火可靠，射程一般较近，采用推力中等而工作时间较短的中小型发动机。图 4.1-3 所示为一种空空导弹发动机，采用八角星形内燃自由压伸装填的双基药柱，铝合金壳体，药柱轴向有弹性支撑以避免载机机动过载对药柱的损坏。

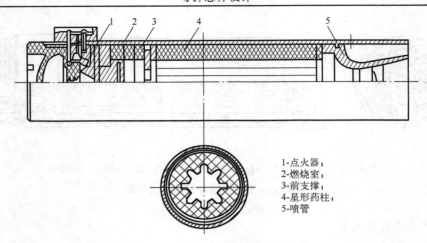

1-点火器；
2-燃烧室；
3-前支撑；
4-星形药柱；
5-喷管

图 4.1-3　空空导弹发动机结构图

4. 地空导弹发动机

低空和超低空防空导弹发动机多为双推力发动机。图 4.1-4 所示为单室双推力，起飞级推力由三角星形药柱提供，铸装式结构；续航级推力由含三根细银丝的端面燃烧药柱提供，自由装填式结构。二级药柱由中间点火器同时点燃，燃烧室壳体内壁用绝热层防护。

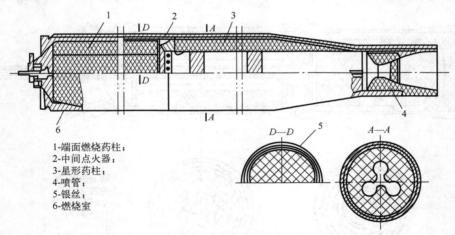

1-端面燃烧药柱；
2-中间点火器；
3-星形药柱；
4-喷管；
5-银丝；
6-燃烧室

图 4.1-4　低空防空导弹发动机结构图

高空防空导弹采用类似反坦克导弹双推力的二级分离火箭结构：第一级为助推起飞级，推力大，工作时间短，工作完毕分离抛掉；第二级为续航主发动机，采用铸装、低燃速的内燃药柱或铸装的高燃速端燃药柱，图 4.1-5 所示为高空地空导弹的 14 根管形药柱助推器，药柱由前封头开孔装入。

5. 弹道导弹发动机

弹道导弹用来攻击敌方具有战略意义的固定目标、军事基地、指挥中心，因射程远，起飞质量大要求大推力和工作时间长的发动机，甚至多级火箭结构，每级应有推力矢量控制装置，末级发动机应有推力终止机构。

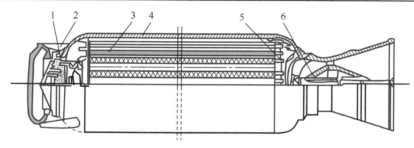

1-点火器；2-连接件；3-管形药柱；4-燃烧室；5-药柱后支撑；6-可调喷管

图 4.1-5　高空地空导弹助推器结构图

如图 4.1-6 所示，在民兵-2 和民兵-3 的第一级上使用了聚丁二烯-丙烯酸-丙烯腈、六角星形药柱的内孔燃烧浇注式发动机，具有 4 个铰接摆动的推力向量控制喷管，而第二级为端羧基聚丁二烯的四角星形药柱、单个潜入喷管、液体喷射推力向量控制。民兵-2 的第三级采用了后翼柱形药柱，翼槽为 4 个喷管提供了燃气通道。

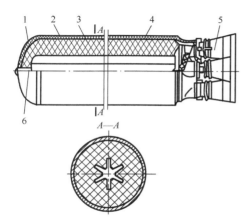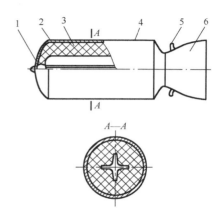

(a) 民兵-2 和民兵-3 第一级发动机

1-应力释放盖；2-燃烧室壳体；3-星形药柱；
4-内壁绝热层；5-喷管；6-点火器

(b) 民兵-2 和民兵-3 第二级发动机

1-点火器；2-内壁绝热层；3-星形药柱；
4-燃烧室；5-液体喷射；6-喷管

图 4.1-6　民兵-2 和民兵-3 的第一级和第二级发动机结构图

如图 4.1-7 所示，民兵-2 导弹的第三级采用改性双基药浇注成翼柱形内燃药柱，后端点火，4 个铰接喷管实现推力向量控制，燃烧室壳体有四个反推喷管。民兵-3 导弹的第三级为前翼柱形药柱，有 6 个翼，代替了民兵-2 的后翼柱形，使体积装填系数达 94%，用固定嵌入式单喷管代替了民兵-2 的 4 个铰接喷管，膨胀比由 18 增大到 23.55，提高了比冲。采用液体二次注射控制推力矢量，前翼槽为反推喷管终止机构提供了燃气通道。

星形和翼柱形在弹道导弹大推力发动机中应用较多，工作时间较长，可达 1min 左右，这种贴壁浇注药柱本身为 Kevlar 纤维缠绕壳体提供了一定隔热。

表 4.1-1 给出了民兵-2 和民兵-3 的导弹各级发动机参数。

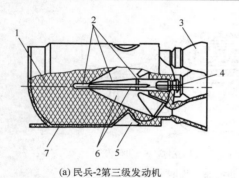 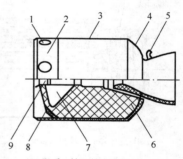

(a) 民兵-2第三级发动机

1-后翼柱形药柱；2-药柱；3-喷管；4-点火器；
5-反推喷管；6-翼槽；7-燃烧室壳体

(b) 民兵-3第三级发动机

1-反推喷管；2-前裙；3-燃烧室壳体；4-后封头；5-液体喷射；
6-前翼柱形药柱；7-翼槽；8-前封头；9-点火器

图 4.1-7　民兵-2 和民兵-3 的第三级发动机结构图

表 4.1-1　民兵导弹各级发动机参数

级序		直径/m	长度/m	质量/t	推力/tf[①]	时间/s
第一级	民兵-2, 3	1.77	7.49	22.68	90.7	60
第二级	民兵-2, 3	1.42	4.11	7.05	27.5	65.2
第三级	民兵-2	0.96	2.3	1.10	15.9	60
	民兵-3	1.42	2.35	3.65	15.8	59.6

注：① 1tf = 9.80665×10³N。

　　在小型战术导弹中，如图 4.1-8 所示的燃气舵、扰流片和直接力反作用喷管常作为推力向量控制机构，以替代空气舵不能发生效能的场合，如稀薄大气或动压不足的起飞段、真空段机动。

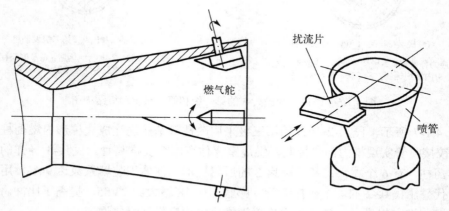

图 4.1-8　战术导弹典型推力向量机构

　　固体火箭推力若要终止，可以采用图 1.9-4 所示的反推斜切喷管，斜切喷管的安装角、斜切角等参数需要设计好才能准确实现推力终止，具体计算理论见王元有编著的《固体火箭发动机设计》。当然，也可以选择耗尽关机与能量管理。

4.1.2 材料选择

1. 发动机壳体材料选择

发动机壳体材料包括燃烧室壳体材料和喷管壳体材料两部分。用于固体火箭发动机的材料分为两大类：金属材料和非金属材料。金属材料有优质碳素钢、高强度合金钢以及铝合金、钛合金等轻金属。表征材料特性的主要参量有强度极限 σ_b、屈服极限 σ_s、延伸率 δ、冲击韧性 a_k、密度 ρ_m 和比强度 σ_b/ρ_m。

非金属材料是指复合材料，是由高强度的增强材料(如玻璃纤维或有机纤维 Kevlar)和环氧树脂在一定形状的芯模上缠绕而成的结构材料，如图 4.1-9 所示。其优点是比强度高、缠绕工艺简单、尺寸不受限制、可以整体成形；缺点是纤维强度较低、壳体壁较厚、长期储存有老化现象，但目前的远程固体弹道导弹发动机均采用它。

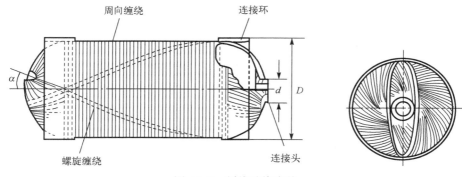

图 4.1-9   纤维缠绕壳体

要选择比强度高、韧性好的材料，当然材料的经济性、成形工艺性也是要考虑的，要保证发动机壳体在内外载荷作用下的强度、刚度和稳定性。表 4.1-2 列出了一些典型材料的参数。

表 4.1-2   燃烧室壳体材料参数

材料性能	强度极限/MPa	密度/(kg/m³)	比强度/[×10⁻⁶(m²/s²)]
50 碳素钢	648	7810	0.06
40MnB	981	7800	0.126
30CrMnSiA 合金钢	1079	7750	0.139
LC4 铝合金	530	2850	0.186
40SiMnCrMoV 合金钢	1815	7810	0.232
6AL-4V 钛合金	1207		0.268
玻璃纤维/环氧树脂	环向 2158 螺向 1893	1990	0.951
Kevlar/环氧树脂	环向 2755 螺向 2410	1360	1.872

喷管特别是喉部的直径小，需要耐高温、耐冲蚀的材料，如石墨和高熔点金属钨、钼。

2. 固体推进剂选择

推进剂对发动机的内弹道性能和质量指标影响最大，因此选择推进剂很重要。固体推进剂有双基推进剂(DB)、复合推进剂(CM)与双基复合推进剂(CMDB)。复合推进剂包括聚硫橡胶(PS)、聚氨酯(PU)和聚丁二烯推进剂，聚丁二烯推进剂又包括聚丁二烯-丙烯酸(PBAA)、聚丁二烯-丙烯酸-丙烯腈(PBAN)、端羧基聚丁二烯(CTPB)和端羟基聚丁二烯(HTPB)。

双基推进剂又称为双基药，基本成分是硝化棉和硝化甘油。硝化棉被硝化甘油所胶化，为改善力学性能加入一定量的增塑剂，如二硝基甲苯(DNT)；为改善化学安定性加入安定剂，如二号中定剂；为改善燃烧稳定性加入燃烧稳定剂，如氧化镁、碳酸钙、三氧化二钴等；为改善内弹道特性加入铅盐燃烧催化剂，如氧化铅、水杨酸铅和苯二甲酸铅等；为提高能量特性加入一些炸药成分，如黑索金(RDX)、奥克托金(HMX)或金属铝粉等。这种推进剂燃烧压力指数低、便宜，通常采用压伸法制造，可以大量连续生产，被一些火箭弹、战术导弹采用。

复合推进剂又称为复合药，基本成分是氧化剂、黏合剂和金属燃烧剂(金属添加剂)。还有其他成分，如促进固化的固化剂，能改善储存和使用性能的防老剂、增塑剂和降感剂，能改善燃烧性能的燃烧催化剂和稳定剂，为改善工艺性能而加入的增塑剂和为改善力学性能而加入的交联剂。

(1) 氧化剂：主要作用是提供燃烧所需的氧，同时在黏合剂系统中作为填料增大推进剂的杨氏模量。氧化剂有高氯酸钾($KClO_4$)、高氯酸铵(NH_4ClO_4)、硝酸钾(KNO_3)和硝酸铵(NH_4NO_3)。高氯酸铵的压力指数低，成本也低，已广泛使用。

(2) 黏合剂：又称为燃烧剂，提供燃烧所需的燃素，同时作为推进剂的弹性基体把氧化剂和金属添加物颗粒黏合起来，使推进剂能具有一定的形状和机械性能。黏合剂应具有高的生成焓、密度大、良好工艺性和固化性、玻璃化温度低和化学安定性好的特点。目前用作复合推进剂的黏合剂是聚硫橡胶、聚氨酯、聚丁二烯和聚氯乙烯等。

(3) 金属燃烧剂：用以提高推进剂的热量、比冲和密度，应具有热值高、密度大、熔点低等特性。铝、镁、铍和硼等金属粉末可作为金属燃烧剂，其中铝粉应用最为广泛，铍粉可以很大程度提高比冲，但燃烧产物有毒，限制了其应用。

双基复合推进剂又称为改性双基药，通过在双基推进剂中加入高氯酸铵(AP)和金属铝粉，然后浇注于发动机壳体或药模中，再经固化而成。这种推进剂有很高能量特性，理论比冲可达 $260\sim265s$，若再加入奥克托金，可达 270s，火焰温度高，燃烧效率高，密度可达 $1800kg/m^3$。但其燃烧压力指数比复合推进剂还高，低温力学性能较差，给应用带来了困难。

选择推进剂的原则如下。

(1) 推进剂应具有所需能量特性。远程导弹发动机应该采用能量特性尽量高的复合推进剂，虽然成本较高。例如，美国民兵-1 和北极星 A1、A2、A3 的第一级，大力神-3-C 采用了聚氨酯(PU)推进剂，而民兵-1、民兵-2 和民兵-3 的第一级，民兵-2 和民兵-3 的第二级，民兵-3 的第三级，潘兴导弹的第一、二级使用了聚丁二烯推进剂。近程或短程导弹可以选用能量特性稍低而其他性能优越(如经济性、储存性好又可连续批量生产)的推进剂，表 4.1-3 列出了部分推进剂能量和内弹道特性。

表 4.1-3　部分推进剂能量和内弹道特性

推进剂	比冲/s	火焰温度/°C	密度/(kg/m³)	铝粉含量/%	燃烧速度(mm/s, 6.9MPa)	压力指数/(6MPa)	加工方法
DB	230	2260	1600	0	11.5	0.30	压伸
DB/AP/Al	265	3590	1800	20~21	19.8	0.40	浇注
DB/AP-HMX/Al	270	3700	1800	20	14.0	0.49	浇注
PVC/AP	240	2540	1690	0	11.5	0.38	压伸/浇注
PVC/AP/Al	260	3100	1770	21	11.5	0.35	压伸/浇注
PS/AP	240	2600	1720	0	8.9	0.43	浇注
PS/AP/Al	250	2760	1720	3	7.9	0.33	浇注
PU/AP/Al	265	3000	1770	18	6.9	0.15	浇注
PBAN/AP/Al	265	3200	1770	14	1.0	0.33	浇注
PBAA/AP/Al	265	3100	1770	14	8.1	0.35	浇注
CTPB/AP/Al	265	3150	1770	17	11.5	0.40	浇注
HTPB/AP/Al	265	3200	1770	17	10.2	0.40	浇注
CTPB/AP/Be	275	3200	1660	12	9.7	0.33	浇注
PU/AP/Be	275	3200	1650	12	7.2	0.43	浇注

(2) 推进剂应具有所要求的内弹道特性，包括燃烧速度、压力指数和燃烧速度的温度系数，压力指数和温度系数应尽量低。

(3) 推进剂应具有良好的燃烧特性。侵蚀燃烧效应低可避免初始压力峰，增大装填系数。避免断续燃烧的临界压力应低，双基药的临界压力一般较高(4~6MPa)，复合推进剂的临界压力较低，可小于 3MPa。

侵蚀燃烧描述的经验公式(Lenoir-Rpbillard)为

$$r = ap_c^n + \frac{\alpha}{x^{0.2}} \left(\frac{\dot{m}}{A_p} \right)^{0.8} \exp\left(-\frac{\beta r \rho_p A_p}{\dot{m}} \right)$$

式中，r 为燃烧速度；α、β 为侵蚀燃烧参数(由试验测出)；x 为距药柱前端距离；A_p 为通气面积；$\dot{m}$ 为推进剂秒流量。另外，等号右端第二项表征侵蚀燃烧效应。

(4) 推进剂应具有良好的力学特性，要求高延伸率和高的抗拉、抗压强度。通常，推进剂在低温下的延伸率最低，高温下的抗拉强度最低。双基药的低温延伸率虽然较低，但高温下机械强度较高；相反，复合药的低温延伸率较高，高温下的机械强度却较低。在复合药中，CTPB 和 HTPB 推进剂具有优异的力学性能，低温延伸率超过 25%，高温下仍具有较高的机械强度。

(5) 推进剂应具有良好的物理、化学安定性，安全性，以及经济性。

双基药的特点：

(1) 可连续大量生产；

(2) 机械强度高；

(3) 火焰温度低；

(4) 压力指数低；

(5) 长期储存具有良好的安定性；

(6) 对潮湿环境不敏感。

因此，双基药在各种小型发动机和野战火箭得到了广泛应用。

复合药的特点：

(1) 能量特性比较高，实际比冲可达 250s，密度在 1750kg/m³；

(2) 可直接浇注在燃烧室壳体内，能够制造大直径药柱；

(3) 燃速可在较宽范围内调节；

(4) 火焰温度高于双基药，但低于改性双基药，为 3100～3200℃；

(5) 压力指数和温度指数都较低，不同温度下性能变动小；

(6) 临界压力低，使燃烧室工作压力低，减轻壳体重量；

(7) 在低温下仍具有较好的力学特性。

因此，复合药在各类战术导弹和远程战略导弹上获得了广泛应用。

改性双基药的特点：

(1) 优异的能量特性；

(2) 燃速较高，可以调节；

(3) 低温力学特性较差，但加入交联剂可以改进。

因此，CMDB 适用于环境温度可控的战略武器，特别是多级火箭的后二级发动机，例如，民兵-2、民兵-3 的第三级，北极星 A2、A3 的第二级，海神导弹的第二级都采用了 CMDB。

4.2　固体火箭发动机内弹道计算

选定推进剂，选定药柱形状，则燃烧面积(简称燃面) $S_b(t)$ 已知，如 4.3 节星形药柱的燃面计算，假设整个燃烧室的内压力是均一的，于是可计算固体火箭发动机内弹道，这里列出计算公式，供设计练习时参考。

特征速度：

$$C^* = \frac{1}{c_d} = \frac{\sqrt{R_0 T_0}}{\Gamma} \tag{4.2-1}$$

$$\Gamma = \sqrt{k}\left(\frac{2}{k+1}\right)^{\frac{k+1}{2(k-1)}} \tag{4.2-2}$$

燃烧室压力：

$$p_c = \left(\frac{a_0 \rho_p S_b}{c_d A_t}\right)^{\frac{1}{1-n}} \tag{4.2-3}$$

燃烧速度：

$$u = a p_c^n \tag{4.2-4}$$

推进剂秒耗量：

$$\dot{m} = \frac{\Gamma p_c A_t}{\sqrt{R T_0}} = c_d p_c A_t = S_b \rho_p u \tag{4.2-5}$$

喷管膨胀比：

$$\varepsilon_A = \frac{A_e}{A_t} = \frac{\left(\dfrac{2}{k+1}\right)^{\frac{1}{k-1}}\sqrt{\dfrac{k-1}{k+1}}}{\sqrt{\varepsilon_p^{\frac{2}{k}} - \varepsilon_p^{\frac{k+1}{k}}}} \tag{4.2-6}$$

有效排气速度：

$$U_e = \sqrt{\frac{2k}{k-1}R_0 T_0 \left[1 - \left(\frac{p_e}{p_c}\right)^{\frac{k-1}{k}}\right]} \tag{4.2-7}$$

比冲：

$$I_{sp} = \frac{C^*}{g}\left\{ \Gamma \sqrt{\frac{2k}{k-1}\left[1 - \left(\frac{p_e}{p_c}\right)^{\frac{k-1}{k}}\right]} + \frac{A_e}{A_t}\left(\frac{p_e}{p_c} - \frac{p_a}{p_c}\right)\right\} \tag{4.2-8}$$

推力：

$$F = c_F p_c A_t = \dot{m} U_e + A_e\left(p_e - p_a\right) \tag{4.2-9}$$

$$c_F = \Gamma\sqrt{\frac{2k}{k-1}\left[1 - \left(\frac{p_e}{p_c}\right)^{\frac{k-1}{k}}\right]} + \frac{A_e}{A_t}\left(\frac{p_e}{p_c} - \frac{p_a}{p_c}\right) \tag{4.2-10}$$

式中，p_e 为喷管出口压力；A_t 为喷管喉部面积；A_e 为喷管出口面积；ε_p 为压力比 p_e/p_c；k 为比热指数；R_0 为推进剂燃烧摩尔数；T_0 为滞止温度；ρ_p 为推进剂密度；a_0 为推进剂标称压力下的燃速；n 为推进剂燃烧压力指数；c_F 为推力系数。

由于燃烧产物的摩尔数、滞止温度与推进剂组分、药柱形状及燃烧过程有关，因此导弹总体方案设计时要准确计算发动机内弹道的特征速度较为困难，只能依据相关发动机的试验数据或经验，例如，对于复合推进剂 CTPB 的特征速度为 1500m/s 左右。

理想速度公式反映了推进剂燃烧加速获得的速度增量与其质量、总质量和比冲的关系：

$$\Delta V = U_e \ln\left(1 - \frac{W_p}{W_0}\right)^{-1} \tag{4.2-11}$$

式中，W_p、W_0 分别是该级导弹推进剂质量和总质量。

图 4.2-1 说明了导弹设计时固体火箭发动机大小尺寸的确定流程。首先定义工作高度和飞行性能指标(如速度增量、射程)，选择所采用的推进剂，假定发动机的筒形长度、直径、平均工作压力或喷管喉部直径、喷管膨胀比，选择药形及其参数，根据推进剂燃烧参数，计算燃烧速度，计算装药燃烧面积随时间的变化历程，从而得出燃烧室压力、秒流量以及需要的推力变化曲线、比冲。如果不满足飞行性能要求，需要优选迭代，直至得到合理的发动机参数，包括直径、长度、装药质量等。其中，关键问题是推进剂装药的燃烧面积随燃层厚度或时间的关系。

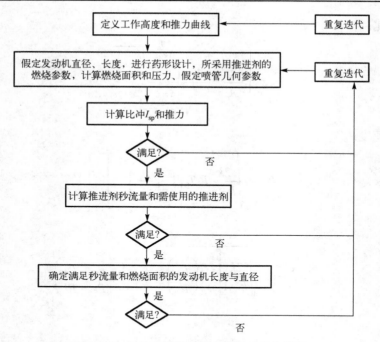

图 4.2-1　固体火箭发动机大小尺寸确定流程

下面以典型星形装药为例，阐述参数与燃烧面积 S_b 随燃层厚度 e 的变化规律，于是由上述内弹道公式可计算发动机的推力、压力和秒流量等随时间的变化规律，当然也可计算装药质量、总冲、工作时间、平均推力等参数。

4.3　星形装药的燃面规律

导弹的常用装药形状有端面药柱、内孔燃烧、锥孔药柱、星形药柱、车轮形药柱、树枝形药柱和翼柱形药柱等，装药形状决定了燃烧面积(简称燃面)随工作时间的变化规律，也就是压力和推力的规律，这里以星形装药为例。

二维星形装药燃烧面积相对较大，可获得大尺寸、大推力，可浇铸成型，紧贴壳体内表面包覆层，本身具有隔热效果，无须弹性支撑件，改变星形参数可调整推力曲线的平稳度，早年常用在固体弹道导弹上，如美国民兵-1、民兵-2、民兵-3 洲际导弹的第一、二级，一些战术地空导弹、空空导弹也采用，并且二维星形装药的燃面具有明确的解析表达式。

4.3.1　减面与恒面燃烧的条件

由于星孔是对称的，不妨设半个星角的周边长为 s_i，星角数为 n，则总周长 $s = 2ns_i$，因此只需研究半个星角周边长的变化规律，如图 4.3-1 所示，图中 C 点为凸尖点。

当微小燃层厚度 de 被烧掉时的周边长为

$$A'C' = A'B' + B'C'$$

相对燃烧推进方向，$A'B'$ 为凹边，$B'C'$ 为凸边：

$$A'B' = AB + de(\phi_A - \phi_B)$$

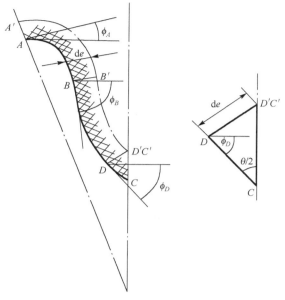

$$\text{图 4.3-1 星形装药半个星角}$$

$$B'C' = BD - \mathrm{d}e(\phi_D - \phi_B)$$

故

$$A'C' = A'B' + B'C' + \mathrm{d}e(\phi_A - \phi_D) \tag{4.3-1}$$

而原始周边长为

$$AC = AB + BD + DC$$

$$DC \approx \mathrm{d}e \cdot \mathrm{ctg}\frac{\theta}{2}$$

故

$$AC = AB + BD + \mathrm{d}e \cdot \mathrm{ctg}\frac{\theta}{2}$$

将上式代入式(4.3-1)中，得

$$A'C' = AC - \mathrm{d}e \cdot \mathrm{ctg}\frac{\theta}{2} + \mathrm{d}e(\phi_A - \phi_D)$$

$$= AC + \mathrm{d}e\left(\phi_A - \phi_D - \mathrm{ctg}\frac{\theta}{2}\right)$$

这里，

$$\phi_A = \frac{\pi}{n}, \quad \phi_D = -\left(\frac{\pi}{2} - \frac{\theta}{2}\right)$$

代入上式得

$$A'C' = AC - \mathrm{d}e \cdot \mathrm{ctg}\frac{\theta}{2} + \mathrm{d}e(\phi_A - \phi_D)$$

$$= AC + \mathrm{d}e\left(\frac{\pi}{n} + \frac{\pi}{2} - \frac{\theta}{2} - \mathrm{ctg}\frac{\theta}{2}\right) \tag{4.3-2}$$

当燃层厚度为 e 时，有

$$s_i = s_{i0} + \int_0^e \left(\frac{\pi}{n} + \frac{\pi}{2} - \frac{\theta}{2} - \mathrm{ctg}\frac{\theta}{2}\right)\mathrm{d}e \tag{4.3-3}$$

式中，s_{i0} 为半个星角的原始周边长。

于是，星形总周长为

$$s = 2ns_i = 2ns_{i0} + \left(\frac{\pi}{n} + \frac{\pi}{2}\right) \cdot 2ne - 2n\int_0^e\left(\frac{\theta}{2} + \mathrm{ctg}\frac{\theta}{2}\right)\mathrm{d}e$$

$$= s_0 + 2\pi e + n\pi e - 2n\int_0^e\left(\frac{\theta}{2} + \mathrm{ctg}\frac{\theta}{2}\right)\mathrm{d}e \tag{4.3-4}$$

针对积分项，由于常用星形药柱其周边有一直线段，星边夹角在燃烧过程中保持恒定，于是有

$$s = s_0 + 2ne\left(\frac{\pi}{n} + \frac{\pi}{2} - \frac{\theta}{2} - \mathrm{ctg}\frac{\theta}{2}\right) \tag{4.3-5}$$

可得，减面性药柱条件：

$$\frac{\pi}{n} + \frac{\pi}{2} < \frac{\theta}{2} + \mathrm{ctg}\frac{\theta}{2}$$

恒面性药柱条件：

$$\frac{\pi}{n} + \frac{\pi}{2} = \frac{\theta}{2} + \mathrm{ctg}\frac{\theta}{2}$$

增面性药柱条件：

$$\frac{\pi}{n} + \frac{\pi}{2} < \frac{\theta}{2} + \mathrm{ctg}\frac{\theta}{2}$$

对于恒面性药柱，具体列出星边半角 $\theta/2$ 与星角数 n 的关系，见表 4.3-1。

表 4.3-1　恒面性药柱的星边半角与星角数关系

n	3	4	5	6	7	8	9	10	11
$\theta/2\,/(°)$	24.55	28.22	31.23	33.53	35.56	37.31	38.84	40.20	41.51

4.3.2　星形药柱燃面计算

对于星形药柱，需要确定的几何参量有药柱外径 D、药柱厚度 e_1、药柱长度 L，还有星孔参数：星角数 n、星边夹角 θ、角度系数 ε、过渡圆弧半径 r 及星角圆弧半径 r_1。

为了确定几何参量，要先找出燃烧面积与几何参量的关系。

1. 燃烧面积与几何参量的关系

设药柱两端包覆阻燃，燃烧面积 S 写成

$$S = sL = 2ns_iL \tag{4.3-6}$$

　　因为星角数 n 和长度 L 保持不变，所以燃烧面积 S 的变化规律完全取决于半个星角周边长 s_i 的变化规律。

　　由图 4.3-2 可以看出，周边长的变化分为两个阶段：①星角直边 CD 消失前；②星角直边 CD 消失后。在这两个阶段内，周长的变化规律是不同的。星边消失点为 H，此时燃层厚度为 e^*。

$$e^* + r = \overline{O'H} = \frac{\overline{O'M}}{\cos\dfrac{\theta}{2}} = \frac{l\sin\varepsilon\dfrac{\pi}{n}}{\cos\dfrac{\theta}{2}} \tag{4.3-7}$$

式中，l 为特征尺寸，且

$$l = \frac{D}{2} - (e_1 + r) \tag{4.3-8}$$

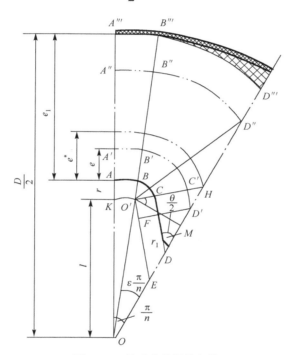

图 4.3-2　星形药柱燃烧规律

定义燃层厚度与特征尺寸比 $y = \dfrac{e+r}{l}$ 和 $y^* = \dfrac{e^*+r}{l}$，则星边消失时，有

$$y^* = \frac{e^*+r}{l} = \frac{\sin\varepsilon\dfrac{\pi}{n}}{\cos\dfrac{\theta}{2}} \tag{4.3-9}$$

下面讨论这两个不同阶段燃面的变化规律

1）星边消失前（$0 \leqslant e \leqslant e^*$ 或 $y \leqslant y^*$）

由图 4.3-2 可见

$$s_i = A'B' + B'C' + C'D'$$

$$A'B' = (l+e+r)(1-\varepsilon)\frac{\pi}{n}$$

$$B'C' = (e+r)\angle B'O'C' = (e+r)\left(\varepsilon\frac{\pi}{n}+\angle O'HO\right)$$

$$= (e+r)\left(\varepsilon\frac{\pi}{n}+\frac{\pi}{2}-\frac{\theta}{2}\right)$$

$$C'D' = O'E - FE = \frac{l\sin\varepsilon\frac{\pi}{n}}{\sin\frac{\theta}{2}}-(e+r)\operatorname{ctg}\frac{\theta}{2}$$

于是，可得

$$s_i = \frac{l\sin\varepsilon\frac{\pi}{n}}{\sin\frac{\theta}{2}}+l(1-\varepsilon)\frac{\pi}{n}+(e+r)\left(\frac{\pi}{2}+\frac{\pi}{n}-\frac{\theta}{2}-\operatorname{ctg}\frac{\theta}{2}\right) \tag{4.3-10}$$

总周长为

$$s = 2ns_i$$

故

$$\frac{s}{l} = 2n\left[\frac{\sin\varepsilon\frac{\pi}{n}}{\sin\frac{\theta}{2}}+l(1-\varepsilon)\frac{\pi}{n}+y\left(\frac{\pi}{2}+\frac{\pi}{n}-\frac{\theta}{2}-\operatorname{ctg}\frac{\theta}{2}\right)\right] \tag{4.3-11}$$

可见，周边长与燃层厚度系数 y 的关系是线性的，同时当括号内的数值等于、大于或小于零时，这个阶段的燃烧面积将呈现恒面性、增面性和减面性。对于恒面性药柱，有

$$\frac{s}{l} = 2n\left[\frac{\sin\varepsilon\frac{\pi}{n}}{\sin\frac{\theta}{2}}+l(1-\varepsilon)\frac{\pi}{n}\right] \tag{4.3-12}$$

在 $e=r_1$ 时，可得

$$\left(\frac{s}{l}\right)_{e=r_1} = 2n\left[\frac{\sin\varepsilon\frac{\pi}{n}}{\sin\frac{\theta}{2}}+(1-\varepsilon)\frac{\pi}{n}+\frac{r+r_1}{l}\left(\frac{\pi}{2}+\frac{\pi}{n}-\frac{\theta}{2}-\operatorname{ctg}\frac{\theta}{2}\right)\right] \tag{4.3-13}$$

对于常用的星形药柱，内尖角被圆化或平整，如图 4.3-3(b)、(c)所示。若内尖角以圆弧 r_1 圆化，则圆化的初始周长为

$$\left(\frac{s}{l}\right)_0' = \left(\frac{s}{l}\right)_{e=0}(\text{不含}r_1) - \frac{r_1\operatorname{ctg}\frac{\theta}{2}}{l}2n + \frac{r_1\left(\frac{\pi}{2}-\frac{\theta}{2}\right)}{l}2n \tag{4.3-14}$$

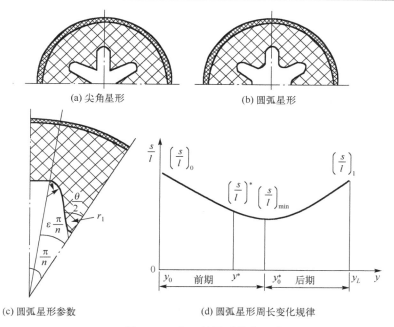

(a) 尖角星形　　　　　　　　　　　(b) 圆弧星形

(c) 圆弧星形参数　　　　　　　　(d) 圆弧星形周长变化规律

图 4.3-3　修正的星形药柱

于是，当 $0 \leqslant e \leqslant r_1$ 时，周长变化规律为

$$\frac{s}{l} = \left(\frac{s}{l}\right)'_{e=0} + \frac{2\pi e}{l} = 2n\left(\frac{\sin\varepsilon\dfrac{\pi}{n}}{\sin\dfrac{\theta}{2}} + (1-\varepsilon)\frac{\pi}{n} + \frac{r+r_1}{l}\left(\frac{\pi}{2} + \frac{\pi}{n} - \frac{\theta}{2} - \mathrm{ctg}\frac{\theta}{2}\right) - \left(\frac{r_1-e}{l}\right)\frac{\pi}{n}\right) \tag{4.3-15}$$

可见，内尖角用圆弧 r_1 圆化之后，燃烧初期燃烧面积减小。于是，允许的通气面积减小，使装填系数增大，也改善了药柱工艺和强度。

2) 星边消失后

$$s_i = A''B'' + B''D''$$

$$A''B'' = (l+e+r)(1-\varepsilon)\frac{\pi}{n}$$

$$B''D'' = (e+r)\angle B''O'D'' = (e+r)\left(\varepsilon\frac{\pi}{n} + \angle O'D''O\right) = (e+r)\left(\varepsilon\frac{\pi}{n} + \arcsin\frac{l\sin\varepsilon\dfrac{\pi}{n}}{e+r}\right)$$

于是，可得

$$s_i = l(1-\varepsilon)\frac{\pi}{n} + (e+r)\left[\frac{\pi}{n} + \arcsin\left(\frac{l}{e+r}\sin\varepsilon\frac{\pi}{n}\right)\right] \tag{4.3-16}$$

总周边长为

$$s = 2ns_i$$

并写成无因次量，则得

$$\frac{s}{l} = 2n \left[(1-\varepsilon)\frac{\pi}{n} + y\left(\frac{\pi}{n} + \arcsin\frac{\sin\varepsilon\frac{\pi}{n}}{y} \right) \right] \qquad (4.3\text{-}17)$$

当星边消失后，y 足够大时，有

$$\arcsin\frac{\sin\varepsilon\frac{\pi}{n}}{y} \approx \frac{\varepsilon\frac{\pi}{n}}{y}$$

故

$$\frac{s}{l} \approx 2\pi(1+y) \qquad (4.3\text{-}18)$$

可见，星边消失后，在 y 足够大时，不管第一阶段是恒面性、减面性还是增面性，在第二阶段的后期均为增面性，同时由于燃面的连续性，星边消失后第二阶段的初期，由减面性过渡到增面性必有一最小燃面值，如图 4.3-4 所示。

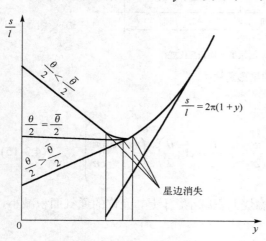

图 4.3-4　星形药柱周长变化规律

为使发动机在整个工作过程中获得基本平稳的推力曲线，通常所采用的星形药柱多为减面性药柱。这种药柱周长的变化规律，前期为减面性，后期为增面性，最小周长发生在星边消失之后的某个时刻。

显然，星边消失之前的星边半角 $\theta/2$ 是恒定的，即 $\angle CDH = \angle HO'M = \theta/2$。星边消失后就无所谓星边半角了，但星边消失后，为求最小燃面值或最小周长发生时刻，这里以 $\angle D''O'M = \varphi/2$ 为自变量，显然在星边消失时，有

$$\angle D''O'M = \frac{\varphi}{2} = \frac{\theta}{2} = \angle HO'M$$

当星边消失后，有

$$l \cdot \sin\varepsilon\frac{\pi}{n} = (e+r)\cos\frac{\varphi}{2}$$

故

$$y = \frac{e+r}{l} = \frac{\sin\varepsilon\frac{\pi}{n}}{\cos\frac{\varphi}{2}}$$

则

$$\arcsin\left(\frac{\sin\varepsilon\dfrac{\pi}{n}}{y}\right) = \arcsin\left(\cos\frac{\varphi}{2}\right) = \arcsin\left[\sin\left(\frac{\pi}{2} - \frac{\varphi}{2}\right)\right] = \frac{\pi}{2} - \frac{\varphi}{2}$$

将其代入式(4.3-17)，得

$$\frac{s}{l} = 2n\left[(1-\varepsilon)\frac{\pi}{n} + \frac{\sin\varepsilon\dfrac{\pi}{n}}{\cos\dfrac{\varphi}{2}}\left(\frac{\pi}{n} + \frac{\pi}{2} - \frac{\varphi}{2}\right)\right]$$

这里，s/l 是自变量 $\varphi/2$ 的函数，求最小值得

$$\frac{\mathrm{d}\left(\dfrac{s}{l}\right)}{\mathrm{d}\left(\dfrac{\varphi}{2}\right)} = 2n\left[\left(\frac{\pi}{n} + \frac{\pi}{2} - \frac{\varphi}{2}\right)\frac{\sin\varepsilon\dfrac{\pi}{n}\sin\dfrac{\varphi}{2}}{\cos^2\dfrac{\varphi}{2}} - \frac{\sin\varepsilon\dfrac{\pi}{n}}{\cos\dfrac{\varphi}{2}}\right] = 0$$

于是，得最小周长的条件为

$$\frac{\pi}{2} + \frac{\pi}{n} - \frac{\varphi}{2} - \mathrm{ctg}\frac{\varphi}{2} = 0 \tag{4.3-19}$$

与恒面性药柱条件比较得

$$\frac{\varphi}{2} = \frac{\overline{\theta}}{2} \tag{4.3-20}$$

可见

$$\left(\frac{s}{l}\right)_{\min} = 2n\left[(1-\varepsilon)\frac{\pi}{n} + \frac{\sin\varepsilon\dfrac{\pi}{n}}{\sin\dfrac{\theta}{2}}\right] \tag{4.3-21}$$

式中，$\overline{\theta}/2$ 为恒面性药柱的星边半角。

可见，星形减面性药柱的最小周边长等于恒面性药柱的周边长，此最小值发生在 $y = \dfrac{\sin\varepsilon\dfrac{\pi}{n}}{\cos\dfrac{\theta}{2}}$ 处。

减面性药柱的几个特征点如下。

(1) 燃烧初始点：

$$y_0 = \frac{r}{l}$$

(2) 星边消失点：

$$y^* = \frac{\sin\varepsilon\dfrac{\pi}{n}}{\cos\dfrac{\theta}{2}}$$

(3) 燃面最小点:

$$y_0^* = \frac{\sin\varepsilon \dfrac{\pi}{n}}{\cos\dfrac{\theta}{2}}$$

(4) 终燃点:

$$y_1 = \frac{e_1 + r}{l}$$

把最小周边长和前期最大周边长之比称为减面比, 并以 ξ_1 表示;

$$\xi_1 = \frac{s_{\min}}{s_{\max 1}} = \frac{\left(\dfrac{s}{l}\right)_{\min}}{\left(\dfrac{s}{l}\right)_{\max 1}} \tag{4.3-22}$$

把后期最大周边长和最小周边长之比称为增面比, 并以 ξ_2 表示;

$$\xi_2 = \frac{s_{\max 2}}{s_{\min}} = \frac{\left(\dfrac{s}{l}\right)_{\max 2}}{\left(\dfrac{s}{l}\right)_{\min}} \tag{4.3-23}$$

令

$$\xi = \xi_1 \xi_2 \tag{4.3-24}$$

显然, 减面性药柱的周长与燃烧面积变化呈马鞍形, 适当选择星孔参数, 可以减小这种波动, 如图 4.3-5 所示。

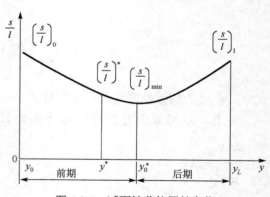

图 4.3-5　减面性药柱周长变化

2. 通气面积与几何参量的关系

通气面积为

$$A_p = 2nA_{pi} \tag{4.3-25}$$

式中, A_{pi} 为半个星角的通气面积。

设 $y = \dfrac{e+r}{l}$ 时, 半个星角通气面积为 A_{p_0}, 则

$$A_p = 2nA_{pi} = 2n\left[A_{pi_0} + \int_0^{e+r} s_i \mathrm{d}(e+r) \right] \tag{4.3-26}$$

由图 4.3-2 可知

$$A_{pi_0} = A_{KOO'} + A_{\triangle OO'E}$$

其中, 扇形面积和三角形面积分别为

$$A_{KOO'} = \frac{1}{2}l^2(1-\varepsilon)\frac{\pi}{n}$$

$$A_{\triangle OO'E} = \frac{1}{2}\overline{OE} \cdot \overline{O'M}$$

$$\overline{OE} = l\cos\varepsilon\frac{\pi}{n} - l\sin\left(\varepsilon\frac{\pi}{n}\right)\text{ctg}\frac{\theta}{2}$$

$$\overline{O'M} = l\sin\left(\varepsilon\frac{\pi}{n}\right)$$

$$A_{\triangle OO'E} = \frac{l^2}{2}\left(\cos\varepsilon\frac{\pi}{n} - \sin\left(\varepsilon\frac{\pi}{n}\right)\text{ctg}\frac{\theta}{2}\right) \cdot \sin\left(\varepsilon\frac{\pi}{n}\right)$$

故

$$A_{pi_0} = \frac{l^2}{2}\left[\left(\cos\varepsilon\frac{\pi}{n} - \sin\left(\varepsilon\frac{\pi}{n}\right)\text{ctg}\frac{\theta}{2}\right) \cdot \sin\left(\varepsilon\frac{\pi}{n}\right) + (1-\varepsilon)\frac{\pi}{n}\right] \tag{4.3-27}$$

通气面积可写为

$$\frac{A_p}{l^2} = n\left[(1-\varepsilon)\frac{\pi}{n} + \sin\left(\varepsilon\frac{\pi}{n}\right) \cdot \left(\cos\varepsilon\frac{\pi}{n} - \sin\left(\varepsilon\frac{\pi}{n}\right)\text{ctg}\frac{\theta}{2}\right) + \int_0^y \frac{S}{l}\text{d}y\right] \tag{4.3-28}$$

计算星边消失前的通气面积，只需代入消失前的周长变化规律，需分段积分，因为消失前后，s/l 的表达式不一样：

$$\frac{A_p}{l^2} = n\left[(1-\varepsilon)\frac{\pi}{n} + \sin\left(\varepsilon\frac{\pi}{n}\right) \cdot \left(\cos\varepsilon\frac{\pi}{n} - \sin\left(\varepsilon\frac{\pi}{n}\right)\text{ctg}\frac{\theta}{2}\right) + \int_0^{y^*}\left(\frac{s}{l}\right)_1 \text{d}y + \int_{y^*}^y\left(\frac{s}{l}\right)_2 \text{d}y\right]$$

由于

$$\int_0^y \frac{S}{l}\text{d}y = \int_0^y 2n\left[\frac{\sin\varepsilon\frac{\pi}{n}}{\sin\frac{\theta}{2}} + (1-\varepsilon)\frac{\pi}{n} + y\left(\frac{\pi}{2} + \frac{\pi}{n} - \frac{\theta}{2} - \text{ctg}\frac{\theta}{2}\right)\right]\text{d}y$$

$$= 2n\left\{\left[\frac{\sin\varepsilon\frac{\pi}{n}}{\sin\frac{\theta}{2}} + (1-\varepsilon)\frac{\pi}{n}\right]y + \frac{y^2}{2}\left(\frac{\pi}{2} + \frac{\pi}{n} - \frac{\theta}{2} - \text{ctg}\frac{\theta}{2}\right)\right\}$$

上述带尖角星孔在星边消失前 $(0 \leqslant e \leqslant e^*)$ 的通气面积特记为

$$\frac{A_{pt}}{l^2} = n\left\{(1-\varepsilon)\frac{\pi}{n} + \sin\left(\varepsilon\frac{\pi}{n}\right) \cdot \left[\cos\varepsilon\frac{\pi}{n} - \sin\left(\varepsilon\frac{\pi}{n}\right)\text{ctg}\frac{\theta}{2}\right]\right\}$$

$$+ 2ny\left\{\left[\frac{\sin\varepsilon\frac{\pi}{n}}{\sin\frac{\theta}{2}} + (1-\varepsilon)\frac{\pi}{n}\right]\right\} + ny^2\left(\frac{\pi}{2} + \frac{\pi}{n} - \frac{\theta}{2} - \text{ctg}\frac{\theta}{2}\right) \tag{4.3-29}$$

对于星孔内尖角被圆化的星形药柱，其通气面积增大，面积为

$$A_p = A_{pt} + 2n\left[\frac{1}{2}(r_1 - e)^2 \operatorname{ctg}\frac{\theta}{2} - \frac{1}{2}(r_1 - e)^2\left(\frac{\pi}{2} - \frac{\theta}{2}\right)\right] \tag{4.3-30}$$

3. 剩药面积与几何参量的关系

星形药柱的剩药量与其对应的剩药面积 A_f 成正比，剩药面积与燃烧室横截面积之比称为剩药系数。

为使发动机能量损失小和减少推力拖尾现象，应减少剩药，在正常设计中不超过 5%。剩药面积为

$$\frac{A_f}{l^2} = A_c - A_p\Big|_{e=e_1}$$

式中，$A_p\big|_{e=e_1}$ 是终燃时的通气面积。

经积分运算，可得

$$\frac{A_f}{l^2} = \varepsilon\pi(1 + y_1)^2 - n\left\{\sin\left(\varepsilon\frac{\pi}{n}\right)\cdot\left[\sqrt{y_1^2 - \sin^2\left(\varepsilon\frac{\pi}{n}\right)} + \cos\left(\varepsilon\frac{\pi}{n}\right)\right]\right\}$$
$$- ny_1^2\left\{\varepsilon\frac{\pi}{n} + \arcsin\left[\frac{\sin\left(\varepsilon\frac{\pi}{n}\right)}{y_1}\right]\right\} \tag{4.3-31}$$

式中，$y_1 = (e_1 + r)/l$。

问题是什么情况下剩药面积最小？显然，对 y_1 求导，令导数为 0 得

$$\sin\frac{\varepsilon\pi}{ny_1} = \frac{\sin\left(\varepsilon\frac{\pi}{n}\right)}{y_1}$$

只有 $y_1 = 1$ 时成立，于是当 $y_1 = 1$ 时，$\dfrac{A_f}{l^2}$ 为最小值，且

$$\left(\frac{A_f}{l^2}\right)_{\min} = n\left[\varepsilon\frac{2\pi}{n} - \sin\left(\varepsilon\frac{2\pi}{n}\right)\right] \tag{4.3-32}$$

4.4　空气喷气发动机

空气喷气发动机就是吸气式发动机，包括吸气过程和排气过程，推力表达形式类似火箭发动机：

$$P = \dot{m}_g v_{r1} - \dot{m}_a v_{r2} = \dot{m}_g U_e - \dot{m}_a V = (\dot{m}_a + \dot{m}_p)U_e - \dot{m}_a V + A_e(p_e - p_0) \tag{4.4-1}$$

其中，$\dot{m}_a = \rho V S_c$ 为空气质量进气率；$\dot{m}_g$ 为燃气流量或排气率；$\dot{m}_p$ 为燃料消耗率，与空气流量存在一个最佳配比；U_e 为发动机排气速度；V 为进气速度。

吸气式发动机的推进系统与飞行状态、大气环境间的耦合关系强，其推力表达式还可等效表示为

$$P = |\dot{m}| g_0 I_{sp} \tag{4.4-2}$$

式中，$\dot{m}$ 为表示飞行器的质量变化率(kg/s)，即燃料消耗率；I_{sp} 为吸气式发动机的比冲(s)，这里视为等效比冲，是马赫数与节流控制系数的函数：

$$I_{sp} = I_{sp}(Ma, \phi_t)$$

吸气式发动机的燃料消耗率与空气流量(进气率)有关，可表示为

$$\dot{m} = -C_s \phi_t \rho V C_A S_c \tag{4.4-3}$$

式中，C_s 为转换系数；ϕ_t 为发动机节流系数，或燃空比；C_A 为等效进气系数，$C_A = C_A(Ma, \alpha, \beta)$。

进气系数表达式反映了飞行器运动状态对进气过程的影响，可见攻角既影响气动力，又影响推力。为避免熄火，一般不允许较大的侧滑角，理论上为 0。

因此，推力表达式为

$$P = -C_s \phi_t I_{sp}(Ma, \phi_t) g_0 \rho V C_A(Ma, \alpha, \beta) S_c \tag{4.4-4}$$

空气喷气发动机包括涡轮发动机和冲压发动机，涡轮发动机其实就是航空发动机，低速巡航导弹上应用的是中小型的涡轮喷气发动机和涡轮风扇发动机。

1. 涡轮喷气发动机

图 4.4-1 是轴流式涡轮喷气发动机的结构简图，其工作原理大致如下。

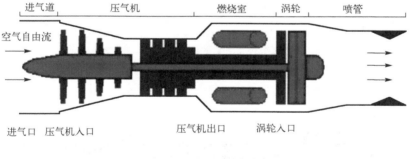

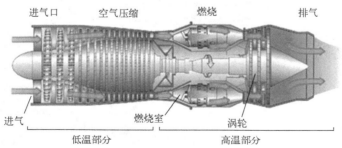

图 4.4-1　涡轮喷气发动机的结构示意图

(1) 进气道把空气来流整理，消除紊乱的涡流，使之压力分布均匀；
(2) 空气进入轴流式压气机，压气机轴上有转子叶片，由涡轮带动而高速转动，将空气

压缩增压 5～30 倍，同时流速下降、温度升高；

(3) 增压后的空气进入燃烧室，一部分空气(大约 20%～30%)与喷入雾化到燃烧室的燃油混合，燃烧产生高温燃气，另一部分空气与高温高压的燃气混合变成 1000～1400℃的气流，进入涡轮；

(4) 燃气驱动涡轮高速转动，并消耗小部分能量，之后燃气由喷管加速排出，产生反推力。涡轮除了要带动压气机，还要带动轴上的其他附件，如发电机和燃油泵。为提高涡轮做功能力，可把涡轮做成二级。涡轮前的燃气温度受到涡轮材料限制，即使采取冷气措施，目前也只允许在 1400℃左右。

涡轮喷气发动机的特点是耗油率低，但结构复杂，重量大，推重比小，主要用在飞机上，有些地对地、空对地巡航导弹也采用。在马赫数超过 2 时，需要逐渐复杂的吸气入口系统以匹配对空气的压缩量，需要昂贵的冷却系统以避免在涡轮入口有过高的温度。

2. 涡轮风扇发动机

如图 4.4-2 所示，涡轮风扇发动机除增加了风扇之外，其余部分与涡轮喷气发动机很相像，也有进气道、压气机、燃烧室、涡轮(级数较多)和喷管。不同之处在于其有双涵道，即外涵道和内涵道，所以也称为内外涵喷气发动机。

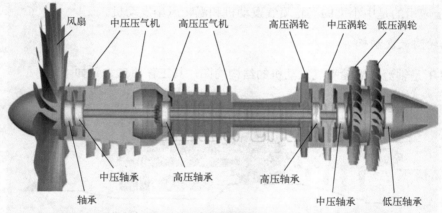

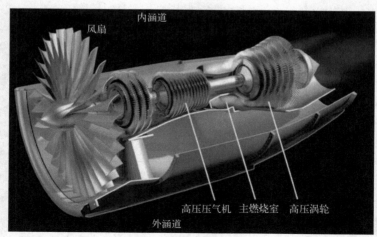

图 4.4-2　涡轮风扇发动机

空气进入进气道，经过风扇压缩，然后按一定比例分成两股。一股经风扇、外涵道向后流去与燃气会合；另一股经内涵道，即普通涡轮喷气发动机所经过的路径，也就是流经压气机、燃烧室、涡轮和喷管。

涡轮要带动压气机和风扇，由于风扇转速不能过高，因此风扇与压气机不同轴，由两组涡轮分别带动。虽然涡轮级数多了，消耗在其上的能量较多，使得出口气流的温度和速度略有降低，但风扇的作用使进入发动机的空气流量大大增加，发动机总的推力还是增加了。

涡轮风扇发动机的特点就是为了避免喷出高温燃气而损失能量，所以降低燃气的温度和喷出速度，耗油率比涡轮喷气发动机更低，推力较大，最适用于亚声速的飞机和巡航导弹，相对飞机而言，巡航导弹上应用的是较小直径的涡轮风扇发动机，可对时间不紧迫的打击目标提供较高的推进效率。

3. 冲压发动机

涡轮增压喷气发动机(Turbojet)的飞行速度受到限制，而要使喷气发动机适合超声速巡航飞行，就要用冲压类型的空气喷气发动机。

冲压发动机(Ramjet)的工作原理基本上与涡轮喷气发动机类似，同样包括来流压缩、空气与燃油混合燃烧和燃气膨胀喷出三个基本过程，但在结构上却与涡轮喷气发动机有很大不同，冲压发动机利用进气道对超声速流的冲压减速作用来实现对空气的增压和升温，没有压气机和涡轮这样的转动部件，如图 4.4-3 所示。其特点是：

(1) 结构简单、重量也小很多；

(2) 适合高速飞行，但不能自行起飞，需要火箭助推至一定马赫数下工作，经济性好，耗油率低，而涡轮喷气发动机受到使用速度限制；

(3) 冲压发动机比冲虽然不及涡轮喷气发动机及涡轮风扇发动机，但比火箭发动机大得多；

(4) 工作时间较长。

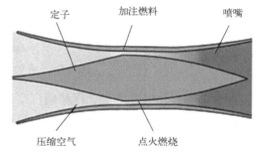

图 4.4-3　超声速冲压发动机进气道与燃烧室简图

目前冲压发动机在马赫数为 2.5～5 时是可有效工作的，如果马赫数大于 5，则燃烧室材料的最高温度限制了排气速度和推力；其次，若把入口的高超声速流减速过多甚至为亚声速燃烧，会导致空气的化学裂变。对亚声速发射平台，则要利用火箭助推器加速导弹至马赫数为 2.5，进入冲压发动机的工作范围。冲压发动机也有几类。

火箭冲压发动机(Ducted Rocket)：最高比冲大约是 800s，位于火箭发动机与冲压发动机之间，最有效的范围在马赫数为 2.5～4.0，有比冲压发动机更高的加速能力和比火箭发动机更高的续航能力。

高超声速冲压燃烧发动机(Scramjet)：从进气口到出口全是超声速流，包括超声速燃烧(简称超燃)。

超燃冲压发动机的挑战在于燃料混合、有效燃烧和与弹体的一体化综合设计，与普通冲压发动机相比，超燃冲压发动机需要更长的燃烧室，在与弹体一体化方面，内部喷管与弹体后底结合在一起，对于亚声速发射，需要更大的助推器把导弹加速到至少马赫数为 4，进入超燃冲压发动机的工作范围，此类发动机目前还处于研发阶段。

双室冲压-超燃冲压发动机：将入口分成两路，主要一路的气流保持超声速，而小股气流被减速成亚声速流，燃烧后气流通过喷管加速，当这股气流加速成超声速后，便与大股气流在燃烧室混合，增强了超声速燃烧，马赫数为3～7。

固体火箭发动机(Solid Rocket)不受飞行速度限制。虽然战术火箭的比冲相对低，为250s量级，但火箭发动机有比吸气推进高得多的加速能力；另外，其在高空工作的能力可使得导弹采用助推-爬升-滑翔方式增大航程，因为高空气动阻力小，这就是目前处于热门研究领域的中远程助推滑翔导弹。

图 4.4-4 对马赫数从亚声速到高超声速范围，比较了各战术导弹发动机的工作效率，列出了各发动机包括涡轮风扇/喷气发动机、冲压发动机、火箭冲压发动机、高超声速冲压燃烧发动机和火箭发动机的典型比冲范围。

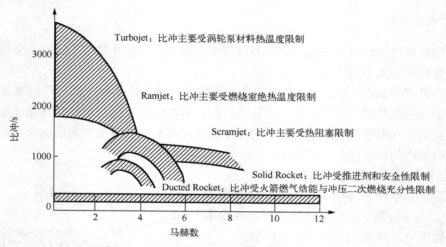

图 4.4-4　各种导弹发动机的比冲范围示意图

表 4.4-1 比较了用于远程精确打击导弹的四种推进方式，这些方式是亚声速涡轮喷气导弹、液体燃料冲压导弹、碳氢燃料超燃冲压推进导弹和固体火箭冲压导弹。表中这四种方式的推进条件是导弹的发射重量在 900kg 左右，一种典型的用于小型战斗机 F-18C 的载运重量限制。

表 4.4-1　四种推进方式的参数比较

参数	900kg 精确打击导弹的典型参考值			
	亚声速涡轮喷气导弹	液体燃料冲压导弹	碳氢燃料超燃冲压推进导弹	固体火箭冲压导弹
L/D	10	5	3	5
I_{sp}/s	3000	1300	1000	250
$V_{AVG}/(m/s)$	300	1200	2000	1000
M_P/M_0	0.3	0.2	0.1	0.4
Range/km	2500	1500	600	450

注意到表 4.4-1 中的亚声速巡航涡轮喷气导弹最适用于远程精确打击时间不紧要的目标，远比其他推进方式的导弹航程多，只要根据 Breguet 航程估计方程就可解释它们在性能方面的差别。

　　亚声速涡轮喷气推进在空气动力方面比超声速冲压推进优越，它们的最大升阻比为 10：5；其也有卓越的推进效率，与超声速冲压推进的比冲相比大约为 3000s：1300s；亚声速巡航导弹有比超声速时更多的装填质量用于燃料部分，对于 900kg 的导弹，燃料重量分别为270kg 和 180kg,冲压式导弹的燃料装得少是因为还需要火箭助推器加速导弹至马赫数为 2.5。不过，对于时间紧迫的目标，冲压式导弹具有较短的响应时间，在生存能力方面也有优越性，因为有更高的飞行高度和飞行速度。如果打击目标的时间紧迫性特别重要，那么超声速燃烧推进就是最合适的了，但对 900kg 重量的导弹，碳氢超燃导弹的射程却只有液氢冲压式导弹的 30%，因为液氢冲压式导弹的空气动力效率比碳氢超燃导弹的好，升阻比 L/D 为 5：3，比冲为 1300s：1000s，可用燃料为 180kg：90kg。因为超声速燃烧推进需要更多的燃料让火箭助推到马赫数为 4 而不是 2.5，超声速燃烧还需要更长的燃烧室以便燃烧充分，也需要更多的绝热材料。若采用超声速火箭发动机冲压推进，则巡航射程最大只有 450km，最有效巡航条件被认为是在较大高度时马赫数为 3。目前固体火箭发动机的研究尝试使用舵栓发动机进行推力大小控制以便能够巡航，但还没有得到验证，但是对于半弹道的飞行轨迹(如发射、抬头、弹道爬坡、滑行)，若弹头设计为升力体，则在高空飞行具有较高的升阻比 L/D，使用固体火箭发动机助推可提供足够的初始滑翔速度。

　　新技术在如更高巡航速度、升阻比、比冲与轻重结构、小容量子系统以及高密度燃料推进剂等领域的研发将会使射程有更大的提高。

　　图 4.4-5 基于加速能力(假设均可选择)，比较了战术导弹推进方式，画出了最大推重比的典型包络线，以马赫数为自变量。

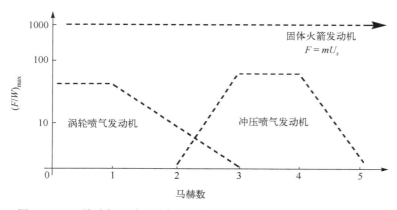

图 4.4-5　涡轮喷气、冲压喷气发动机与固体火箭发动机推重比的比较

　　注意到固体火箭发动机的推重比最高，这是由于该火箭发动机有更高的出口排气速度，而且排气速度与空气自由流的速度无关，以及更高的燃料秒耗量。固体火箭发动机的排气速度可达 2700m/s，比典型的冲压喷气发动机和涡轮喷气发动机的排气速度高得多(二者分别为1800m/s 和 900m/s)。根据反推力原理，注意到吸气式发动机的推力方程为

$$P = \dot{m}_g v_{r1} - \dot{m}_a v_{r2} = \dot{m}_g U_e - \dot{m}_a v = (\dot{m}_a + \dot{m}_p)U_e - \dot{m}_a v \tag{4.4-5}$$

只有当出口速度大于外界空气的自由流速度 $U_e > v$ 时，涡轮喷气和冲压喷气才能产生推力，所以吸气式导弹的最大速度小于出口速度。

　　图 4.4-6 说明了战术导弹冲压推进方式，包括液体冲压发动机推进、固体冲压发动机推

进和火箭冲压发动机推进，这些例子基于火箭发动机与冲压发动机的一体化集成，火箭助推器燃烧完毕之后作为冲压发动机的燃烧室继续利用，冲压式推进比涡轮推进相对简单，没有活动部件。空气以超声速进入吸气口，之后在燃烧室进气口被减速至低马赫数，燃烧室内的燃气流通过收缩扩展型喷管，加速到超声速。碳氢液体冲压发动机的最大比冲大约 1500s，比火箭发动机的比冲高得多，液体冲压发动机的有效巡航条件是马赫数为 4，高度为 400m，冲压发动机在低马赫数时效率不高，对亚声速发射需要火箭发动机助推至冲压发动机推力正常时的马赫数 2.5。液体冲压发动机与非圆截面的升力式弹体是相容的，因为燃料也可储存在非圆的贮箱里，液体冲压发动机推力大小可以被节流阀调节，以便在大范围的飞行马赫数和飞行高度内对燃料与进气口空气流的成分进行有效匹配。

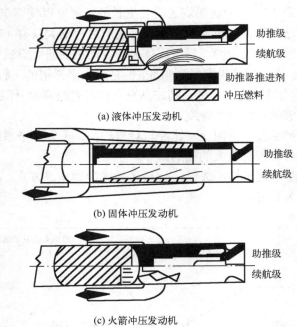

(a) 液体冲压发动机

(b) 固体冲压发动机

(c) 火箭冲压发动机

图 4.4-6　液体冲压发动机、固体冲压发动机与火箭冲压发动机

　　传统液体冲压发动机的变种是固体冲压发动机，固体冲压发动机的装药是空心药柱，作为空气流动的进气道，高密度固体燃料的一个优点是它的体积性能好，缺点是调节能力受到限制，并且因为空心柱减少了燃料的装填系数。改变飞行条件可以采取一些被动的燃料流动的补偿措施，如果在秒流量方面需要有更大的改变，则有必要改变药形，损失体积装填系数，其他的推力调节措施如改变进气口或喷管的几何形状，对于战术导弹的成本来说通常不是有效的。

　　火箭冲压发动机是火箭发动机使用贫氧药柱而不充分燃烧或者燃气发生器产生的燃气再次与空气中的氧气混合燃烧，燃气发生器产生充足的燃气至燃烧室，而且燃气流量可以被控制，对推力大小的控制提供节流调节的功能，其最大比冲大约 800s，位于固体火箭发动机与冲压发动机之间，火箭冲压发动机的最有效马赫数范围是 2.5～4.0。

　　冲压发动机与助推器的一体化设计在导弹与发射平台长度和直径受到约束情况下有好处，因为助推器燃烧完毕之后其壳体同时作为冲压燃烧室，减小了重量和尺寸，增强了发射平台的紧凑性。

4.5　冲压发动机温度方程及温度受限

涡轮喷气发动机的压缩机出口温度方程为

$$T_3 \approx T_0 \left[1 + \frac{(\gamma-1)/2}{Ma^2} \right] (p_3/p_2)^{(\gamma-1)/\gamma} \tag{4.5-1}$$

空气比热指数方程是

$$\gamma = 1.29 + 0.16 e^{-0.0007 T_3} \tag{4.5-2}$$

式中，Ma 为自由流马赫数；p_3/p_2 压缩机出口与进口压力之比，这里温度单位使用°R，1°R=0.5556K，式(4.5-1)基于理想等熵流假设。

涡轮泵进口温度为

$$T_4 \approx T_3 + (H_f/c_p) \cdot f/a \tag{4.5-3}$$

其中，f/a 为燃空比；H_f 为燃料焓值；c_p 是定压比热。

例如，马赫数 $Ma=4$，飞行高度 $h=24km$，温度 $T_0=392°R$，$p_3/p_2=5$，于是根据公式计算出 $T_3 = 2409°R$，假设燃空比 $f/a=0.067$，使用燃料 RJ-5，则 $H_f = 6.083 \times 10^7 \text{J/kg}$，$c_p = 1265 \text{J/kg}$，所以有

$$T_4 = 2409 + (6.083 \times 10^7 / 1265) \times 0.067 = 5631(°R)$$

图 4.5-1 示意了压缩机出口温度随自由流马赫数的变化。涡轮的温度受空气压缩机的压缩比、燃料比以及喷射引擎的加力燃烧室的约束，图 4.5-2 描述了涡轮泵进口温度与燃空比的变化关系，表 4.5-1 给出了涡轮最高温度对应的材料。

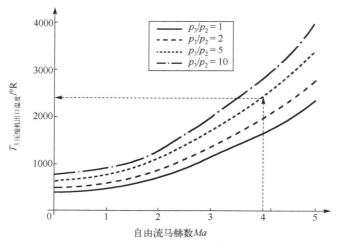

图 4.5-1　压缩机出口温度随自由流马赫数的变化

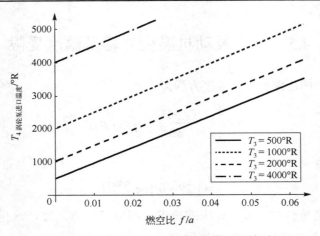

图 4.5-2　涡轮泵进口温度与燃空比的关系

表 4.5-1　涡轮最高温度与涡轮材料

涡轮最高温度/°R	涡轮材料	$Ma = 4$ 巡航时的涡轮温度受限情况	$I_{sp}(Ma = 4$ 巡航$)$/s
3000	超级镍合金	温度强烈受限的喷气发动机、空射涡轮火箭发动机、涡轮冲压发动机	1000
3000	钛合金	温度强烈受限的喷气发动机、空射涡轮火箭发动机、涡轮冲压发动机	1000
3500	单晶镍铝合金	温度高度受限的涡轮喷气发动机	1200
4000	陶瓷复合材料	温度适度受限的涡轮喷气发动机	1500
4500	铼合金	温度适度受限的涡轮喷气发动机	2000
5000	钨合金	温度轻微受限的涡轮喷气发动机	2500

　　例如，假设导弹在 24km 高度飞行，具有的燃烧温度是 4000°R，燃空比为 0.02，燃烧温度对自由流的温度之比是 10.2，比热指数为 1.39，发动机最大的比冲产生于马赫数 4.2，当然几乎也是最大推力的马赫数，对于 $T = 4000$°R 的燃烧温度，最大推力发生在马赫数 4.5，改善燃烧室的绝热材料以允许最大的工作温度，可使发动机工作在更高的马赫数。燃烧温度较低时，理想的工作马赫数也较低。

　　图 4.5-3 为涡轮喷气发动机，图 4.5-4 为涡轮风扇发动机。

图 4.5-3　涡轮喷气发动机

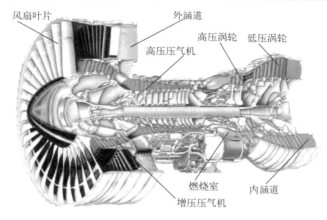

图 4.5-4　涡轮风扇发动机

对于冲压发动机，燃烧温度高对于发动机的理想工作效率是非常必要的，能够提高冲压发动机的比冲和推力，使导弹以更高的马赫数巡航，冲压发动机的燃烧室出口温度 T_5 随自由流的马赫数 Ma、燃空比以及热值的增加而增加，温度方程是

$$T_5 \approx T_0\{1+[(\gamma-1)/2]Ma^2\}+(H_f/c_p)(f/a) \tag{4.5-4}$$

若冲压发动机想获得最大比冲，则燃烧室理想出口温度方程为

$$(T_5/T_0)_{I_{sp},\text{Max}} = \{[(\gamma-1)/2]Ma^2-1\}^2\{1+[(\gamma-1)/2]Ma^2\} \tag{4.5-5}$$

若获得进气道单位截面积最大推力，则燃烧室理想出口温度方程为

$$(T_5/T_0)_{T/A_0,\text{Max}} = \{1+[(\gamma-1)/2]Ma^2\}^3/\{1+[(\gamma-1)/4]Ma^2\}^2 \tag{4.5-6}$$

比热指数方程为

$$\gamma = [1-0.5(f/a)][1.29+0.16e^{-0.0007T_4}] \tag{4.5-7}$$

式中，c_p 为理想气体定压比热；T_5 为燃烧室出口温度；T_0 为空气自由流温度；I_{sp} 为比冲；A_0 为自由流的进气道面积；γ 为比热指数；Ma 为自由流的马赫数；f/a 为燃空比。

对于 RJ-5 碳氢燃料，理想燃空比 $(f/a)_{\text{ideal}}=0.067$，图 4.5-5 给出了冲压发动机燃烧温度与自由流马赫数的关系。

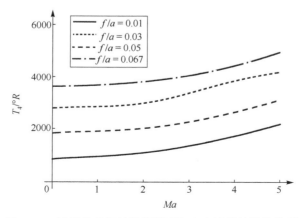

图 4.5-5　冲压发动机的燃烧温度与自由流马赫数的关系

4.6 冲压发动机的比冲和推力预测

理想比冲方程是

$$\frac{(I_{sp})_{ideal}a_0}{H_f} = (\gamma-1)Ma / \{1+[(\gamma-1)/2]Ma^2\} \cdot \left\{ \sqrt{\frac{T_5/T_0}{1+[(\gamma-1)/2]Ma^2}} + 1 \right\} \quad (4.6-1)$$

式中，$(I_{sp})_{ideal}$ 为理想比冲；a_0 为自由流声速；H_f 为燃料焓值。

图 4.6-1 示意了冲压发动机理想比冲与温度比、马赫数的关系，注意比冲是马赫数、燃料热值、燃烧温度、自由流温度、声速、燃烧室的比热指数的函数，这个理想冲压发动机的结果也是基于等熵流、理想气体和完全膨胀的，并假设冲压发动机足够长以提供完全燃烧的条件，但对于动压低于 24000Pa 和高度大于 18km 的飞行可能有问题，对于长度受限的燃烧室，设计准则是燃烧室的内部压力应大于 35000Pa，以保证充分地燃烧。

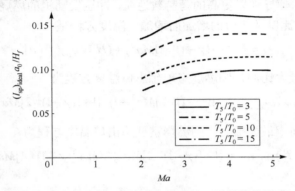

图 4.6-1 冲压发动机理想比冲与温度比、马赫数的关系(一)

例如，对于马赫数 3.5 和高度 18km 的冲压发动机，燃料是 RJ-15，热值是 6.08×10^7J/kg，假设燃烧温度是 4000°R，燃空比是 0.02，比热指数是 1.39，那么比冲计算为 1457s，实际的比冲会低一些，因为进气口有激波损失。

冲压发动机的理想推力方程如下：

$$F = \phi p_0 A_3 \cdot \gamma Ma^2 \left(\left\{ \frac{T_5/T_0}{1+[(\gamma-1)/2]Ma^2} \right\} - 1 \right) \quad (4.6-2)$$

式中，F 为理想推力；p_0 为自由流静压；A_3 为燃烧室火焰稳定器进口面积；γ 为比热指数，等于 1.5；Ma 为自由流马赫数；T_5 为燃烧室出口温度；T_0 为自由流温度；ϕ 为有效燃空比的百分数，$\phi = (f/a)/(f/a)_{ideal}$。

注意到冲压发动机推力是燃烧温度、燃烧面积、马赫数、外界自由流的压力和温度以及比热指数的函数。对于典型参数值，最大推力在马赫数为 3～5 时。图 4.6-2 所示描述了理想推力与温度比随马赫数的变化。式(4.6-2)是基于等熵流、理想气体、喷管出

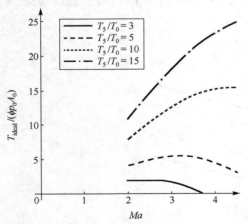

图 4.6-2 冲压发动机理想推力与温度比、马赫数的关系(二)

口压力等于外界静压的理想假设。对于燃空比小于 1，假设推力与 ϕ 成正比。

例如，冲压发动机的马赫数为 3.5，飞行高度为 18km，假设燃烧温度为 4000°R，燃空比为 0.02，比热指数为 1.39，计算出的推力 $T=2000$kgf，实际推力将低一些，因为进气口有激波损失，当环境温度气体比热指数为 1.5 时，产生的推力要多 15%。

4.7 冲压发动机与助推器集成

图 4.7-1 描述了低阻力冲压发动机与助推器的集成布局方式。考虑巡航阻力，低阻力布局方式包括冲压发动机与助推器一体、前置助推器、后置助推器三种。图 4.7-2 所示的冲压发动机布局具有高阻力，包括吊挂助推器、吊挂冲压发动机、吊挂一体化火箭冲压发动机(IRR)和吊挂冲压发动机后置助推器。绝大多数冲压导弹是低阻力布局的，IRR 特别有吸引力，在助推器燃烧完毕之后，IRR 使用助推器的装药室继续作为冲压发动燃烧室，具有阻力低、容积小、重量轻和直径小的优点。

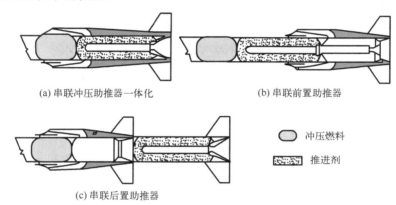

(a) 串联冲压助推器一体化   (b) 串联前置助推器

(c) 串联后置助推器

图 4.7-1 低阻力冲压发动机与助推器的集成布局方式

如图 4.7-1(a)所示，一体化的火箭冲压发动机在长度、直径、重量、抛射分离、巡航阻力、发射平台和运输、成本、冲压发动机与火箭发动机的兼容性等方面具有较大的优势，其他候选发动机在一个和多个因素方面不及平均值。不过，仅就重量因素选择和任务而言，其他一个和多个方式的发动机也是可以接受的，相对一体化火箭冲压发动机方式，其他候选方式的潜在优缺点如下。

(1) 前置助推器方式的优点是直径小、不需要分离、发射平台运输阻力小，缺点是长度过长，见图 4.7-1(b)。

(2) 后置助推器方式的优点是直径小、巡航阻力小、成本低、安装连接方便，缺点是长度过长和需抛射分离助推器，见图 4.7-1(c)。

(3) 吊挂冲压发动机，并联上置助推器方式的优点是长度短、成本低，缺点是直径大、需要分离，见图 4.7-2(a)。

(4) 吊挂助推冲压一体化发动机，并联上置贮箱方式的优点是不需要分离，缺点是直径大、巡航阻力大、有潜在的进气口兼容性问题，这些缺点使它不适合应用在现代导弹上，见图 4.7-2(b)。

(5) 吊挂助推器，并联上置冲压发动机方式，见图4.7-2(c)。优点是长度短、重量轻，缺点是直径大、阻力大、存在潜在进气口兼容性问题，也不适合应用在现代导弹上。

(6) 冲压发动机与助推器前后并联布置方式，见图4.7-2(d)。缺点是直径大、重量大、需要分离、巡航阻力大、运输阻力大以及存在潜在进气口兼容性问题，不适合应用在现代导弹上。

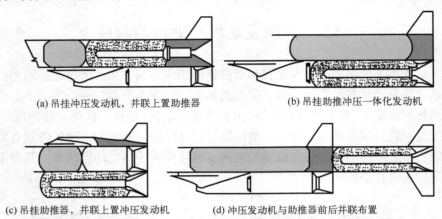

(a) 吊挂冲压发动机，并联上置助推器   (b) 吊挂助推冲压一体化发动机

(c) 吊挂助推器，并联上置冲压发动机   (d) 冲压发动机与助推器前后并联布置

图 4.7-2 高阻力冲压发动机与助推器的集成布局方式

冲压导弹零升阻力系数的一阶估计如图4.7-3所示，具有低巡航阻力的冲压导弹的例子是无翼冲压导弹，包括火箭冲压发动机一体化导弹、向后分离助推器、前置助推器和吊挂分离助推器。例如，无翼导弹在马赫数为2时的零升阻力系数为0.3～0.6，给阻力低的冲压导弹增加弹翼会增大阻力，其零升阻力系数为0.6～0.9。高阻力外形的例子是吊挂冲压发动机，马赫数为2时的零升阻力系数为0.9～1.2，如前所述，高阻力的吊挂冲压发动机导弹不适合应用。

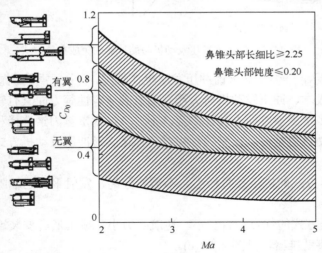

图 4.7-3 冲压导弹零升阻力系数的一阶估计

高能推进技术的一个领域是高密度燃料。对于容积受限的导弹，高密度燃料提供高容积装填性能。用于涡轮发动机的燃料如JP-4、JP-5、JP-7和JP-10的密度相对偏低，容积装填性能低。液体冲压碳氢燃料如RJ-4、RJ-5、RJ-6和RJ-7的密度较高，容积装填性能也高。用高密度的固体金属粉末燃料如镁粉、铝粉和硼粉可以获得更高的容积装填性能。例如，对

于固态硼粉，理论上若 100%装填，则会提供 3 倍多的液体碳氢燃料的体积装填系数。固体金属粉末燃料的不足是其存在火焰烟雾以及药柱空心减少了装填体积，但这恰恰又是进气口空气流动所必需的。

4.8　冲压发动机进气口的选择

进气口设计应考虑开口方式、外形、进气口位置以及进气口数量。表 4.8-1 说明了如下 9 种冲压发动机进气口方式的布置和几何形状。

(1) 环形头部进气口：进气口环绕弹身头部，这种方式的初始压缩依赖于进气口斗篷式嘴的斜激波压缩。

(2) 前置下颚进气口：入口前沿的鼻锥提供斜激波压缩。

(3) 前置"十"字形轴对称进气口：入口前沿鼻锥提供斜激波压缩，进气口通常与尾翼共线配置。

(4) 中置"十"字形轴对称进气口：四个进气口位于导弹的中心部位，通常与尾翼共线配置。

(5) 翼下轴对称进气口：在平面翼的下面，两个进气口位于弹身的中间部位，弹翼可提供部分初始压缩。

(6) 双腮进气口：有两个进气口在弹身下部，成 90°角度配置，进气口通常与底部的"十"字形尾翼共轴。

(7) 悬挂式进气口：进气口位于导弹中部附近。

(8) 下腹双进气口：与悬挂式进气口类似。

(9) 后置"十"字形二维进气口：类似于中置"十"字形轴对称进气口。

进气口选择的评价因素如下。

(1) 较高的恢复压力：下颚进气口和前置"十"字形轴对称进气口具有进气口前缘弹身斜激波所提供的恢复压力。环形头部进气口、翼下轴对称进气口、双腮进气口也有较高的恢复压力。

(2) 在发射平台上为方便运输要有小尺寸包装：环形头部进气口和下颚进气口只需要小的进气高度就可以捕获空气流，因为有大的空气入角。

(3) 大攻角能力：下颚进气口允许有大的进气口，提供相对高的恢复压力用于倾斜转弯机动。

(4) 重量轻：翼下轴对称进气口位于弹体的后部，对于结构而言需要的材料较少。

表 4.8-1　冲压发动机进气口方式的布置和几何形状

进气口类型	轮廓	配置
环形头部进气口		鼻锥头部全对称
前置下颚进气口		位于鼻锥压缩区的前下边
前置"十"字形轴对称进气口		前置鼻锥压缩区，"十"字形轴对称

续表

进气口类型	轮廓	配置
中置"十"字形轴对称进气口		中置"十"字形轴对称，四个进气口
翼下轴对称进气口		"一"字形弹翼压缩区，轴对称
双腮进气口		后置下腮式双进气口
悬挂式进气口		位于弹身后下边
下腹双进气口		位于腹部后下边
后置"十"字形二维进气口		后置平面型四个进气口

(5) 阻力小：环形头部进气口和前置下颚进气口减小了头部的阻力，因为有了进气口。

(6) 对弹头没有遮蔽：中置"十"字形轴对称进气口、后置双腮进气口位于弹头后面。

(7) 成本低：制造最简单的进气口可能是轴对称进气口。

(8) 机动方式(侧滑转弯、倾斜转弯)："十"字形轴对称进气口与侧滑转弯机动是对应的，而下颚进气口和双腮进气口与倾斜转弯机动是对应的。

(9) 操纵控制(尾控、鸭式舵和旋翼)：环形进气口有较大的空间供鸭式舵或旋翼驱动器用于安置，其他进气口则与正常尾部控制方式更匹配。

(10) 任务应用(空地、地空、空空)：空中拦截任务需要高机动和大攻角，特别需要与这种能力一致的下颚进气口。

没有哪种进气口形式可适合所有的任务，必须根据任务特点权衡选择进气口形式。对于超声速和高超声速战术导弹的进气口设计，有一系列问题需要考虑，包括匹配燃气流到喷管、进气容量和入口开始位置。在概念设计阶段不可能考虑所有这些，本书所提到的进气口设计考虑的是对空气动力外形有较大影响的因素。

图 4.8-1 比较了环形头部进气口的激波位置与斜激波外部压缩进气口的激波位置。对于斜激波外部压缩进气口，在进气口前面，弹体有偏转角。图(a)是环形头部进气口，它的一个优点在于 100%吞吃了来流，没有溢出泄漏，缺点是恢复压力较低，因为有正激波在入口，在中心处放置一颗长钉可以减小激波强度，但是这种措施附带增加了对入口空气流与发动机要求匹配的关注。斜激波外部压缩进气口见图(b)、(c)，在两个条件下工作：第一个条件如图(b)所示，在马赫数较低时斜激波有高激波角，跨越了入口，导致空气溢出，会增加阻力；第二个条件如图(c)所示，在马赫数较高时斜激波汇聚于进气口嘴边，这时具有斜激波的进气口可全部捕获吞吃来流。

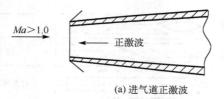

(a) 进气道正激波

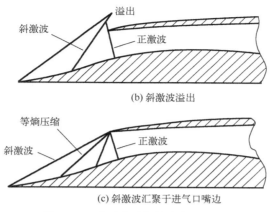

(b) 斜激波溢出

(c) 斜激波汇聚于进气口嘴边

图 4.8-1　冲压发动机的进气口溢出

对于二维流动的完全理想气体，图 4.8-2 关于平面激波角 θ 的方程是

$$\tan(\alpha + \delta) = \frac{2\mathrm{ctg}\theta(Ma^2\sin^2\theta - 1)}{2 + Ma^2(\gamma + 1 - 2\sin^2\theta)} \tag{4.8-1}$$

式中，θ 为平面激波角；Ma 为马赫数；α 为攻角；δ 为弹体偏转角；γ 为空气比热指数。

在概念设计阶段，平面激波角可近似为马赫角加上弹体偏转角：

$$\theta = \arcsin(1/Ma) + \delta \tag{4.8-2}$$

对于非平面流，围绕锥形头部的锥形流激波角大约是平面激波角 θ 的 81%：

$$\theta_{\text{conical}} = 81\%\theta$$

举个冲压发动机激波角的例子：假设导弹具有 17.7° 的半锥角头部，$Ma = 4$ 时的马赫角为 14.8°，因此二维流的斜激波角为 32.5°，则锥形流的激波角是 81%，即 26.3°，这种斜激波角的估计为使进气口的高度满足激波恰好出现在进气口嘴边提供了准则。

环形进气口与斜激波外部压缩进气口的气流捕获效率，基于如下方程：

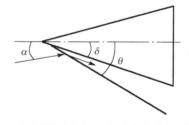

图 4.8-2　平面激波角与攻角及锥角的关系示意图

$$\frac{A_0}{A_c} = \frac{(h/l)(1 + \delta \cdot Ma + \alpha \cdot Ma)}{(1 + \alpha \cdot Ma)(\delta + h/l)} \tag{4.8-3}$$

式中，A_0 为空气来流横截面积；A_c 为进气口捕获来流的面积；h 为进气口高度；l 为进气口长度。

对所有马赫数，环形进气口捕获了 100% 的空气来流，图 4.8-3 示意了斜激波外部压缩进气口捕获效率 A_0/A_c 随马赫数($2 < Ma < 5$)和弹体攻角 α 的变化，绝大多数的进气口需要设计成入口高度满足导弹在最高马赫数巡航时，激波充满入口而无溢出的工作状态，大的溢出往往发生在低马赫数情形，因为激波角大。

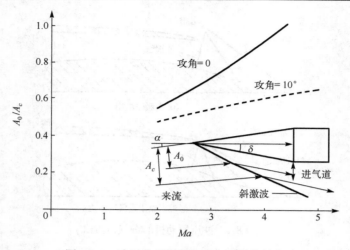

图 4.8-3 冲压发动机进气口气流捕获效率

习 题

4-1 火箭发动机与冲压发动机的区别是什么？

4-2 民兵-2 的第一、二级发动机与第三级发动机有什么区别？弹道导弹发动机与野战火箭发动机有什么区别？

4-3 什么是单室双推力发动机？主要应用在哪类导弹上？为什么要单室双推力？

4-4 涡轮喷气发动机、涡轮风扇发动机、冲压喷气发动机有何区别？各适合哪类导弹？

4-5 双基推进剂与复合推进剂的成分组成、用途有何区别？

4-6 星形装药的推进剂质量如何表征成装药参数与发动机长度、直径、工作压力及喷管膨胀比的函数？

4-7 冲压导弹的工作马赫数大概为多少？需要什么条件才能达到？如果导弹净质量为 1200kg，巡航速度为 $Ma = 4$，冲压发动机比冲为 1000s，平均升阻比为 2，携带 2000kg 燃料，大概可平飞多远航程？

第5章 总体参数设计

前面讨论的是如何在总体方案设计上保证弹体的稳定能力、机动能力和操纵能力，这一章要讨论总体参数设计，确保射程能力。导弹有了这些能力作为前提，才能谈精度，精度依赖于 GNC 方案的设计与实现。

总体参数就是决定导弹飞行性能的主要参数，是总体设计的重要内容。总体参数可为相对量，如推进剂质量比、推重比、翼载等，也可为绝对量，如推力、重量、弹翼面积或弹径、长度、工作时间、燃烧室压力、喷管喉部面积、出口面积等。总体参数选择计算和相关特性参数的确定用到的主要方程包括：

(1) 质量方程，用于反映火箭的类型、级数、推进剂种类和火箭结构质量特性；
(2) 弹道方程，用于描述火箭飞行，求解速度、过载和射程等。

5.1 平面运动方程与相对量总体参数

空间弹道方程组描述导弹的六自由度飞行情况，用于弹道设计、制导与控制、作战仿真与精度评估等复杂场合，而总体方案阶段的参数设计关心的是方案的射程能力，如图 5.1-1 所示，铅垂平面内的运动方程(5.1-1)足以满足要求：

$$
\begin{cases}
m\dfrac{\mathrm{d}v}{\mathrm{d}t} = F\cos\alpha - C_D \dfrac{1}{2}\rho v^2 S - mg\sin\theta \\[2mm]
mv\dfrac{\mathrm{d}\theta}{\mathrm{d}t} = F\sin\alpha + C_L \dfrac{1}{2}\rho v^2 S - mg\cos\theta \\[2mm]
\dfrac{\mathrm{d}y}{\mathrm{d}t} = v\sin\theta \\[2mm]
\dfrac{\mathrm{d}x}{\mathrm{d}t} = v\cos\theta \\[2mm]
d = \sqrt{x^2 + y^2} \\[2mm]
m(t) = m_0 - \displaystyle\int_0^t \dot{m}\,\mathrm{d}\tau = m_0 - m_p(t)
\end{cases}
\tag{5.1-1}
$$

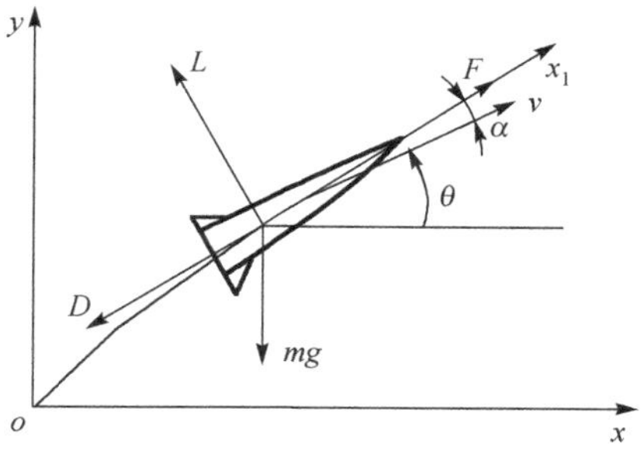

图 5.1-1　主动段飞行受力简图

其中，C_D、C_L 分别为火箭的阻力系数和升力系数；S 为气动力参考面积；d 为主动段斜距；ρ 为空气密度；$m_p(t)$ 为火箭在某一瞬间 t 消耗的推进剂质量。

如果攻角 α 不大，可近似认为 $\cos\alpha \approx 1$，积分式(5.1-1)中第一个方程，可得

$$
\int_{v_0}^{v_k} \mathrm{d}v = \int_{t_0}^{t_k} \left(\frac{F}{m} - \frac{D}{m} - g\sin\theta \right) \mathrm{d}t
\tag{5.1-2}
$$

其中，v_k、t_k 分别为发动机熄火时的飞行速度和时间；v_0、t_0 为初值。

从运动方程可知，导弹总体参数 m、F、S 与其关机速度或射程的关系极为密切，并在很大程度上决定了导弹的战术性能。

但是,在总体方案出来之前,最基本的绝对量信息包括 m、F、S、C_D、C_L、θ、t_k 等参数并不知道,这样弹道的数值积分就难以实现。为此,对于给定的战术技术指标,怎样才能做到可积分微分方程组确定设计参数,特别是早期在计算机不发达的年代,如何较快设计导弹总体参数呢?就像气动系数一样,利用相似原理,引进相对量总体参数,相对量总体参数用百分比表示较为方便,初始估计较为靠谱,虽然有些抽象,但再通过质量方程,可转换为所需的绝对量总体参数。

5.1.1 相对量总体参数

1) 推进剂质量比 μ_p (或结构质量比 μ_k)

定义相对量为

$$\mu(t) = \frac{m_p(t)}{m_0} = \frac{\int_0^t \dot{m} \mathrm{d}\tau}{m_0}$$

(5.1-3)

式中,$m_p(t)$ 为 t 瞬时导弹飞行中的推进剂消耗量;$\dot{m}$ 为推进剂质量秒耗量;$\mu(t)$ 为消耗的推进剂质量与起飞质量之比,简称推进剂质量消耗系数。

显然,当 $t = t_k$ 时,$\mu(t_k) = \dfrac{m_p(t_k)}{m_0} = \mu_p$ 为该级导弹的推进剂质量与该级总质量之比。

易知结构质量比(或系数)为

$$\mu_k = 1 - \mu_p$$

根据齐奥尔科夫斯基公式,有

$$V_k = I_{\mathrm{sp}} g \ln \frac{1}{\mu_k} = I_{\mathrm{sp}} g \ln \frac{1}{1 - \mu_p}$$

可见,推进剂质量比 μ_p (或结构质量比 μ_k) 与比冲 I_{sp} 一样是决定导弹关机速度的一个重要设计参数。

2) 推重比 $\overline{F}$

$$\overline{F} = \frac{F}{m_0 g}$$

(5.1-4)

推力与起飞重量之比(简称推重比)是反映导弹飞行加速能力的物理量,也是弹体结构设计中的动载荷指标之一。

3) 起飞截面载荷系数 p_0

$$p_0 = \frac{m_0}{S}$$

(5.1-5)

p_0 反映弹道导弹单位截面积的质量载荷。对于有翼导弹,参考面积常选为弹翼面积,则 p_0 称为翼载。

4) 有效排气速度与真空比冲

$$U_e = \frac{F}{\dot{m}} = I_{\mathrm{sp},v} \cdot g$$

(5.1-6)

比冲为发动机在 1s 之内喷出 1kg 推进剂产生的推力大小,或是 1kg 推进剂所提供的冲量大小,其反映推进剂能量特性和发动机燃烧的能量转换效率,工程单位为 s。比冲取决于推·

进剂种类和发动机水平，一般变化不大，固体火箭发动机比冲 $I_{sp.v}$ 为 220～260s。

　　5) 高空特性系数

　　弹道导弹的飞行高度大，包括大气层和真空段，比冲不是常值，所以用高空特性系数来反映比冲的变化。

　　初步方案设计时，为简化起见，仅以推进剂质量比 μ_p、推重比 $\overline{F}$ 和起飞截面载荷系数 p_0 为设计参数。

5.1.2　相对量总体参数表示的运动方程组

　　由真空推力定义，即 $F = U_e \dot{m}$，可得

$$\mathrm{d}\mu = \frac{\dot{m}}{m_0}\mathrm{d}t = \frac{F}{U_e m_0}\mathrm{d}t = \frac{\overline{F}g}{U_e}\mathrm{d}t \tag{5.1-7}$$

式中，m_0 为该级总质量。

　　因此

$$\mathrm{d}t = \frac{U_e}{\overline{F}g}\mathrm{d}\mu \tag{5.1-8}$$

又因

$$m(t) = m_0 - \int_{t_0}^{t} \dot{m}\mathrm{d}t \tag{5.1-9}$$

所以

$$m(t) = m_0 - m_0\mu = m_0(1-\mu) \tag{5.1-10}$$

　　因起飞截面载荷系数 $p_0 = m_0 / S$，推重比 $\overline{F} = F / (m_0 g)$，并考虑到在飞行过程中攻角一般较小，所以可取 $\cos\alpha \approx 1$，$\sin\alpha \approx \alpha$。

　　将以上各相对量总体参数 $\overline{F}$、p_0、$\mu(t)$ 等代入式(5.1-1)，可得如下运动方程组：

$$\begin{cases} \dfrac{\mathrm{d}v}{\mathrm{d}\mu} = \dfrac{U_e}{1-\mu} - \dfrac{U_e C_D \rho v^2}{2\overline{F}p_0(1-\mu)g} - \dfrac{U_e \sin\theta}{\overline{F}} \\[3mm] v\dfrac{\mathrm{d}\theta}{\mathrm{d}\mu} = \dfrac{U_e \alpha}{1-\mu} + \dfrac{U_e C_L \rho v^2}{2\overline{F}p_0(1-\mu)g} - \dfrac{U_e \cos\theta}{\overline{F}} \\[3mm] \dfrac{\mathrm{d}y}{\mathrm{d}\mu} = \dfrac{U_e}{\overline{F}g}v\sin\theta \\[3mm] \dfrac{\mathrm{d}x}{\mathrm{d}\mu} = \dfrac{U_e}{\overline{F}g}v\cos\theta \\[3mm] d = \sqrt{x^2 + y^2} \\[3mm] \theta = \theta(\mu) \end{cases} \tag{5.1-11}$$

　　式(5.1-11)中的 $\theta = \theta(\mu)$ 对于弹道导弹可按最小能量弹道倾角拟合，对于地空导弹可假设为 $45° \sim 60°$ 内的某一常值。在外形尚未完全确定之前，C_D、C_L 由解析法初步估计，或者参考类似导弹外形的气动数据。由于三个相对量总体参数推重比 $\overline{F}$、起飞截面载荷系数 p_0 以及推进剂质量比 μ_p 相互耦合影响弹道性能，可以采用最简单的网格法，设置变量区间，划分三

维网格，对每一网格参数积分上述方程，得到射程或关机速度，通过优化得出满足约束条件的 $\bar{F}$、p_0 和 μ_p，然后根据有效载荷质量和导弹导出型质量方程确定起飞质量。

有些情况下，参考面积 S 是给定的，例如，弹道导弹根据现有固体火箭发动机的直径给定 S，这时横截面积即参考面积是已知的，那么上述三个变量就简化成两个。

5.2　导出型质量方程

把导弹质量表示为各级绝对量参数如直径 D、长度 L、工作时间 t、燃烧室压力 p_c 等的函数，称为展开型质量方程。导出型质量方程其实是基于统计意义的质量方程，如图 5.2-1 所示，固体导弹的起飞质量 m_0 表示为

$$m_0 = m_e + \sum_{i=1}^{n}(m_{eni} + m_{pi} + m_{si}), \quad i = 1, 2, \cdots, n \tag{5.2-1}$$

式中，m_e 为有效载荷(弹头)的质量；m_{eni} 为第 i 级发动机的结构质量，包括燃烧室、喷管、绝热层、装药包覆层、点火器及附件等的质量；m_{pi} 为第 i 级发动机的推进剂装药质量；m_{si} 为第 i 级级间连接段、尾段、弹翼、尾翼、控制机构等的质量；n 为火箭的级数。

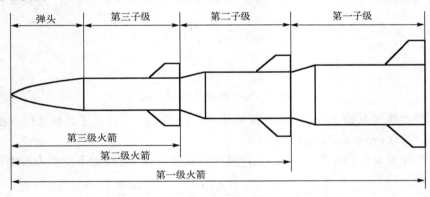

图 5.2-1　多级火箭结构简图

第 i 级火箭的起飞质量 m_{0i} 与第 $i+1$ 级火箭的起飞质量 $m_{0(i+1)}$ 的关系为

$$m_{0i} = m_{0(i+1)} + m_{eni} + m_{pi} + m_{si} \tag{5.2-2}$$

对于第 n 级导弹，$m_{0(n+1)}$ 为弹头质量 m_e。

以 α_i 表示第 i 级火箭发动机结构质量系数(指结构质量与装药质量之比)，即 $\alpha_i = \alpha_{eni} = m_{eni} / m_{pi}$，由此可以写出

$$m_{eni} + m_{pi} = (1 + \alpha_i)m_{pi} \tag{5.2-3}$$

另外，可以近似认为第 i 级的级间连接段、尾段、弹翼、尾翼、控制机构等的结构质量之和与第 i 级火箭起飞质量成正比，即

$$m_{si} = K_i m_{0i} \tag{5.2-4}$$

式中，K_i 为第 i 级火箭结构质量系数。认为这些质量系数是已知的，可根据结构特点，经分析计算或参照统计资料初步选取。

将式(5.2-3)、式(5.2-4)代入式(5.2-2)，各级火箭的起飞质量方程就变成

$$m_{0i} = m_{0(i+1)} + (1+\alpha_i)m_{pi} + K_i m_{0i} \tag{5.2-5}$$

各级推进剂质量比 μ_{pi} 为

$$\mu_{pi} = \frac{m_{pi}}{m_{0i}} \tag{5.2-6}$$

最终得到

$$m_{0i} = \frac{m_{0(i+1)}}{1 - K_i - (1+\alpha_i)\mu_{pi}}$$

一级导弹的起飞质量为

$$m_0 = \frac{m_e}{1 - K_1 - (1+\alpha_1)\mu_{p1}} \tag{5.2-7}$$

二级导弹的起飞质量为

$$m_0 = \frac{m_e}{[1 - K_1 - (1+\alpha_1)\mu_{p1}][1 - K_2 - (1+\alpha_2)\mu_{p2}]} \tag{5.2-8}$$

n 级导弹的起飞质量为

$$m_0 = \frac{m_e}{\prod_{i=1}^{n}[1 - K_i - (1+\alpha_i)\mu_{pi}]} \tag{5.2-9}$$

可见，导弹起飞质量可根据战斗部质量 m_e、级数 n、结构质量系数 K_i 和 α_i、推进剂质量比 μ_{pi} 估算。

5.3 多级导弹最佳质量分配

多级导弹各级质量分配指的是如何分配各级质量或推进剂质量比 μ_{pi}。

主动段的气动阻力、引力对多级导弹关机速度的影响大概在 20%，因此关机速度 v_k 在相当大的程度上取决于理想速度，按照在理想速度 v_I 达到规定值的条件下，使多级导弹起飞质量最小，来确定各级 μ_{pi} 之间的匹配关系，虽不算完美，但仍有参考意义。

n 级导弹的理想速度 v_I 为

$$v_I = U_e \sum_{i=1}^{n} \ln \frac{1}{1 - \mu_{pi}} \tag{5.3-1}$$

n 级导弹的质量方程可改写成

$$\frac{m_e}{m_0} = \prod_{i=1}^{n}[1 - K_i - (1+\alpha_i)\mu_{pi}] \tag{5.3-2}$$

在弹头质量 m_e 一定时，起飞质量 m_0 最小，即比值 m_e / m_0 或 $\ln(m_e / m_0)$ 最大：

$$\ln \frac{m_e}{m_0} = \sum_{i=1}^{n} \ln[1 - K_i - (1+\alpha_i)\mu_{pi}] \tag{5.3-3}$$

对于这样一个条件极值问题，可利用拉格朗日乘子法转化成拉格朗日函数 $L(\mu_{pi}, \lambda)$ 的无约束极大值问题：

$$L(\mu_{pi}, \lambda) = \ln \frac{m_e}{m_0} + \lambda \Phi(\mu_{pi}) \tag{5.3-4}$$

式中，λ 为拉格朗日乘子；$\Phi(\mu_{pi})$ 为约束函数。

$$\Phi(\mu_{pi}) = v_I - \sum_{i=1}^{n} U_{ei} \ln(1 - \mu_{pi})^{-1} \tag{5.3-5}$$

根据函数 $L(\mu_{pi}, \lambda)$ 的极值条件：

$$\begin{cases} -\dfrac{\partial L}{\partial \mu_{pi}} = \dfrac{1 + \alpha_i}{1 - K_i - (1 + \alpha_i)\mu_{pi}} + \lambda U_{ei} \dfrac{1}{1 - \mu_{pi}} = 0 \\ \dfrac{\partial L}{\partial \lambda} = \Phi(\mu_{pi}) = 0 \end{cases} \tag{5.3-6}$$

不难导出应满足的匹配关系式为

$$\frac{U_{e1}}{1 + \alpha_1} \frac{1 - K_1 - (1 + \alpha_1)\mu_{p1}}{1 - \mu_{p1}} = \frac{U_{ei}}{1 + \alpha_i} \frac{1 - K_i - (1 + \alpha_i)\mu_{pi}}{1 - \mu_{pi}}, \quad i = 2, \cdots, n \tag{5.3-7}$$

特别地，在 $U_{ei} = U_{e1}$，$\alpha_i = \alpha_1$，$K_i = K_1$，$i = 2, \cdots, n$ 的情况下，有下列结果：

$$\mu_{p1} = \mu_{p2} = \cdots = \mu_{pn} \tag{5.3-8}$$

$$\begin{cases} m_{0n}^2 = m_e m_{0(n-1)} \\ m_{0(n-1)}^2 = m_{0n} m_{0(n-2)} \\ \qquad \vdots \\ m_{02}^2 = m_{03} m_{01} \end{cases} \tag{5.3-9}$$

对二级导弹：

$$m_{02} = \sqrt{m_e m_{01}} \tag{5.3-10}$$

对三级导弹：

$$m_{02} = \sqrt[3]{m_e m_{01}^2}, \quad m_{03} = \sqrt[3]{m_e^2 m_{01}} \tag{5.3-11}$$

5.4 相对量总体参数选择方法

5.4.1 给定翼载下的推重比选择

首先讨论满足速度规律 $v(t)$ 的推力函数 $F(t)$，然后预估起飞推重比 $\overline{F}$。

对于地空导弹，假设 $v(t)$ 为线性变化，至于其他形式的规律，均可按分段线性方法予以解决。

由导弹的切向动力学方程得

$$m \frac{\mathrm{d}v}{\mathrm{d}t} = F - D - mg\sin\theta \tag{5.4-1}$$

$$\frac{\mathrm{d}v}{\mathrm{d}t} = \frac{F}{m_0(1-\mu)} - \frac{C_D \rho v^2 S}{2m_0(1-\mu)} - g\sin\theta \tag{5.4-2}$$

其中，

$$\mu = \frac{\dot{m}t}{m_0} = \frac{\overline{F}t}{I_{\mathrm{sp}.v}}$$

将式(5.4-2)改写为

$$\frac{\mathrm{d}v}{\mathrm{d}t} = \frac{\overline{F}g}{1 - \dfrac{\overline{F}t}{I_{\mathrm{sp}.v}}} - \frac{C_D \rho v^2}{2p_0\left(1 - \dfrac{\overline{F}t}{I_{\mathrm{sp}.v}}\right)} - g\sin\theta \tag{5.4-3}$$

化简并经整理得

$$\overline{F}(t) = \frac{\dfrac{\mathrm{d}v}{\mathrm{d}t} + \dfrac{C_D \rho v^2}{2p_0} + g\sin\theta}{\dfrac{t}{I_{\mathrm{sp}.v}} \cdot \dfrac{\mathrm{d}v}{\mathrm{d}t} + g\left(1 + \sin\theta \cdot \dfrac{t}{I_{\mathrm{sp}.v}}\right)} \tag{5.4-4}$$

或者

$$\overline{F}(\mu) = \frac{\dfrac{I_{\mathrm{sp}.v} C_D \rho v^2}{2p_0(1-\mu)} + I_{\mathrm{sp}.v} g\sin\theta}{\dfrac{I_{\mathrm{sp}.v} g}{1-\mu} - \dfrac{\mathrm{d}v}{\mathrm{d}\mu}} \tag{5.4-5}$$

对于地空导弹，假设助推段飞行时间为

$$\mathrm{d}t = \frac{\mathrm{d}H}{v\sin\theta}$$

(1) 因为 $v(t)$ 是线性的，所以 $\dfrac{\mathrm{d}v}{\mathrm{d}t} = \dfrac{v_1 - v_0}{t_1 - t_0} = \mathrm{const}$ 。

若轨迹为直线弹道，则 $\sin\theta = \mathrm{const}$ ，阻力系数 C_D 根据气动外形设计或统计数据给出。

动压：

$$q = \frac{1}{2}\rho v^2, \quad \rho = \rho(H)$$

对于等加速度运动，有

$$v = v_0 + at$$

$$d = v_0 t + \frac{1}{2}at^2$$

$$H = d\sin\theta$$

由上面可求得密度 ρ 和动压 q 。

(2) 由于阻力系数 C_D 和动压 q 是时间 t 的函数，与线性 $v(t)$ 规律相对应的推重比 $\overline{F}(t)$ 也是 t 的函数。

(3) 只有能任意调节推力的发动机才能满足上述 $\overline{F}(t)$ 的规律，但是这会给发动机设计带来很大的困难，通常使推力保持一常值，即取平均值：

$$\overline{F}_{av} = \int_{t_0}^{t_1} \overline{F}(t)\mathrm{d}t / (t_1 - t_0) \tag{5.4-6}$$

(4) 利用发动机平均推重比 $\overline{F}_{av}$：

$$\frac{\mathrm{d}v}{\mathrm{d}t} = \frac{F}{m_0(1-\mu)} - \frac{C_D \rho v^2 S}{2m_0(1-\mu)} - g\sin\theta = \frac{\overline{F}g}{1 - \frac{\overline{F}t}{I_{sp.v}}} - \frac{C_D \rho v^2}{2p_0\left(1 - \frac{\overline{F}t}{I_{sp.v}}\right)} - g\sin\theta \tag{5.4-7}$$

式中，$\overline{F} = \overline{F}_{av}$，就可以求出 $v(t)$，显然 $v(t)$ 不再线性。

对于短程弹道导弹，在射程给定情况下，其关机速度 v_k 和速度倾角 θ_k 可已知(例如，根据最小能量弹道规律)，若考虑约 25% 的阻力和重力引起的速度损失，则由

$$v_I = 1.25v_k = I_{sp.v}g\ln\frac{1}{1-\mu_p}$$

可近似求出需满足的推进剂质量比 μ_p。

再假设在阻力和重力影响下，速度近似按幂函数规律变化：

$$v = v(\mu) = a\mu^n$$

例如，假设 $v_k = 2200\mathrm{m/s}$，$U_e = 2500\mathrm{m/s}$，则 $\mu_p = 0.6671$。若设 $n = 2$，则 $a = 4943.126$；若设 $n = 1.5$，则 $a = 4037.448$，速度曲线如图 5.4-1 的 v_k 所示。

对于倾角，可假设变化规律为

$$\theta(\mu) = A\mu^2 + B\mu + C$$

则由图 5.4-2 可知

(1) $\mu = \mu_1$，$\theta = \dfrac{\pi}{2} = A\mu_1^2 + B\mu_1 + C$；

(2) $\mu = \mu_p$，$\theta = \theta_k = A\mu_p^2 + B\mu_p + C$；

(3) $\mu = \mu_p$，$\dfrac{\mathrm{d}\theta}{\mathrm{d}t} = 2A\mu_p + B = 0$。

于是，得

$$\theta(\mu) = \frac{\pi/2 - \theta_k}{(\mu_1 - \mu_p)^2}(\mu - \mu_p)^2 + \theta_k$$

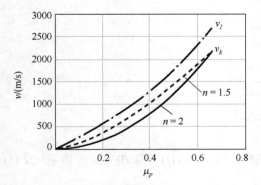

图 5.4-1　助推段的速度变化规律假设

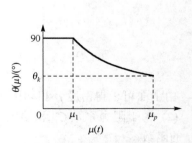

图 5.4-2　倾角变化规律假设

从推重比的表达式(5.4-5)可以看出，要设计推重比，需要事先假设速度和倾角变化规律，还有载荷系数 p_0，可见推重比和载荷系数的设计是耦合的。对于战术弹道导弹，粗略设计时可假设起飞推重比为 3~4，而对于小型战术有翼导弹，可稍高些。

5.4.2 起飞截面载荷系数或翼面载荷系数选择

因为

$$p_0 = \frac{m_0}{S}$$

面积 S 对阻力的影响表现为导弹横截面积越大，则零升阻力也越大，减小了上升高度，降低了关机速度；反之，面积越小，在相同起飞质量情况下，阻力越小，但若长细比过大，则会导致结构气动弹性突出而引发振动。

起飞截面载荷系数的选择涉及弹体结构气动弹性、阻力和发动机直径约束等因素，也是一个迭代过程，初步设计时可参考现有型号的统计值或按以下原则进行选择。

1) 按升阻比最大原则

对于有翼导弹，弹翼面积 S 对阻力的影响表现为面积越大，则导弹的零升阻力也越大。为使升力平衡导弹的重力并产生一定的过载，弹翼面积越小，所需的攻角 α 就越大，从而使诱导阻力增大。但是，为使总的阻力最小，弹翼的面积并非越小越好，也并非越大越好，而是要选择适当的面积，使升阻比最大。

对于远程巡航或滑翔导弹，弹翼结构质量的影响不是主要的，而阻力的影响是主要的，关系到航程，需从升阻比最大的角度选择载荷系数和弹翼面积 S。

由升阻比定义得

$$K = \frac{L}{D} = \frac{C_L}{C_D} = \frac{C_N^\alpha \alpha}{C_{D0} + C_N^\alpha \alpha^2} \tag{5.4-8}$$

其中，C_{D0}、C_N^α 分别为弹体的零升阻力系数和法向力系数对攻角的导数。

为使升阻比最大，令

$$\frac{\mathrm{d}K}{\mathrm{d}\alpha} = 0$$

可得最优攻角为

$$\alpha^* = \sqrt{\frac{C_{D0}}{C_N^\alpha}} \tag{5.4-9}$$

代入式(5.4-8)得最大升阻比为

$$K_{\max} = \left(\frac{L}{D}\right)_{\max} = \frac{1}{2}\sqrt{\frac{C_N^\alpha}{C_{D0}}} \tag{5.4-10}$$

由平飞条件得

$$mg = L = \frac{1}{2}\rho v^2 C_L^\alpha \cdot \alpha \cdot S$$

由此得

$$\alpha = \frac{2mg}{\rho v^2 C_L^\alpha \cdot S} = \frac{2p_0(1-\mu)g}{\rho v^2 C_L^\alpha} \tag{5.4-11}$$

当 $\alpha = \alpha^*$ 时，表示导弹将在最大升阻比状态下飞行：

$$p_0 = \frac{\rho v^2 C_L^\alpha \alpha^*}{2(1-\mu)g} = \frac{\rho v^2 C_L^\alpha}{2(1-\mu)g} \sqrt{\frac{C_{D0}}{C_N^\alpha}} \tag{5.4-12}$$

从式(5.4-12)知道，如果导弹在水平飞行段总在最大升阻比情况下飞行，翼载 p_0 应随导弹质量(由 μ 反映)而变化，但这是难以办到的，一种方案是取平均值：

$$\mu_m = \int_{t_0}^{t_m} \dot{m} \frac{\mathrm{d}t}{m_0} \tag{5.4-13}$$

其中，t_m 可为巡航段中点的飞行时间，代入(5.4-12)得

$$p_0 = \frac{\rho v_{\mathrm{av}}^2 C_L^\alpha}{2(1-\mu_m)g} \sqrt{\frac{C_{D0}}{C_N^\alpha}} \tag{5.4-14}$$

其中，v_{av} 为巡航平均速度；也可以按巡航初始时刻 $\mu = 0$ 设计载荷系数。

由式(5.4-12)确定的载荷系数能保证巡航导弹在平飞段接近最大升阻比飞行，这意味着推进剂消耗量的减小或射程的增大。

2) 按机动过载原则

地空导弹的机动性由弹体可提供的法向过载即可用过载 n_{ya} 表示，定义为

$$n_{ya} = \frac{L + F\sin\alpha}{mg} \tag{5.4-15}$$

如果略去推力分量，则

$$n_{ya} = \frac{L}{mg} = \frac{\rho v^2 C_L^\alpha \alpha_{\max}}{2p_0(1-\mu)g} \tag{5.4-16}$$

因此

$$p_0 = \frac{\rho v^2 C_L^\alpha \alpha_{\max}}{2n_{ya}(1-\mu)g} \tag{5.4-17}$$

其中，$\alpha_{\max}$ 为导弹的最大可用攻角。

为使导弹在攻击目标的过程中按预定的导引规律飞行，必须保证可用过载大于或等于需用过载 n_{yr}，否则导弹会由于机动能力不足而造成脱靶，即导弹必须满足下列条件：

$$n_{ya} \geqslant n_{yr}$$

针对弹道上需用过载最大的特征点，应用运动方程：

$$mv\frac{\mathrm{d}\theta}{\mathrm{d}t} = F\sin\alpha + C_L\frac{1}{2}\rho v^2 S - mg\cos\theta \tag{5.4-18}$$

则需用过载为

$$n_{yr} = \frac{F\sin\alpha + C_L\frac{1}{2}\rho v^2 S}{mg} = \frac{v\dot{\theta}}{g} + \cos\theta \tag{5.4-19}$$

翼载满足的条件为

$$p_0 \leqslant \frac{\rho v^2 C_L^\alpha \alpha_{\max}}{2 n_{yr}(1-\mu)g} \tag{5.4-20}$$

此外，翼载受弹翼结构承载能力和工艺水平的限制，由翼载定义可知，p_0 值表示单位面积上的质量，p_0 越大，则弹翼面积上的载荷越大，对结构强度和刚度的要求越高，但高速导弹一般采用薄翼以减小阻力，这就降低了强度和刚度，因此对翼载值要有所限制。

5.4.3 总体参数确定及举例

相对量总体参数最终要根据质量方程求出绝对量总体参数，如发动机推力、总冲、直径、起飞质量、推进剂质量，流程大致如下。

(1) 基于气动外形解析估计或数值计算得到气动系数 C_D、C_L^α。

(2) 估计推重比 $\bar{F}$。

(3) 估计起飞截面载荷系数 p_0，也可参考现有火箭或固体导弹数据资料。

(4) 解用相对量表示的微分方程组，求满足射程的推进剂质量比 μ_p。

(5) 根据导出型质量方程确定绝对量总体参数。

例如，已知发动机结构质量系数 α_{en} 和火箭其他结构质量系数 K_s，可得起飞质量为

$$m_0 = \frac{m_e}{1 - K_s - (1+\alpha_{\text{en}})\mu_p}$$

推进剂质量：
$$m_p = m_0 \mu_p$$

发动机推力：
$$F = \bar{F} m_0 g$$

截面积：
$$S = \frac{m_0}{p_0}$$

对于端面燃烧，发动机筒体长度为
$$L_c = \frac{m_p}{\rho_p S}$$

(6) 根据静稳定裕度或恢复力矩要求，估计尾翼面积。

(7) 重复上述过程，进行迭代。

为启动上述迭代计算，可利用理想速度公式一次近似估计推进剂质量比 μ_p，并且可以暂不考虑阻力和升力系数，而假设重力和阻力引起的速度损失占该级速度增量的某一百分数，例如，某三级固体弹道导弹，一级速度损失为 25%，二级速度损失为 20%，三级速度损失为 15%，平均推重比为 3～4。

例 5.4-1 假设弹头质量为 0.5t，三级固体弹道导弹的射程指标为 8000km，每级粗略考虑速度损失(由重力和阻力引起)约 20%，发动机的比冲为 265s，纤维缠绕发动机结构质量系数 $\alpha_{\text{en}} = 0.18$，伺服、电气、分离机构等结构质量系数为 $K_s = 1\%$，试一次估计导弹各级起飞质量、推进剂质量、平均推力和工作时间。

解：三级关机点的二体最小能量弹道速度 v_k 与射程 Range 的关系为

$$v_k = \sqrt{\frac{398600.5}{6371 + h_k} \cdot 2\tan\left(45° - \frac{\text{Range}}{444.8}\right)\tan\frac{\text{Range}}{222.4}} \quad \text{(km/s)}$$

最佳当地速度倾角为

$$\Theta_k^{\text{opt}} = 45° - 0.002248°\text{Range}$$

可得 $v_k = 6.725\text{km/s}$，但考虑到速度损失，推进剂燃烧所应产生的理想速度增量至少需 8.1km/s，对于三级固体导弹，假设每级的推进剂质量比相等，则每级真空速度增量为 2650log(1/(1−0.64))=2700m/s，则 $\mu_{p1} = \mu_{p2} = \mu_{p3} = 0.64$。

基于统计意义上的固体导弹质量方程，可一次估计如下。

第三级起飞质量：　　$m_3 = \dfrac{0.5\text{t}}{1 - 0.01 - (1 + 0.18) \times 0.64} = 2.129\text{t}$

第二级起飞质量：　　$m_2 = \dfrac{2.129\text{t}}{1 - 0.01 - (1 + 0.18) \times 0.64} = 9.067\text{t}$

第一级起飞质量：　　$m_1 = \dfrac{9.067\text{t}}{1 - 0.01 - (1 + 0.18) \times 0.64} = 38.616\text{t}$

假设每级平均起飞推重比为 3.5，则有以下结果。

第三级平均起飞推力：　　$F_3 = 2.129\text{t} \times 3.5 = 7.45\text{t} = 73.0\text{kN}$

秒流量：　　　　　　　$\dot{m}_3 = F / U_e = 73.0 \times 10^3 / 2650 = 27.55\text{(kg/s)}$

推进剂质量：　　　　　$m_{p3} = m_3\mu_{p3} = 2.129 \times 0.64 = 1362\text{(kg)}$

燃烧时间：　　　　　　$t_3 = m_{p3} / \dot{m}_3 = 1362 / 27.55 \approx 49\text{(s)}$

第二级平均起飞推力：　　$F_2 = 9.067\text{t} \times 3.5 = 31.73\text{t} = 311\text{kN}$

秒流量：　　　　　　　$\dot{m}_2 = F / U_e = 311 \times 10^3 / 2650 = 117\text{(kg/s)}$

推进剂质量：　　　　　$m_{p2} = m_2\mu_{p2} = 9.067 \times 0.64 = 5.803\text{(t)}$

燃烧时间：　　　　　　$t_2 = m_{p2} / \dot{m}_2 = 5803 / 117 = 50\text{(s)}$

第一级平均起飞推力：　　$F_1 = 38.6\text{t} \times 3.5 = 135\text{t} = 1323\text{kN}$

秒流量：　　　　　　　$\dot{m}_1 = F / U_e = 1323 \times 10^3 / 2650 = 499.2\text{(kg/s)}$

推进剂质量：　　　　　$m_{p1} = m_1\mu_{p1} = 38.6 \times 0.64 = 24.7\text{(t)}$

燃烧时间：　　　　　　$t_1 = m_{p1} / \dot{m}_1 = 24704 / 499.2 = 49.5\text{(s)}$

例 5.4-2　某一级"×"形布局的地空导弹，假设弹头质量为 M_e，发动机的结构质量系数为 α_{en}，其他结构质量(弹翼、尾翼、操纵机构、弹载设备等附件)系数为 K_s，耗尽关机高度处的大气密度和速度分别为 ρ、V，拦截需用过载为 n_{yr}，最大可用攻角为 α^*，弹身面积为 S_B，其升力系数对攻角导数为 C_B^α，单块尾翼面积为 S_T，其升力系数对攻角导数为 C_T^α，弹翼升力系数对攻角导数为 C_W^α，重力和阻力的速度损失为拦截速度的20%，固体发动机比冲为 I_{sp}，试一次估计导弹的最小起飞质量和每块弹翼面积。

解： 由理想速度公式得推进剂质量比为

$$\mu_p = 1 - \exp\left(-\frac{1.2V}{I_{sp}g}\right)$$

由质量系数公式得起飞质量为

$$M_0 = \frac{M_e}{1 - K_s - (1 + \alpha_{en})\mu_p}$$

由被动段拦截时的机动过载得

$$\frac{\rho v^2 C_L^\alpha \alpha^* S}{2M_0(1 - \mu_p)g} \geqslant n_{yr}$$

$$C_L^\alpha \alpha^* S = \frac{2n_{yr}(1 - \mu_p)g}{\rho V^2} M_0 = \frac{2n_{yr}gM_0}{\rho V^2} e^{\frac{-1.2V}{I_{sp}g}}$$

而弹体总升力大致为

$$C_L^\alpha \alpha^* S = C_B^\alpha \alpha^* S_B + C_T^\alpha \alpha^* \cdot 2\sqrt{2}S_T + C_W^\alpha \alpha^* \cdot 2\sqrt{2}S_W$$

故每块弹翼的面积大致为

$$S_W = \frac{\dfrac{2n_{yr}gM_0}{\rho V^2} e^{\frac{-1.2V}{I_{sp}g}} - (C_B^\alpha \alpha^* S_B + 2\sqrt{2}C_T^\alpha \alpha^* S_T)}{2\sqrt{2}C_W^\alpha \alpha^*}$$

例 5.4-3　以平均速度 $V = 2Ma$ 飞行的超声速巡航导弹，弹体平均零升阻力系数为 $C_{D0} = 0.3$，法向力系数对攻角导数的平均值为 $C_N^\alpha = 5.0$，弹体直径为 $d = 0.6\text{m}$，巡航发动机比冲为 $I_{sp1} = 800\text{s}$，可提供的推力为 $F = 6000\text{N}$，弹体与发动机的结构质量为 $M_k = 500\text{kg}$，巡航航程为 500km，试求：

(1) 可配置的最大弹头质量 M_e、装填燃料质量 M_p；

(2) 平均巡航高度 H、巡航攻角 α；

(3) 巡航级的初始质量 M_1；

(4) 助推发动机结构质量系数为 0.2，其他结构质量系数为 0.05，重力和阻力的速度损失为 0.25，比冲 $I_{sp2} = 250\text{s}$，要求助推起飞推重比为 $\bar{F} = 4$，求助推器起飞质量、起飞推力和总冲。

解： 升阻比为

$$K = \frac{L}{D} = \frac{C_L}{C_D} = \frac{C_N^\alpha \alpha}{C_{D0} + C_N^\alpha \alpha^2}$$

为使巡航升阻比最大，存在最佳巡航飞行攻角，求导数，得

$$\alpha^* = \sqrt{\frac{C_{D0}}{C_N^\alpha}} \approx 14°$$

则相应的最大升阻比为

$$K_{\max} = \left(\frac{L}{D}\right)_{\max} = \frac{1}{2}\sqrt{\frac{C_N^\alpha}{C_{D0}}}$$

(1) 巡航阻力为

$$D = (C_{D0} + C_N^\alpha \alpha^2)\frac{1}{2}\rho V^2 S$$

冲压推力为

$$F \approx \frac{D}{\cos\alpha}$$

故

$$\rho(H) = \frac{F\cos\alpha}{(C_{D0} + C_N^\alpha \alpha^2)\frac{1}{2}V^2 S}$$

代入参数得大气密度，反查标准大气参数表，得平均巡航高度 $H = 16.68\text{km}$。

(2) 巡航时间 $T = \dfrac{l}{v} = \dfrac{500000}{2\times340} = 735(\text{s})$，燃料质量 $M_p = \dot{m}T = \dfrac{F}{I_{\text{sp1}}g}T = 562.7\text{kg}$。

(3) 基于航程估计方程

$$R_{\max} = \left(\frac{L}{D}\right)_{\max} I_{\text{sp1}} v \ln\frac{1}{\mu_k} = \frac{1}{2}\sqrt{\frac{C_N^\alpha}{C_{D0}}} I_{\text{sp1}} V \ln\frac{M_K + M_p + M_e}{M_K + M_e}$$

可解得最大弹头质量：　　　　　　　$M_e = 489.4\text{kg}$

巡航级初始质量：　　　　　　$M_1 = M_k + M_p + M_e = 1552.1\text{kg}$

(4) 由于巡航速度为超声速，需要助推器来实现 $V = 2Ma$ 的巡航速度。

根据理想速度公式并修正速度损失，得推进剂质量比表达式为

$$\mu_p = 1 - \exp\left(-\frac{1.25V}{I_{\text{sp2}}g}\right)$$

由质量系数公式得起飞质量为

$$M_0 = \frac{M_1}{1 - K_s - (1 + \alpha_{\text{en}})\mu_p}$$

可得总的起飞质量

$$M_0 = 2594\text{kg}$$

因为　　　　　　　　　　　$M_0 = M_B + M_1$

于是助推器总质量为 $M_B = 1042\text{kg}$，推进剂质量为 $M_{pB} = \mu_p M_0 = 760.6\text{kg}$。

根据起飞推重比，可得助推器所需的起飞推力为 $F = 101.7\text{kN}$，总冲为

$$I_T = \int F\mathrm{d}t = I_{\text{sp2}}g \cdot M_p = 1863\text{kN}\cdot\text{s}$$

例 5.4-4　假设某空射巡航导弹，小型涡扇发动机的推力为 500kgf，发动机推重比为 10，

直径为 0.5m，耗油率为 $c = 0.6\text{kg}/(\text{kgf}\cdot\text{h})$，试基于此发动机初步分析设计 1100km 远程巡航导弹的方案和参数，要求弹头战斗部质量为 150kg，至少以 3 倍声速对地面目标进行垂直打击。

分析：因为射程为 1100km，远程巡航导弹只能以亚声速飞行以减少阻力，假设巡航速度为 $Ma = 0.85$，即 1041km/h，在 100m 高度巡航，巡航结束后弹头分离，弹头小火箭加速至超声速 $Ma = 4$，然后对地攻击。

小火箭质量：假设采用双基药，$I_{sp} = 230\text{s}$，$\alpha_{en} = 0.2$，$K_s = 0.1$，150kg 的战斗部，要从巡航速度 $Ma = 0.85$ 加速到 $Ma = 4$，速度损失假设 10%，则

$$\mu_p = 1 - \exp\left(-\frac{1.1\Delta V}{I_{sp}g}\right) = 0.42$$

代入质量方程得

$$M_0 = \frac{M_e}{1 - K_s - (1 + \alpha_{en})\mu_p} = 350\text{kg}$$

巡航级：亚声速飞行，依据经验，假设起飞推重比为 0.4，翼载荷大致为 350kgf/m^2，弹翼的展弦比相对较大，可取 5～6，升阻比为 8，先估计没有加注燃料时的结构质量，由于 350kg 小火箭载荷、涡扇发动机净质量至少 60kg，考虑到制导控制设备、电气设备、贮箱、弹体(弹身、弹翼、尾翼、舵)，可大致估计 $M_k = 1000\text{kg}$，根据第 2 章的 Breguet 方程有

$$R = \frac{L}{D}\frac{v}{c}\ln\frac{M_k + M_f}{M_k}$$

则燃料质量为 105kg，考虑不可预见因素，巡航级的总质量约为 1200kg。

弹翼面积为

$$S = \frac{m_0}{p_0} = \frac{1200}{350} = 3.4(\text{m}^2)$$

取展弦比为 6，弹翼的翼展长为

$$b = \frac{1}{(6\times 3.4)^{-0.5}} = 4.5(\text{m})$$

由此得平均几何弦长为

$$c_{\text{mean}} = \frac{4.5}{6} = 0.75(\text{m})$$

涡扇发动机的推力至少为

$$F = 0.4\times 1200 = 480(\text{kgf})$$

可见，给出的现有 500kgf 的发动机基本满足方案的需要。

习　　题

5-1　什么是导弹总体参数？其设计的大致过程是怎样的？有哪些特点？

5-2　导弹的起飞推重比大致范围是多少？推进剂质量比由什么决定？翼载或起飞截面载荷系数如何选择？

5-3　　总体参数完成后给发动机部门提供的输入是什么？

5-4　　统计意义上的导出型质量方程如何表示？有什么意义？

5-5　　展开型导弹质量方程的含义是什么？

5-6　　以平均速度 $Ma = 0.8$ 飞行的亚声速巡航导弹，弹体平均零升阻力系数为 $C_{D0} = 0.3$，法向力系数对攻角导数的平均值为 $C_N^\alpha = 20$，弹体直径为 $D = 0.6\mathrm{m}$，巡航发动机比冲为 $I_{sp} = 2000\mathrm{s}$，可提供的推力为 $F = 10000\mathrm{N}$，弹体与发动机的结构质量为 $M_k = 500\mathrm{kg}$，如果要求巡航航程为 1000km，试求可配置的最大弹头质量 M_e、装填燃料质量 M_p、平均巡航高度 H、巡航攻角 α、起飞质量 M_0。

5-7　　已知某亚声速巡航导弹续航级的结构质量 M_k、发动机比冲 $I_{sp}(\mathrm{s})$、20km 高度巡航时的大气密度 ρ、巡航速度 v，并且已知平飞时续航级弹体零升阻力系数 C_{D0}、诱导阻力系数与升力系数的关系为 $C_{Di} = AC_L^2$、$C_L = C_L^\alpha \cdot \alpha$，且 C_L^α、A 是已知的常数，飞行航程指标为 R。

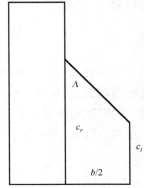

(1) 试估计所需的最少冲压燃料质量 M_p、最小弹翼面积 S 和导弹续航时的发动机平均推力 F，假设可忽略弹身升力的影响；

(2) 假设导弹长度 l，质心位于中点，零攻角时弹身的升力系数导数为 C_B^α，压心离质心位置为 $l/4$，迎风面积为 S_B，弹翼的升力系数导数为 C_W^α，为保证 $5\% l$ 的静稳定度，如果可忽略尾舵对静稳定的影响，试估计弹翼安装位置；

(3) 为使操稳比为 1，求最大升阻比航行时的 "+" 形尾控舵面操纵力矩系数 m_z^δ；

(4) 已知舵面的升力系数斜率 C_r^δ，求配平飞行时的舵面法向控制力 N_δ 及其单个舵的面积 S_r；

(5) 假设尾舵为梯形翼，选择展弦比和后掠角为 λ_r、Λ，估计舵的平面尺寸。

5-8　　某单级地空导弹，战斗部和制导控制系统的质量为 M_e，发动机的结构质量系数 K_{en}，其他结构质量(弹翼、尾翼、弹身及其所有相关附件)系数为 K_s，作战高度处的大气密度和拦截速度分别为 ρ、v，最大可用攻角为 α^*，相应的升力系数对攻角的导数为 C_L^α，阻力和重力的速度损失为拦截速度的 20%，固体发动机推力状态为单室单推力，比冲为 I_{sp}，采用被动段拦截，拦截机动需用过载为 n_{yr}，假设阻力系数为 C_D，不考虑大气密度的变化，主动段助推平均弹道倾角为 θ，助推加速度过载为常数 n_c，试估计：

(1) 导弹的最小起飞质量；

(2) 弹翼面积、起飞翼载；

(3) 助推平均推重比、发动机推力大小、燃料秒流量；

(4) 被动段拦截所需舵偏角。

第6章 综合设计与实践

6.1 综合实践(一)：战术助推滑翔导弹-总体参数设计

6.1.1 问题要求

1. 问题

给定战术性能指标：射程、战斗部(长度、半锥角、质量)和最大滑翔高度、最低滑翔高度、滑翔终点速度及导弹直径等约束。

例如，射程300km，导弹直径0.75m，平均压强10MPa，膨胀比20，战斗部长度2.6m，质量480kg，半锥角15°，钢制壳体密度7800kg/m³，绝热层材料密度1400kg/m³，平均零升阻力系数0.35，最大滑翔高度35km，最低巡航滑翔高度20km，滑翔终点速度马赫数为3，其他相关参数根据计算需要自定。

试求满足射程和约束条件的导弹总体参数(起飞质量、平均推力、总冲或工作时间)和其他相关参数。

2. 要求

(1) 提交仿真分析报告的电子文档；
(2) 提交MATLAB源代码可验证仿真程序，结果与文档仿真算例一致。

6.1.2 方法与步骤

1. 气动外形选择与气动计算

参考俄罗斯的伊斯坎德尔导弹，弹道如图 6.1-1 所示，轴对称外形尾控布局，气动系数可近似使用解析公式估算，有条件的还可利用 DATCOM 或 Fluent 得到的气动系数表。

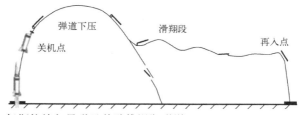

图 6.1-1 伊斯坎德尔导弹及其助推滑翔弹道

2. 关机速度估算

为启动参数计算，先利用滑翔段射程估算式(6.1-1)：

$$\text{Range} = \frac{L}{D}\frac{1}{2g}(V_k^2 - V_f^2) \tag{6.1-1}$$

由升阻比公式得

$$K = \frac{L}{D} = \frac{C_N^\alpha \alpha}{C_{D0} + C_N^\alpha \alpha^2} \tag{6.1-2}$$

对攻角求导得最大升阻比：

$$K_{\max} = \frac{1}{2}\sqrt{\frac{C_N^\alpha}{C_{D0}}} \tag{6.1-3}$$

和最优攻角：

$$\alpha^* = \sqrt{\frac{C_{D0}}{C_N^\alpha}} \tag{6.1-4}$$

由细长圆锥体弹身法向力公式(6.1-5)及导数(6.1-6)，可求弹身法向力系数及导数：

$$C_{N.B} = \sin(2\alpha)\cos(\alpha/2) + 2(l/d)\sin^2\alpha \tag{6.1-5}$$

$$C_{N.B}^\alpha = 2\cos(2\alpha)\cos(\alpha/2) - 0.5\sin(2\alpha)\sin(\alpha/2) + 2(l/d)\sin(2\alpha) \tag{6.1-6}$$

　　根据先验知识估算一个直径和长度，初步假设零升阻力系数，如 $C_{D0} \approx 0.3$，则可估算最大升阻比，若已知射程和终点速度，由式(6.1-1)则可估算所需关机速度 V_k。

　　如果是抛物线弹道导弹，可按最小能量弹道估算关机速度。

　　3. 推进剂质量比 μ_p 估算

　　理想速度公式：

$$V_I = I_{\text{sp}}g\ln\frac{1}{1-\mu_p}$$

若考虑重力和阻力的速度损失约为理想速度的 35%：

$$V_k = 0.65 I_{\text{sp}}g\ln\frac{1}{1-\mu_p} \tag{6.1-7}$$

则由式(6.1-7)可求出推进剂质量比 μ_p。

　　4. 发动机结构质量 M_{en} 估算

　　如图 6.1-2 所示，发动机结构质量为

$$M_{\text{en}} = M_c + M_n + M_s \tag{6.1-8}$$

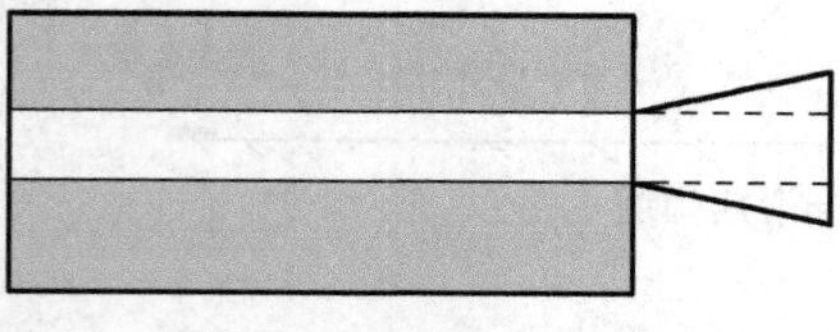

圆柱段金属壳体质量为

$$M_c = 2\pi R\delta L_c\rho_m + 2\pi R^2\delta\rho_m - A_{p0}\delta\rho_m \tag{6.1-9}$$

其中，$R = d/2$，d 是导弹直径；L_c 是圆柱段长度；ρ_m 是壳体密度；A_{p0} 是空腔面积；δ 为壁厚，即

图 6.1-2　固体火箭发动机质量估算简图

$$\delta = \frac{fP_{c.\max}d}{2[\sigma_b]} \tag{6.1-10}$$

这里，$f=1.3\sim1.5$，为安全系数；$P_{c.\max}$ 是燃烧室最大压力；$[\sigma_b]$ 是材料强度极限。

喷管段金属壳体质量为

$$M_n = \frac{A_t}{\sin\alpha_n}(\varepsilon_A-1)\delta_n\rho_n \tag{6.1-11}$$

其中，α_n、δ_n、ρ_n 分别为喷管扩张角、壁厚、密度，ε_A 为喷管膨胀比。

绝热层材料质量(假设绝热层厚度与金属壳体壁厚相同，则厚度系数 $k_s=1$)：

$$M_s = k_s\rho_s\frac{M_c+M_n}{\rho_m} \tag{6.1-12}$$

其中，ρ_s 是绝热材料密度。

5. 一级导弹起飞质量估算

$$M_0 = \frac{M_e}{1-K_s-(1+\alpha_{en})\mu_p} \tag{6.1-13}$$

其中，M_e、M_0 分别是战斗部有效载荷质量和导弹起飞质量；$\mu_p=\dfrac{M_p}{M_0}$，为推进剂质量比；$\alpha_{en}=\dfrac{M_{en}}{M_p}$，为发动机结构质量与装药质量比，也称为发动机结构质量系数，为提高精度本系数需要迭代，因为 α_{en} 与发动机筒体长度 L_c 有关，而长度与装药质量 M_p 有关，装药质量又与起飞质量 M_0 有关，起飞质量 M_0 又与发动机结构质量系数 α_{en} 有关；$K_s=\dfrac{M_{cs}}{M_0}$，为导弹结构质量系数(仪器舱、伺服机构、舵、电气、电缆、电源、火工品、导航设备)。

因此，已知 μ_p 和发动机结构质量系数、导弹结构质量系数和有效载荷质量，可求出起飞质量 M_0。

6. 装药质量估算

装药质量为

$$M_p = M_0\mu_p \tag{6.1-14}$$

7. 发动机尺寸估算

如图 6.1-3 所示，不妨假设内孔装药。

如果已知导弹直径 d，则装药外径为

$$D_1 = d-2\delta_c-2\delta_s \tag{6.1-15}$$

其中，δ_c 为壳体壁厚；δ_s 为绝热材料厚度。

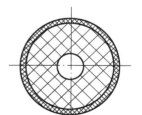

图 6.1-3 以内孔装药估算推进剂质量

于是装药质量和发动机圆柱段长度为

$$M_p = \rho_p L_c\frac{\pi}{4}(D_1^2-D_0^2) = M_0\mu_p \tag{6.1-16}$$

可求出发动机筒体长度 L_c 为

$$L_c = \frac{4 M_0 \mu_p}{\rho_p \pi (D_1^2 - D_0^2)} \tag{6.1-17}$$

设喷管出口膨胀比和喉通比分别为

$$\varepsilon_A = \frac{A_e}{A_t}, \quad J = \frac{A_t}{A_{p0}}$$

则初始通气道的内径为

$$D_0 = \sqrt{\frac{4 A_e}{\pi \varepsilon_A J}} \tag{6.1-18}$$

其中，$J < 0.5$，可取 $J = 0.4$。

8. 推重比、总冲、主动段助推工作时间、推进剂秒流量曲线及推力曲线估算

假设助推段的推重比为常数 c，即

$$c = \frac{F}{mg} = \frac{F}{M_0 (1 - \mu) g} \tag{6.1-19}$$

即在不考虑气动力和重力的情况下，是匀加速飞行，故

$$F(\mu) = M_0 g c (1 - \mu), \quad 0 \leqslant \mu \leqslant \mu_p \tag{6.1-20}$$

平均推力为

$$F_{\mathrm{av}} = \frac{\int_0^{\mu_p} F(\mu) \mathrm{d}\mu}{\mu_p} = \frac{\int_0^{\mu_p} M_0 g c (1 - \mu) \mathrm{d}\mu}{\mu_p} = M_0 g c \left(\mu_p - \frac{1}{2} \mu_p^2 \right) \Big/ \mu_p$$

故

$$F_{\mathrm{av}} = M_0 g c \left(1 - \frac{1}{2} \mu_p \right) \tag{6.1-21}$$

假设平均推力所对应的平均工作时间为 t_c，用于更精细地估算推重比，因为经验告知一级发动机燃烧时间最多 60s，推力总冲为

$$I_{\mathrm{Total}} = M_0 \mu_p I_{\mathrm{sp}} g = F_{\mathrm{av}} \cdot t_c \tag{6.1-22}$$

那么推重比为

$$c = \frac{I_{\mathrm{sp}} \mu_p}{\left(1 - \frac{1}{2} \mu_p \right) t_c} \tag{6.1-23}$$

因

$$F(\mu) = M_0 g c (1 - \mu) = \dot{m}(\mu) I_{\mathrm{sp}} g \tag{6.1-24}$$

故秒流量为

$$\dot{m}(\mu) = \frac{M_0 c (1 - \mu)}{I_{\mathrm{sp}}} \tag{6.1-25}$$

由于

$$\mu(t) = \frac{M_p(t)}{M_0}$$

$$\mathrm{d}\mu = \frac{\dot{m}}{M_0}\mathrm{d}t$$

$$\mathrm{d}t = \frac{M_0}{\dot{m}}\mathrm{d}\mu = \frac{I_{\mathrm{sp}}}{c(1-\mu)}\mathrm{d}\mu$$

故

$$t = -\frac{I_{\mathrm{sp}}}{c}\ln(1-\mu) \tag{6.1-26}$$

或

$$1-\mu = \exp\left(-\frac{c}{I_{\mathrm{sp}}}t\right) \tag{6.1-27}$$

主动段助推工作时间 t_k 由上述表达式，根据 μ_p 计算得到：

$$t_k = -\frac{I_{\mathrm{sp}}}{c}\ln(1-\mu_p) \tag{6.1-28}$$

由式(6.1-27)和式(6.1-25)，可得推进剂秒流量曲线：

$$\dot{m}(t) = \frac{M_0 c}{I_{\mathrm{sp}}}\exp\left(-\frac{c}{I_{\mathrm{sp}}}t\right) \tag{6.1-29}$$

由式(6.1-27)式和式(6.1-24)，可得推力曲线：

$$F(t) = M_0 gc(1-\mu) = M_0 gc \cdot \exp\left(-\frac{c}{I_{\mathrm{sp}}}t\right) \tag{6.1-30}$$

　　有了推进剂秒流量和推力曲线，就可以进行外弹道积分，得到助推关机速度和倾角，以及滑翔段飞行性能。

　　以上没有考虑发动机内弹道性能，而是假设常值推重比下得到的推进剂秒流量曲线和推力曲线。

9. 外弹道仿真

　　对于几百至上千千米射程的导弹，需要考虑大地为球面的动力学方程：

$$\begin{cases} \dfrac{\mathrm{d}V}{\mathrm{d}t} = \dfrac{F\cos\alpha}{m} - \dfrac{D}{m} - g\sin\Theta \\[2mm] \dfrac{\mathrm{d}\Theta}{\mathrm{d}t} = \dfrac{F\sin\alpha}{mV} + \dfrac{L}{mV} + \left(\dfrac{V}{r} - \dfrac{g}{V}\right)\cos\Theta \\[2mm] \dfrac{\mathrm{d}r}{\mathrm{d}t} = V\sin\Theta \\[2mm] \dfrac{\mathrm{d}\Phi}{\mathrm{d}t} = \dfrac{V\cos\Theta}{r} \end{cases} \tag{6.1-31}$$

其中，滑翔段令推力 $F=0$；V、Θ、r、Φ 分别为速度、当地速度倾角(或飞行路径角)、地心矢径、射程角；L、D、g、m 分别为导弹的升力、阻力、重力加速度、质量。

$$r = h + R_e \tag{6.1-32}$$

这里没有考虑重力加速度随高度 h 的微小变化，取为 9.8m/s^2。图 6.1-4 给出了飞行路径角 Θ、射程角 Φ 和发射系中速度倾角 θ 的几何关系为

$$\Theta = \theta + \Phi \tag{6.1-33}$$

助推段速度倾角变化规律假设如图 6.1-5 所示。

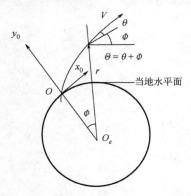

图 6.1-4　考虑球面的飞行几何关系示意图　　图 6.1-5　速度倾角变化规律假设

$$\theta(t) = At^2 + Bt + C$$

$$t = t_1, \quad \theta = \frac{\pi}{2} = At_1^2 + Bt_1 + C$$

$$t = t_k, \quad \theta = \theta_k = At_k^2 + Bt_k + C$$

$$t = t_k, \quad \frac{\mathrm{d}\theta}{\mathrm{d}t} = 2At_k + B = 0$$

于是得倾角函数：

$$\theta(t) = \begin{cases} \pi/2, & t \leqslant t_1 \\ \dfrac{\pi/2 - \theta_k}{(t_k - t_1)^2}(t - t_k)^2 + \theta_k, & t > t_1 \end{cases} \tag{6.1-34}$$

其中，θ_k 需要设计或调试，以满足最大滑翔高度约束。

助推段攻角函数为

$$\alpha(t) = \frac{mV\dfrac{\mathrm{d}\theta}{\mathrm{d}t} + mg\cos\theta}{F_{\text{av}} + C_N^\alpha \dfrac{1}{2}\rho v^2 S}, \quad -\alpha_{\max} < \alpha(t) < \alpha_{\max} \tag{6.1-35}$$

助推关机后，滑翔段的攻角控制包括弹道下压攻角函数和滑翔攻角函数。

1) 弹道下压攻角函数

弹道下压的持续时间为 $40\sim60\text{s}$，需要设计，可考虑为

$$\alpha(t) = k_\alpha(\Theta_d - \Theta) \tag{6.1-36}$$

2) 滑翔攻角函数

可按式(6.1-36)的飞行模式和以下最大升阻比模式：

$$\alpha = \sqrt{\frac{C_{D0}}{C_N^\alpha}}$$

比较这两种飞行模式的性能差异。

10. 射程计算

如果射程角为 Φ_f，则主动段和滑翔段的总射程为

$$\text{Range} = 6371\Phi_f \tag{6.1-37}$$

11. 仿真流程

(1) 根据射程 l_c，估算关机速度 V_k。

(2) 根据理想速度公式折合计算助推的推进剂质量比 μ_p。

(3) 假设固体导弹发动机结构质量系数的初值，如 $\alpha_{\text{en}}^0 = 0.1$。

(4) 根据质量方程计算起飞质量 M_0。

(5) 计算装药质量 M_p。

(6) 按内孔型装药计算发动机筒体长度 L_c(给定喉通比，喷管扩张角)。

(7) 计算发动机壳体厚度、金属壳体质量、绝热层质量、结构质量。

(8) 计算发动机结构质量系数 α_{en}，返回(4)重复计算过程，迭代直至收敛。

(9) 计算真空等加速推重比、推力曲线、秒流量曲线。

(10) 假设助推关机时的速度倾角。

(11) 根据外形和尺寸选择，解析估算气动参数(升力系数、阻力系数)或由 DATCOM 计算。

(12) 基于倾角函数和攻角函数，积分外弹道方程，包括助推段、滑翔段。

(13) 检查滑行高度是否满足要求，若不满足，则返回(10)，修改关机速度倾角参数 θ_k 直至满足最大滑翔高度约束。

(14) 计算飞行射程 Range，若不满足技术指标，则返回(1)修改射程 l_c，重复计算过程(1)~(14)。

之所以要迭代，是因为启动设计时，滑翔段航程估计用的是近似的平均升阻比，重力阻力损失也是估计的，并无弹道积分。

对于弹道导弹，起飞截面载荷系数 $p = m/S$，这里先给定了导弹直径 d 或横截面积 S，起飞质量 m 是由最大升阻比的航程和发动机结构质量系数共同确定的，因此就算出了起飞截面载荷系数 p，这与有翼导弹的计算方式不同。

早期，计算机数值计算不发达，引入了翼载系数。对于本例，特别是对弹道导弹，可以不关注蜕化的起飞截面载荷系数这个参数事先怎么选择，而是依据设计经验，直径都有参考值，就不用计算起飞截面载荷系数了。气动系数目前可用 DATCOM 和 Fluent 数值计算软件获取，本次编程实践练习中，为简化起见，外弹道计算时可按如下案例假设平均零升阻力系数为 0.35，而法向力系数按书中第 2 章的圆锥体解析公式计算。

大气密度按《远程火箭弹道学》附录的随高度插值函数求取。

6.1.3　设计案例

按图 6.1-6 所示给出输入参数，图 6.1-7 所示给出了方案初步设计结果，图 6.1-8 和图 6.1-9

分别给出了平衡滑翔和最大升阻比滑翔的弹道飞行仿真结果。如果射程或终端速度不满足要求，可以修改射程输入，以仿真得到的射程为设计结果，终端速度约束也可以修改。改变熄火角参量，可调整最大滑翔高度。

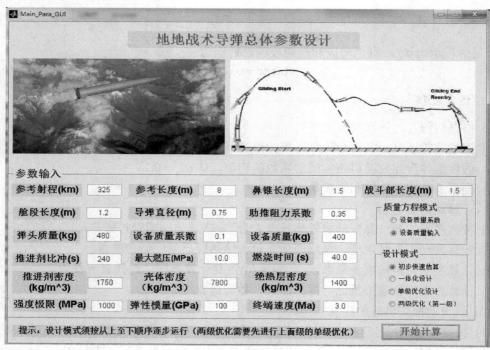

图 6.1-6 仿真参数输入

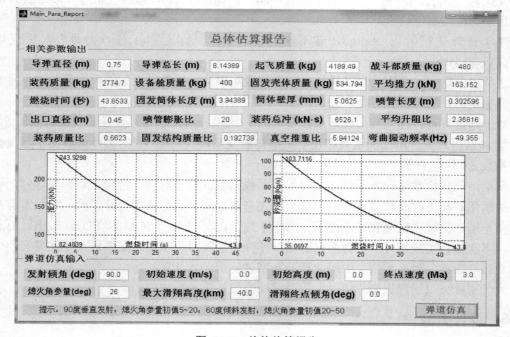

图 6.1-7 总体估算报告

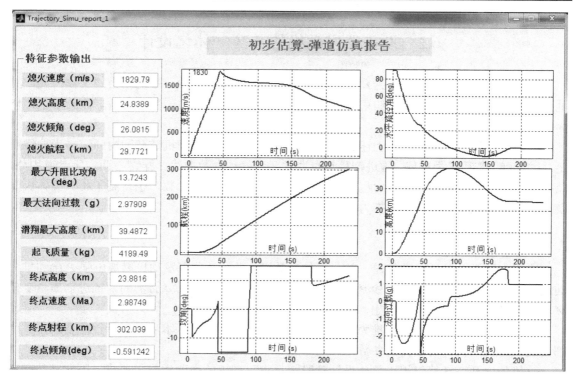

图 6.1-8　平衡滑翔模态的速度、当地速度倾角、航程、高度、攻角和法向过载仿真曲线

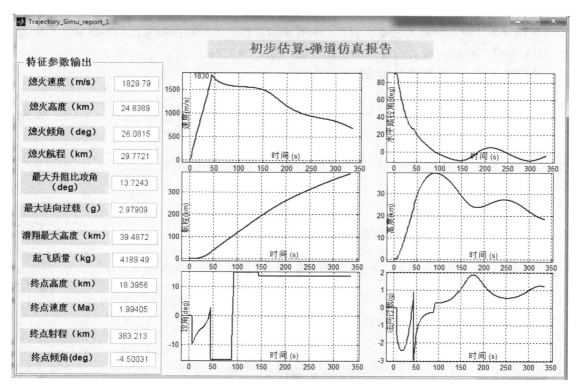

图 6.1-9　最大升阻比滑翔模态的速度、当地速度倾角、航程、高度、攻角和法向过载仿真曲线

6.2　助推器发动机的装药一体化设计

前面提到，总体部门提供给发动机部门的主要参数包括总冲、平均推力或工作时间，其他为发动机直径、助推级质量约束，以及可能的燃烧室平均压力、装药质量、装药形状，作为辅助参考。

一体化设计的含义：基于上述获得的总体初始参数，使发动机装药和内弹道推力曲线满足总冲相等，装药推力曲线、推进剂秒流量曲线要和气动参数曲线一样参与助推段弹道积分，获得关机速度，直到满足飞行射程要求，这样不仅修正了总体参数，也得到了相关固体火箭发动机参数，关键是如何计算推力曲线。

1. 零维内弹道计算

零维内弹道计算用于助推器一体化总体参数设计阶段，估算发动机燃烧压强 $P_c(t)$ 和推力曲线，推力曲线 $F(t)$ 和推进剂秒流量曲线是助推器外弹道积分计算必需的，推进剂质量变化 $M_p(t)$ 在装药燃面计算中可以给出。

满足外弹道特性的内弹道推力曲线，说明发动机装药设计基本满足飞行性能要求，总体部门提供给发动机部门设计的参数是可参考的。

这里的内弹道计算仅用于总体设计阶段，是求取期望的内弹道推力曲线，因此是基于所选取的推进剂类型，根据经验或从发动机部门得到的平均比冲值 I_{sp} 启动内弹道计算，而不是先根据装药的燃烧产物分析比冲，再进行内弹道计算。

方法如下：设计变量为发动机直径、喷管出口直径、出口截面膨胀比、燃烧室平均压强。

(1) 假设某种配方所对应的发动机比冲值，如 $I_{sp} = 250\text{s}$。

(2) 根据比冲反算燃烧产物的特征速度 C^*。

$$I_{sp} = \frac{C^*}{g}\left\{\Gamma\sqrt{\frac{2k}{k-1}\left[1-\left(\frac{p_e}{p_c}\right)^{\frac{k-1}{k}}\right]}+\varepsilon_A\left(\frac{p_e}{p_c}-\frac{p_a}{p_c}\right)\right\} \tag{6.2-1}$$

其中，

$$\Gamma = \sqrt{k}\left(\frac{2}{k+1}\right)^{\frac{k+1}{2(k-1)}}$$

k 是燃气比热指数，可取 1.4，根据膨胀比可计算出口压力比：

$$\varepsilon_A = \frac{A_e}{A_t} = \frac{\left(\frac{2}{k+1}\right)^{\frac{1}{k-1}}\sqrt{\frac{k-1}{k+1}}}{\sqrt{\left(\frac{p_e}{p_c}\right)^{\frac{2}{k}}-\left(\frac{p_a}{p_c}\right)^{\frac{k-1}{k}}}} \tag{6.2-2}$$

(3) 计算流量系数。

$$c_d = 1/C^* \tag{6.2-3}$$

(4) 根据装药设计的燃面曲线 S_b，计算燃烧室压力曲线。

$$p_c = \left(\frac{a_0 \rho_p S_b}{c_d A_t} \right)^{\frac{1}{1-n}} \quad (6.2\text{-}4)$$

(5) 计算推力系数。

$$c_F = \Gamma \sqrt{\frac{2k}{k-1} \left[1 - \left(\frac{p_e}{p_c} \right)^{\frac{k-1}{k}} \right]} + \frac{A_e}{A_t} \left(\frac{p_e}{p_c} - \frac{p_a}{p_c} \right) \quad (6.2\text{-}5)$$

(6) 计算推力曲线。

$$F = c_F p_c A_t = \dot{m} U_e + A_e (p_e - p_a) \quad (6.2\text{-}6)$$

式中, p_c 为燃烧室压力; ρ_p 为推进剂密度; a_0 为推进剂标称压力下的燃速; p_e 为喷管出口压力; A_t 为喷管喉部面积; A_e 为喷管出口面积; n 为推进剂燃烧压力指数; c_F 为推力系数。

2. 药形设计与燃烧面积曲线计算

助推器推力较大,可以采用翼柱形或星形,如图 6.2-1、图 6.2-2 所示。燃烧时间较长时,对应的药形中常见的是这两种,如美国民兵系列弹道导弹。尤其是最近 20 年,常采用三维翼柱形装药,其残余燃烧或推力拖尾曲线短,好于二维燃烧的星形装药,有利分离和弹道控制,另外,其推力曲线的调节性好于星形;但这不代表星形装药不可以,其也是可以的,可以用解析法计算燃面曲线,绝热性能会好于翼柱形。

(a) 前后翼柱   (b) 后翼柱

图 6.2-1 翼柱形装药图

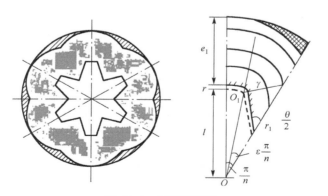

图 6.2-2 星形装药图

1) 翼柱形装药设计

没有解析法,需要使用通用体积法,往翼柱空腔里填充几何体数值,计算燃烧面积和体积,类似有限元方法,使用专业软件。

2) 星形装药设计及其燃面计算

详见王元有编写的《固体火箭发动机设计》，其中有解析公式计算燃烧面积 S_b，本书第 4 章也有涉及。

3. 推力曲线和秒流量曲线置换

在助推器积分中，将装药设计和内弹道计算得到的推力曲线和推进剂秒流量曲线置换等加速假设所获得的推力和秒流量解析公式，完成外弹道积分。

6.3　综合实践(二)：巡航导弹总体参数设计

6.3.1　问题要求

1. 问题

假设巡航级质量 750kg、长度 4.5m、直径 0.45m，冲压燃料 147kg，冲压发动机平均比冲 1200s，平均推力 2000N、可调范围 ±10%，空射分离速度 $Ma = 0.8$，分离高度 11km。

巡航速度达到 $Ma = 5.1$，假设该速度时的轴向力系数为 0.24，法向力系数对攻角的导数为 8.0，再入末制导的落角至少 70°，速度大于马赫数 2.5。

设计要求：航程 1200km，且总长不超过 7m，助推分离接力的速度不小于马赫数 4.2，直径不超过 0.6m，巡航导弹总质量不超过 1500kg。

试设计助推器总体参数，包括长度、直径、装药质量、结构质量、推力曲线、压强曲线和助推工作时间、导弹起飞质量等。

2. 要求

(1) 进行巡航导弹的弹道控制参数设计，包括最佳飞行高度、全程攻角曲线。

(2) 提交设计分析报告、MATLAB 仿真程序和仿真结果。

(3) 通过飞行性能仿真对助推、巡航发动机提出推力或比冲等方面的改进建议。

(4) 假设助推飞行时的气动参数：轴向力和法向力系数大致如表 6.3-1 和表 6.3-2 所示。

表 6.3-1　助推飞行轴向力系数表(参考直径 0.6m)

攻角/(°)	马赫数				
	0.2	2.0	3.0	4.0	5.0
−15	0.45	0.40	0.27	0.22	0.18
−12	0.50	0.45	0.33	0.20	0.16
−8	0.49	0.46	0.35	0.19	0.157
−4	0.495	0.47	0.38	0.18	0.152
0	0.492	0.476	0.385	0.178	0.150
4	0.512	0.478	0.394	0.190	0.164
8	0.515	0.482	0.398	0.202	0.172
12	0.528	0.531	0.453	0.245	0.196
16	0.554	0.558	0.498	0.570	0.222

表 6.3-2 助推飞行法向力系数表

攻角/(°)	马赫数				
	0.2	2.0	3.0	4.0	5.0
−15	−2.283	−2.292	−2.205	−2.078	−1.923
−12	−1.468	−1.498	−1.483	−1.421	−1.312
−8	−0.881	−0.891	−0.847	−0.800	−0.765
−4	−0.431	−0.491	−0.375	−0.323	−0.307
0	−0.046	−0.056	−0.019	0.018	0.023
4	0.370	0.380	0.352	0.420	0.396
8	0.738	0.758	0.885	0.957	0.944
12	1.462	1.482	1.685	1.682	1.584
16	2.571	2.581	2.600	2.402	2.186

6.3.2 设计方法和数学模型

1. 助推器参数初步设计

设计方法同前述 Iskander 导弹的助推器。

2. 助推段控制

助推段水平发射的速度倾角变化规律假设如图 6.3-1 所示。

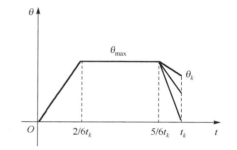

图 6.3-1 速度倾角变化规律假设

得到分段倾角线性函数：

$$\theta(t) = \begin{cases} \dfrac{3\theta_{max}}{t_k}t, & t \leqslant \dfrac{2}{6}t_k \\[2mm] \theta_k, & t > \dfrac{2}{6}t_k, \quad t < \dfrac{5}{6}t_k \\[2mm] \theta_{max} - \dfrac{6(\theta_{max} - \theta_k)}{t_k}\left(t - \dfrac{5}{6}t_k\right), & t \geqslant \dfrac{5}{6}t_k \end{cases} \tag{6.3-1}$$

θ_{max}、θ_k 需要设计或调试，以满足最大滑翔高度约束，由此可得倾角变化率 $\dfrac{\mathrm{d}\theta}{\mathrm{d}t}$。于是助推段攻角函数可取为

$$\alpha(t) = \frac{mV\dfrac{\mathrm{d}\theta}{\mathrm{d}t} + mg\cos\theta}{F_{av} + C_N^\alpha \dfrac{1}{2}\rho v^2 S}, \quad -\alpha_{max} < \alpha(t) < \alpha_{max} \tag{6.3-2}$$

3. 巡航段动力学方程

动力学方程见式(6.1-31)。

4. 巡航控制

1) 巡航高度控制

保持巡航高度非常重要，在等高度航行时射程最远，飞行路径是直线。如果是变高度飞行，飞行路径是曲线，浪费燃料。而且，存在一个最佳巡航高度，使得发动机加速性能好，航程最远。因为过高，空气稀薄，发动机空气流量小，推力小，满足不了马赫数为 5.1～5.2 的飞行约束；过低，进气流量大，推力大，但阻力也大，飞不远。由此可见高度控制的重要性，高度是一个优化变量。

高度由攻角控制，攻角控制律为

$$\alpha = \frac{-k_p(H - H_d) - k_s V \sin\Theta + g\cos\Theta - V^2/r}{C_N^\alpha qS + F} m(t) \tag{6.3-3}$$

其中，H 为当前高度；H_d 为期望高度，输入变量；F 为发动机当前推力；V 为当前飞行速度；Θ 为当地速度倾角；k_p、k_s 为高度控制增益，调试获取，如 12 和 2。

2) 巡航速度控制

弹道推力控制：

$$F = \begin{cases} 1.5 \times \dfrac{C_D \frac{1}{2}\rho V^2 S}{\cos\alpha}, & M < 5.1 \\[4mm] 1.0 \times \dfrac{C_D \frac{1}{2}\rho V^2 S}{\cos\alpha}, & M \geqslant 5.1 \end{cases} \tag{6.3-4}$$

将巡航推力模型简化为火箭发动机的比冲模型：

$$F = U_e \dot{m} = I_{sp} g \dot{m} \tag{6.3-5}$$

其中，$\dot{m}$ 为燃油秒耗量。

3) 射程计算

射程包括助推段、巡航段和再入段。

5. 再入段模型及方法

再入模式包括弹道再入和末制导再入，总体参数设计时助推段和巡航段可假设为平面弹道，再入段可为空间弹道。

1) 弹道再入模式

弹道再入即零攻角再入，仿真求出再入段的飞行射程和落地马赫数，并比较如下末制导再入模式的性能。

2) 末制导再入模式

验证巡航级弹体法向转弯过载能力、末制导方法的收敛性和精度控制能力，以及弹道拉起增程能力。

6. 末制导控制律和动力学仿真方程组

这里先定义相关坐标系，如图 6.3-2 所示。

再入坐标系：原点为再入点 e，ex_e 轴平行于当地水平面，ey_e 轴垂直地面。

目标坐标系 $Oxyz$：再入坐标系绕 ez 轴旋转再入段的射程角 β_e 而得到，原点在目标点。导弹末制导飞行在目标坐标系中仿真，当 $x = 0$，$y = 0$，$z = 0$ 时，表示导弹 M 命中目标 O。

视线坐标系 $O\xi\eta\varsigma$：OM 为目标到导弹的视线，$O\eta$ 在目标当地水平面内垂直视线。视线对目标坐标系 Ox 轴的方位角 λ_T 和高低角 λ_D 如图 6.3-3 所示。

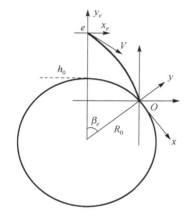

图 6.3-2　再入坐标系与目标坐标系定义　　　　图 6.3-3　视线坐标系及相关参数

采用 2-3-1 欧拉角表征目标坐标系与弹道坐标系的关系，目标坐标系中的运动学方程为

$$\begin{cases} \dot{x} = V\cos\theta\cos\sigma \\ \dot{y} = V\sin\theta \\ \dot{z} = -V\cos\theta\sin\sigma \end{cases} \tag{6.3-6}$$

弹道坐标系中动力学方程为

$$\begin{cases} \dot{V} = -D/m + g_{xh} \\ \dot{\theta} = C_L^\alpha \alpha qS/(mV) + g_{yh}/V \\ \dot{\sigma} = -C_z^\beta \beta qS/(m\cos\theta \cdot V) - g_{zh}/(V\cos\theta) \end{cases} \tag{6.3-7}$$

其中，
$$\begin{bmatrix} g_{xh} \\ g_{yh} \\ g_{zh} \end{bmatrix} = M_3[\theta]M_2[\sigma]\begin{bmatrix} x \\ y + R_0 \\ z \end{bmatrix}\left(-\frac{\mu}{r^3}\right)$$

$$r = \sqrt{x^2 + (y + R_0)^2 + z^2}$$

式中，μ 为地球引力常数；R_0 为地球平均半径。

7. 再入控制：采用潘兴-Ⅱ制导律

速度方向控制既要保证在无干扰情况下命中目标，又要保证末速度有一定的方向(即落地倾角约束)，控制变量为加速度或者攻角 α 和侧滑角 β。

为命中目标和控制末速在约束方向，速度方向应满足再入制导律：

$$\dot{\gamma}_D = K_{GD}\dot{\lambda}_D + K_{LD}(\lambda_D + \gamma_{DF})/T_g$$

$$\dot{\gamma}_T = K_{GT}\dot{\lambda}_T \cos\lambda_D$$

(6.3-8)

其中，K_{GD}、K_{LD} 和 K_{GT} 为从优化原理推导出的有关常数，在速度损失最小的条件下，考虑终端约束，由最优控制原理得出增益取值，$K_{GD} = -4$，$K_{LD} = -2$，$K_{GT} = 3$；γ_{DF} 是末端所要求的速度倾角；$\dot{\gamma}_T$ 和 $\dot{\gamma}_D$ 分别为弹头速度方向在侧平面和纵平面的变化率。

视线高度角和方位角：

$$\lambda_D = \arctan(y/\sqrt{x^2 + z^2})$$

$$\lambda_T = \begin{cases} \arctan\left(-\dfrac{z}{x}\right), & x \geqslant 0 \\ \pi + \arctan\left(-\dfrac{z}{x}\right), & x < 0 \end{cases}$$

(6.3-9)

导弹速度在视线坐标系中的投影：

$$\begin{bmatrix} v_\xi \\ v_\eta \\ v_\varsigma \end{bmatrix} = S_O \begin{bmatrix} V_x \\ V_y \\ V_z \end{bmatrix} = S_O \begin{bmatrix} \dot{x} \\ \dot{y} \\ \dot{z} \end{bmatrix}$$

(6.3-10)

视线角速率：

$$\dot{\lambda}_D = v_\eta / \rho$$

$$\dot{\lambda}_T = -v_\varsigma / (\rho \cos\lambda_D)$$

(6.3-11)

视线距离 ρ 和剩余飞行时间 T_g：

$$\rho = \sqrt{x^2 + y^2 + z^2}$$

$$T_g = \frac{-\rho}{v_\xi}$$

(6.3-12)

因为

$$\dot{\gamma}_D = -\dot{\theta}\cos(\lambda_T - \sigma)$$

$$\dot{\gamma}_T = \dot{\sigma}\cos\lambda_D - \dot{\theta}\sin(\lambda_T - \sigma)\sin\lambda_D$$

(6.3-13)

求解弹道角速率控制变量：

$$\dot{\theta}_c = \frac{-\dot{\gamma}_D}{\cos(\lambda_T - \sigma)}$$

$$\dot{\sigma}_c = \frac{1}{\cos\lambda_D}[\dot{\gamma}_T + \dot{\theta}\sin(\lambda_T - \sigma)\sin\lambda_D]$$

(6.3-14)

于是由弹道坐标系方程求解加速度指令：

$$a_{yc} = V\dot{\theta}_c - g_y = C_L^\alpha \alpha qS / m$$
$$a_{zc} = V\cos\theta\dot{\sigma}_c + g_z = -C_z^\beta \beta qS / m$$

(6.3-15)

或者由(6.3-15)式反解出攻角 α 和侧滑角 β。

6.3.3 外弹道仿真方法与流程

1. 助推段仿真计算

(1) 根据接力速度马赫数>4.2 的约束，输入关机速度马赫数参考值；

(2) 根据理想速度公式折合计算助推的推进剂质量比 μ_p；

(3) 假设固体导弹发动机结构质量系数初值 $\alpha_{en}^0 = 0.1$；

(4) 根据质量方程计算起飞质量 M_0；

(5) 计算装药质量 M_p；

(6) 按内孔型装药计算发动机筒体长度 L_c(给定喉通比、喷管扩张角)；

(7) 计算发动机壳体厚度、金属壳体质量、绝热层质量、结构质量；

(8) 计算发动机结构质量系数 α_{en}，返回(4)重复计算过程直至收敛；

(9) 计算真空等加速推重比、推力曲线、秒流量曲线；

(10) 假设助推速度倾角跟踪曲线(也是参考值，实际值取决于全弹的法向过载能力)；

(11) 假设助推攻角控制律；

(12) 基于气动系数、倾角函数和攻角函数，积分外弹道方程至助推关机，交班进入巡航段仿真。

2. 巡航段仿真计算

(1) 以助推段结束参数为初值；

(2) 基于高度控制律计算巡航攻角曲线，基于推力控制计算秒流量曲线；

(3) 积分巡航段方程，至燃料耗尽，进入再入段仿真。

3. 再入段仿真计算

(1) 以巡航段结束参数为初值；

(2) 根据再入末制导控制律计算控制参数，如弹道倾角、弹道偏角、攻角、侧滑角；

(3) 积分目标坐标系中的再入动力学方程，至当地高度为零仿真结束，得到再入弹道；

(4) 将相关末制导参数与巡航段射程参数衔接，绘出射程曲线、高度曲线等。

大气密度按《远程火箭弹道学》附录的标准大气表随高度插值求取。

4. 末制导弹道仿真的接口参数转换

注意：再入点位置和速度及再入倾角的平面参数要转换到目标坐标系中。

在图 6.3-3 中，再入点 e 在目标点再入坐标系 $Ox_e y_e$ 中的坐标为 $(-x_{e0}, y_{e0})$，其中，

$$\begin{cases} x_{e0} = R_e \sin\beta_e \\ y_{e0} = h_0 + R_e(1-\cos\beta_e) \end{cases}$$

(6.3-16)

把它变换到目标坐标系 $Oxyz$ 中作为末制导的仿真初值：

$$\begin{bmatrix} x_{T0} \\ y_{T0} \end{bmatrix} = \begin{bmatrix} \cos\beta_e & \sin\beta_e \\ -\sin\beta_e & \cos\beta_e \end{bmatrix} \begin{bmatrix} -x_{e0} \\ y_{e0} \end{bmatrix} \qquad (6.3\text{-}17)$$

其中，再入射程角 $\beta_e > 0$。

　　同理，再入速度初值也应变换到目标坐标系 $Oxyz$ 中：

$$\begin{bmatrix} V_{xT0} \\ V_{yT0} \end{bmatrix} = \begin{bmatrix} \cos\beta_e & \sin\beta_e \\ -\sin\beta_e & \cos\beta_e \end{bmatrix} \begin{bmatrix} V_{xe0} \\ V_{ye0} \end{bmatrix} = \begin{bmatrix} \cos\beta_e & \sin\beta_e \\ -\sin\beta_e & \cos\beta_e \end{bmatrix} \begin{bmatrix} V_e\cos\Theta_e \\ V_e\sin\Theta_e \end{bmatrix} \qquad (6.3\text{-}18)$$

再求目标坐标系中的速度倾角：

$$\theta_0 = \arctan(V_{y0} / V_{x0}) \qquad (6.3\text{-}19)$$

写出再入微分方程动力学仿真所对应的初值表达式：

$$X_0 = (x_0, y_0, z_0, V_0, \theta_0, \sigma_0) \qquad (6.3\text{-}20)$$

其中，z_0、σ_0 为再入点的小偏差干扰量。

6.3.4　仿真算例

　　仿真结果如图 6.3-4～图 6.3-8 所示。

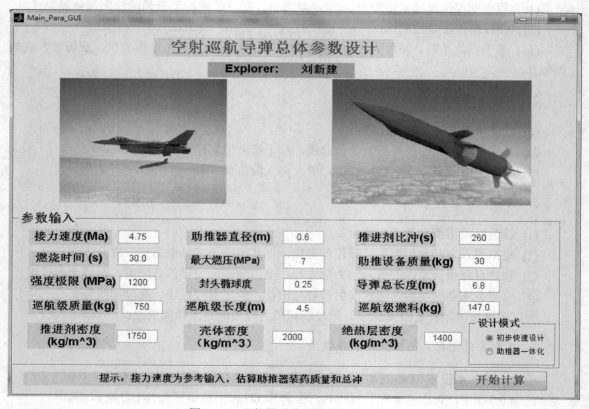

图 6.3-4　巡航导弹总体参数仿真输入

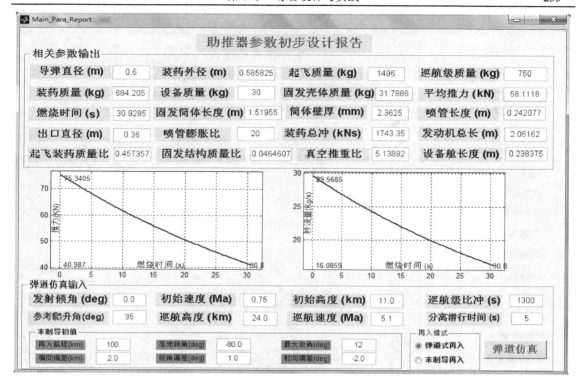

图 6.3-5　助推器总体参数仿真报告及弹道仿真输入

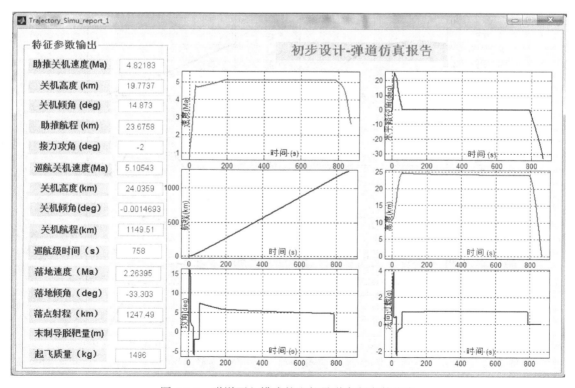

图 6.3-6　弹道再入模式的巡航导弹全程参数仿真

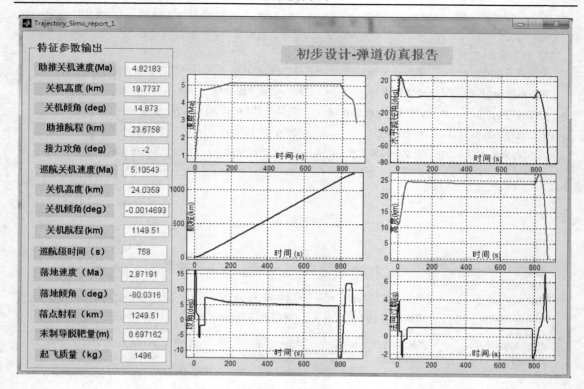

图 6.3-7　带落地倾角约束末制导再入模式的巡航导弹全程参数仿真

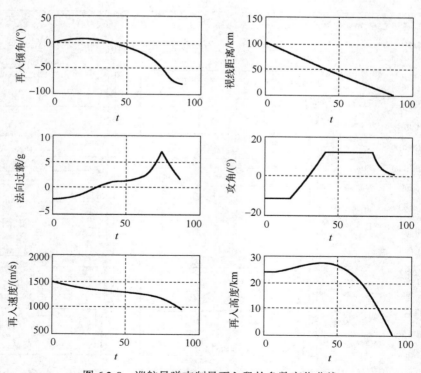

图 6.3-8　巡航导弹末制导再入段的参数变化曲线

6.4　综合实践(三)：中程助推滑翔飞行器弹道规划

弹道规划就是针对理论参数，给出满足约束条件的理论打击弹道或标准弹道，在总体设计中也是必需的仿真分析工作。下面给出一种设计方法。

6.4.1　总体参数说明

3000～4000km 的滑翔导弹需要二级助推火箭，4000km 的航程需达到 4500m/s 的耗尽关机速度，二级助推火箭的总体参数设计需要满足此要求。有效载荷是滑翔升力体，外形要具有足够的升阻比。

(1) 假设有效载荷滑翔体的质量为 1t，再入后高度小于 50km 就开启最大升阻比滑翔模式。

(2) 二级助推，各级比冲为 250s，各级推进剂质量比为 $\mu_p = 0.67$，各级发动机结构质量系数为 $\alpha_{en} = 0.18$，各级发动机外的结构质量为 200kg，各级真空等加速推重比为 6.0，根据这些参数计算各级起飞质量、推进剂质量、各级工作时间、推力曲线和秒流量曲线。

(3) 气动系数假设：第一级法向力导数为 20，第二级法向力导数为 10，滑翔体的法向力导数为 10，轴向力系数均为 0.2，各级气动系数的参考面积均为 $S = 2.0\text{m}^2$。

6.4.2　质心动力学与运动学方程

(1) 北天东地理坐标系 N：$cx_Ty_Tz_T$，原点位于飞行器质心，cy_T 沿地心矢径的天顶方向，cx_T 平行于当地子午线的切线，正北方向为正，根据右手定则，cz_T 指向东。

(2) 发射坐标系 O：$oxyz$，发射时刻的坐标系，oxy 为发射时刻铅垂面，ox 在发射点、目标点及地心构成的弹道瞄准平面内。

(3) 弹体坐标系 B：原点在质心，cx_1 为纵轴指向头部，cy_1 在主对称面内垂直 cx_1，向上为正。

(4) 速度坐标系 V：飞行器质心 c 为原点，cx_v 沿速度方向，cy_v 在飞行器主对称面内。

(5) 弹道坐标系 H(半速度坐标系)：cx_h 与 cx_v 重合，cy_h 在包含速度矢量的铅垂面内。倾侧角反映升力对铅垂面的倾斜，也是速度坐标系对半速度坐标系的速度滚动角或倾斜角。

弹道坐标系与地理坐标系之间的速度欧拉角为方位角和当地倾角 σ_T、θ_T，即地理坐标系先偏航后俯仰(2-3 欧拉角)至弹道坐标系，θ_T 也为水平路径角，坐标转换为

$$\boldsymbol{H}_N = \boldsymbol{M}_3(\theta_T)\boldsymbol{M}_2(\sigma_T) = \begin{bmatrix} \cos\theta_T & \sin\theta_T & 0 \\ -\sin\theta_T & \cos\theta_T & 0 \\ 0 & 0 & 1 \end{bmatrix}\begin{bmatrix} \cos\sigma_T & 0 & -\sin\sigma_T \\ 0 & 1 & 0 \\ \sin\sigma_T & 0 & \cos\sigma_T \end{bmatrix} \tag{6.4-1}$$

显然，

$$\boldsymbol{H}_B = \boldsymbol{H}_V(\gamma_v)\boldsymbol{V}_B(\alpha,\beta) = \boldsymbol{M}_1[\gamma_v] \cdot \boldsymbol{M}_3[\alpha]\boldsymbol{M}_2[\beta]$$
$$\boldsymbol{P}_h = \boldsymbol{H}_B\boldsymbol{P}_B \tag{6.4-2}$$

下面导出弹道坐标系中的动力学方程和北天东地理坐标系中的运动学方程，用于主动段和滑翔段的飞行仿真。在发射系中的质心动力学方程为

$$m\frac{\mathrm{d}^2 \boldsymbol{r}}{\mathrm{d}t^2} = \boldsymbol{P} + \boldsymbol{R} + m\boldsymbol{g} + \boldsymbol{F}_c - m\boldsymbol{a}_e - m\boldsymbol{a}_k \tag{6.4-3}$$

相对加速度在这里用弹道系中的速度导数表示：

$$\frac{\mathrm{d}^2 \boldsymbol{r}}{\mathrm{d}t^2} = \dot{\boldsymbol{v}}_h + \boldsymbol{\Omega}_h \times \boldsymbol{v}_h = \begin{bmatrix} \dot{v} \\ 0 \\ 0 \end{bmatrix} + \begin{bmatrix} 0 & -\Omega_{hz} & \Omega_{hy} \\ \Omega_{hz} & 0 & -\Omega_{hx} \\ -\Omega_{hy} & \Omega_{hx} & 0 \end{bmatrix} \times \begin{bmatrix} \dot{v} \\ 0 \\ 0 \end{bmatrix} \tag{6.4-4}$$

其中，

$$\boldsymbol{\Omega}_h = \boldsymbol{\Omega}_1 + \boldsymbol{\Omega}_2 \tag{6.4-5}$$

$\boldsymbol{\Omega}_1$ 是地理系对发射系的角速度：

$$\boldsymbol{\Omega}_1 = \dot{\boldsymbol{\lambda}} + \dot{\boldsymbol{\phi}} = H_T \begin{bmatrix} \dot{\lambda}\cos\phi \\ \dot{\lambda}\sin\phi \\ -\dot{\phi} \end{bmatrix} \tag{6.4-6}$$

$\boldsymbol{\Omega}_2$ 是弹道系对地理系的角速度，投影到半速度弹道系上：

$$\boldsymbol{\Omega}_2 = \dot{\boldsymbol{\sigma}}_T + \dot{\boldsymbol{\theta}}_T = \begin{bmatrix} \dot{\sigma}_T \sin\theta_T \\ \dot{\sigma}_T \cos\theta_T \\ \dot{\theta}_T \end{bmatrix} \tag{6.4-7}$$

得到

$$\frac{\mathrm{d}^2 \boldsymbol{r}}{\mathrm{d}t^2} = \begin{bmatrix} \dot{v} \\ v\Omega_{hz} \\ -v\Omega_{hy} \end{bmatrix} = \begin{bmatrix} \dot{v} \\ v\left(\dot{\theta}_T - \dfrac{v\cos\theta_T}{r}\right) \\ -v\left(\dot{\sigma}_T \cos\theta_T - \dfrac{v\tan\phi\cos^2\theta_T \sin\sigma_T}{r}\right) \end{bmatrix} \tag{6.4-8}$$

再把推力、空气动力、引力和控制力投影到弹道坐标系 H 上，弹道坐标系中动力学方程为

$$m\begin{bmatrix} \dot{v} \\ v\left(\dot{\theta}_T - \dfrac{v\cos\theta_T}{r}\right) \\ -v\left(\dot{\sigma}_T \cos\theta_T - \dfrac{v\tan\phi\cos^2\theta_T \sin\sigma_T}{r}\right) \end{bmatrix} \tag{6.4-9}$$

$$= \boldsymbol{H}_B \begin{bmatrix} P \\ 0 \\ 0 \end{bmatrix} + \boldsymbol{H}_V \begin{bmatrix} -D \\ L \\ Z \end{bmatrix} + \boldsymbol{H}_B \begin{bmatrix} F_{cx1} \\ F_{cy1} \\ F_{cz1} \end{bmatrix} + \boldsymbol{H}_N \begin{bmatrix} 0 \\ g'_r \\ 0 \end{bmatrix} + \boldsymbol{H}_N \begin{bmatrix} g_{\omega_e}\cos\phi \\ g_{\omega_e}\sin\phi \\ 0 \end{bmatrix} - \boldsymbol{H}_N m\boldsymbol{a}_e - \boldsymbol{H}_N m\boldsymbol{a}_k$$

式中，$\boldsymbol{a}_e = \boldsymbol{\omega}_e \times (\boldsymbol{\omega}_e \times \boldsymbol{r})$，为离心加速度，注意地球自转角速度和地心矢量 $\boldsymbol{\omega}_e$、$\boldsymbol{r}$ 应在地理坐标系中表示；$\boldsymbol{a}_k = 2\boldsymbol{\omega}_e \times \boldsymbol{v}$，为哥氏加速度，也应在地理坐标系中表示。

引力加速度在地心矢径和自转轴的投影为

$$g_r' = -\frac{\mu}{r^2}\left[1 + J\left(\frac{a_e}{r}\right)^2(1-5\sin^2\phi)\right]$$

$$g_{\omega_e} = -\frac{2\mu}{r^2}J\left(\frac{a_e}{r}\right)^2\sin\phi$$

其中，$J = 1.5J_2$，$J_2 = 1.08263\times10^{-3}$；$\mu$ 为地球引力常数。

展开得到质心动力学方程：

$$\begin{aligned}
\dot{v} = {} & \frac{P_{hx}}{m} - \frac{C_x\rho v^2 S}{2m} + \frac{F_{chx}}{m} - \frac{\mu}{r^2}\left[1 + J\left(\frac{a_e}{r}\right)^2(1-5\sin^2\phi)\right]\sin\theta_T \\
& - 2\frac{\mu}{r^2}J\left(\frac{a_e}{r}\right)^2\sin\phi(\cos\sigma_T\cos\theta_T\cos\phi + \sin\theta_T\sin\phi) \\
& - \omega_e^2 r(\cos\phi\sin\phi\cos\sigma_T\cos\theta_T - \cos^2\phi\sin\theta_T)
\end{aligned} \tag{6.4-10}$$

$$\begin{aligned}
\dot{\theta}_T = {} & \frac{P_{hy}}{mv} + \frac{C_y\rho vS}{2m}\cos\gamma_v - \frac{C_z\rho vS}{2m}\sin\gamma_v + \frac{F_{chy}}{mv} - \frac{\mu}{r^2}\left[1 + J\left(\frac{a_e}{r}\right)^2(1-5\sin^2\phi)\right]\frac{\cos\theta_T}{v} \\
& + 2\frac{\mu}{r^2}J\left(\frac{a_e}{r}\right)^2\cdot\sin\phi(\cos\phi\cos\sigma_T\sin\theta_T - \cos\theta_T\sin\phi)\frac{1}{v} \\
& + \frac{\omega_e^2 r}{v}(\cos\phi\sin\phi\cos\sigma_T\sin\theta_T + \cos^2\phi\cos\theta_T) - 2\omega_e\cos\phi\sin\sigma_T + \frac{v\cos\theta_T}{r}
\end{aligned} \tag{6.4-11}$$

$$\begin{aligned}
\dot{\sigma}_T = {} & \frac{-P_{hz}}{mv\cos\theta_T} - \frac{C_z\rho vS}{2m\cos\theta_T}\cos\gamma_v - \frac{C_y\rho vS}{2m\cos\theta_T}\sin\gamma_v - \frac{F_{chz}}{mv\cos\theta_T} \\
& + 2\frac{\mu}{r^2}J\left(\frac{a_e}{r}\right)^2\cdot\sin\phi\cos\phi\frac{\sin\sigma_T}{v\cos\theta_T} \\
& + \frac{\omega_e^2 r}{v}\sin\phi\cos\phi\frac{\sin\sigma_T}{v\cos\theta_T} + \frac{2\omega_e}{\cos\theta_T}(\cos\phi\cos\sigma_T\sin\theta_T - \sin\phi\cos\theta_T) \\
& + \frac{v\tan\phi\cos^2\theta_T\sin\sigma_T}{r\cos\theta_T}
\end{aligned} \tag{6.4-12}$$

把速度 v 投影到北天东地理坐标系 N 的三轴上：

$$\boldsymbol{v} = N_h\begin{bmatrix} v \\ 0 \\ 0 \end{bmatrix} = \begin{bmatrix} v\cos\theta_T\cos\sigma_T \\ v\sin\theta_T \\ -v\cos\theta_T\sin\sigma_T \end{bmatrix} \tag{6.4-13}$$

$$\boldsymbol{v} = \begin{bmatrix} v_{xT} \\ v_{yT} \\ v_{zT} \end{bmatrix} = \begin{bmatrix} r\dot{\phi} \\ \dot{r} \\ r\cos\phi\cdot\dot{\lambda} \end{bmatrix} \tag{6.4-14}$$

可得地理坐标系中的运动学方程为

$$\dot{\lambda} = -v\cos\theta_T\sin\sigma_T \,/\, r\cos\phi$$
$$\dot{\phi} = v\cos\theta_T\cos\sigma_T \,/\, r \qquad\qquad\qquad (6.4\text{-}15)$$
$$\dot{r} = v\sin\theta_T$$

6.4.3 弹道控制与规划方法

1. 主动段

二级，速度倾角的变化函数为

$$\theta(t) = \begin{cases} \theta_0, & t \leqslant t_1 \\ \dfrac{\theta_0-\theta_k}{(t_k-t_1)^2}(t-t_k)^2 + \theta_k, & t > t_1 \end{cases} \qquad (6.4\text{-}16)$$

其中，θ_k 需要设计或调试，以满足射程、最大滑翔高度约束或动压等。

于是，助推段攻角函数仍为

$$\alpha(t) = \frac{mv\dfrac{\mathrm{d}\theta}{\mathrm{d}t} + mg\cos\theta}{F_{\mathrm{av}} + C_N^\alpha\dfrac{1}{2}\rho v^2 S}, \quad -\alpha_{\max} < \alpha(t) < \alpha_{\max} \qquad (6.4\text{-}17)$$

2. 滑翔段

攻角控制函数包括助推关机后滑翔期间的弹道下压攻角函数和最大升阻比滑翔攻角函数。弹道下压攻角函数为助推关机直到伪平衡的函数，可以采用当地速度倾角的反馈控制：

$$\alpha(t) = k_\alpha(\Theta_d - \Theta) \qquad\qquad\qquad (6.4\text{-}18)$$

下压之后滑翔段按最大升阻比模态飞行，根据滑翔弹体的气动系数 C_{D0}、轴向力系数和法向力系数的偏导数 C_N^α，动态求取最大升阻比攻角：

$$\alpha = \sqrt{C_{D0}/C_N^\alpha} \qquad\qquad\qquad (6.4\text{-}19)$$

3. 再入段

距离目标 $100\sim200\mathrm{km}$，开启末制导。攻角、侧滑角(或倾侧角)按潘兴-Ⅱ导弹带再入倾角约束的最优比例导引律求取，实现 3-DoF 闭路制导控制，即末制导嵌入式弹道规划。

末制导控制律和动力学仿真方程组与 6.3 节相同，此处不再重复介绍。

4. 滑翔弹道与末制导的交接班接口

滑翔弹道在当地北天东坐标系中仿真，而末制导在目标坐标系中仿真。图 6.3-2 中定义了目标坐标系 $Oxyz$ 是交接班时刻的再入坐标系 e 绕 ez_e 轴转动射程角 β_e 得到的，但原点在目标 O 点。

3000 多千米射程，可以在距离目标 $100\sim200\mathrm{km}$ 时交接班，导航计算出交接班在当地北天东坐标系的飞行状态参数，其需要从北天东坐标系转换到末制导目标坐标系。

5. 接口参数转换方法

假设滑翔段终点的状态参数通过仿真，在当地北天东地理坐标系 N 中为 $(\lambda_k, \phi_k, r_k, V_k, \theta_{Tk}, \sigma_{Tk})$。但末制导坐标系的运动学方程仿真是在目标坐标系中仿真，这就要求出滑翔终点状态参数在目标坐标系表示为初始参数，这就是交接班仿真的接口参数转换。

定义地心系 E，即 WGS84 坐标系。

(1) 导弹交接班或滑翔段终点在地心系 E 中的坐标分量：

$$\boldsymbol{r}_{Mk} = r_k \begin{bmatrix} \cos\phi_k \cos\lambda_k \\ \cos\phi_k \sin\lambda_k \\ \sin\phi_k \end{bmatrix} \tag{6.4-20}$$

(2) 目标点在地心系 E 中的坐标分量：

$$\boldsymbol{r}_T = R_0 \begin{bmatrix} \cos\phi_T \cos\lambda_T \\ \cos\phi_T \sin\lambda_T \\ \sin\phi_T \end{bmatrix} \tag{6.4-21}$$

其中，R_0 是地球半径。

(3) 视线矢量：

$$\boldsymbol{r}_{\text{Los}} = \boldsymbol{r}_{Mk} - \boldsymbol{r}_T \tag{6.4-22}$$

(4) 北天东坐标系 N 到再入坐标系 e 的变换矩阵：

$$\boldsymbol{e}_N = \begin{bmatrix} \cos\sigma_{Tk} & 0 & \sin\sigma_{Tk} \\ 0 & 1 & 0 \\ -\sin\sigma_{Tk} & 0 & \cos\sigma_{Tk} \end{bmatrix} \tag{6.4-23}$$

(5) 北天东坐标系 N 到地心系 E 的转换矩阵：

$$\boldsymbol{E}_N = \begin{bmatrix} -\cos\lambda_k \sin\phi_k & \cos\lambda_k \cos\phi_k & -\sin\lambda_k \\ -\sin\lambda_k \sin\phi_k & \sin\lambda_k \cos\phi_k & \cos\lambda_k \\ \cos\phi_k & \sin\phi_k & 0 \end{bmatrix} \tag{6.4-24}$$

(6) 由球面三角求再入点到目标点的射程角：

$$\beta_e = \arccos(\cos a \cos b + \sin a \sin b \cos c) \tag{6.4-25}$$

其中，

$$a = \pi/2 - \phi_T$$
$$b = \pi/2 - \phi_k$$
$$c = \Delta\lambda = \lambda_T - \lambda_k$$

(7) 旋转矩阵：

$$\boldsymbol{T}_e = \begin{bmatrix} \cos\beta_e & -\sin\beta_e & 0 \\ \sin\beta_e & \cos\beta_e & 0 \\ 0 & 0 & 1 \end{bmatrix} \tag{6.4-26}$$

(8) 地心系到目标系的转换矩阵：

$$\boldsymbol{T}_E = \boldsymbol{T}_e \cdot \boldsymbol{e}_N \cdot \boldsymbol{N}_E = \boldsymbol{T}_e \cdot \boldsymbol{e}_N \cdot \boldsymbol{E}_N' \tag{6.4-27}$$

(9) 视线矢量从地心系转换到目标系的坐标分量：

$$\boldsymbol{r}^{*}_{\text{Los}} = \boldsymbol{T}_{E} \cdot \boldsymbol{r}_{\text{Los}} = \begin{bmatrix} x_{kT} & y_{kT} & z_{kT} \end{bmatrix}^{\text{T}} \tag{6.4-28}$$

(10) 目标坐标系中的初始速度倾角和偏角。

先求北天东坐标系中导弹速度分量：

$$\boldsymbol{V}_{kN} = N_{h} \begin{bmatrix} V_{k} \\ 0 \\ 0 \end{bmatrix} = \begin{bmatrix} V_{k} \cos\theta_{kT} \cos\sigma_{kT} \\ V_{k} \sin\theta_{kT} \\ -V_{k} \cos\theta_{kT} \sin\sigma_{kT} \end{bmatrix} \tag{6.4-29}$$

$$\boldsymbol{V}_{kT} = \boldsymbol{T}_{e} \cdot \boldsymbol{e}_{N} \cdot \boldsymbol{V}_{kN} \tag{6.4-30}$$

初始速度倾角和偏角由末制导 2-3-1 运动学方程组可得：

$$\theta_{kT} = \arcsin \frac{V_{kT}(2)}{|V_{kT}|}$$

$$\sigma_{kT} = \arctan \frac{-V_{kT}(3)}{V_{kT}(1)} \tag{6.4-31}$$

于是再入交接班状态参数为 $\begin{bmatrix} x_{kT} & y_{kT} & z_{kT} & V_{k} & \theta_{kT} & \sigma_{kT} \end{bmatrix}^{\text{T}}$，即末制导仿真初值。

6.4.4　弹道规划过程

发射方位角：

$$A = A_{1} + \Delta A \tag{6.4-32}$$

当地球不转动时，方位角 A_{0} 根据球面三角求取，按附录 2 的例题计算。

但北天东坐标系方位角的正负与球面三角方位角的符号定义相反，故仿真时该方位角的符号进一步反相，即

$$A_{1} = -A_{0} \tag{6.4-33}$$

其中，ΔA 为弹道规划的方位校正变量，修正地球自转。

1. 优化过程

基于上述助推段、滑翔段和末制导段的全程控制律，弹道规划时还需使用主动段控制变量、地球自转方位角修正量以及末制导开启的剩余航程 θ_{k}、ΔA，R_{go} 作为设计变量，利用网格法或其他优化方法搜索设计变量，求取可行解和最优解。

2. 约束

(1) 给定发射点和目标点。

(2) 其他约束，如动压、热流约束。

这里假设二级中程滑翔导弹的射程 4000km 左右，滑翔导弹总体设计最大射程规划时绝热防护和结构强度满足动压和热流约束，那么小于最大射程的弹道规划就可不需要考虑热流和动压。

6.4.5　仿真算例

　　假设发射地为关岛(144°,13°)，目的地为西安(108°,34°)，射程约为 4000km。初始发射角为 85°，关机速度倾角参考控制量输入 40°，距离目标 200km 启动末制导，根据目标经纬度计算地球无自转的方位角 $A_0 = 58.04°$，考虑自转的方位角修正量–7°。

　　仿真输入输出参数界面如图 6.4-1 所示。

图 6.4-1　仿真输入输出参数界面

　　高度特征：4000km 射程，关机后最大飞行高度达 120km，然后再入大气层，拉起按伪平衡规律在 50km 高度飞行，低于 50km 高度后按最大升阻比飞行的跳跃式弹道。

　　仿真结论：以上针对二级中程导弹滑翔飞行的仿真说明了弹道在适当控制参数下能够稳定收敛。从参数变化可以看出滑翔高度随时间的变化特征，高度远低于抛物线弹道导弹。全程弹道参数变化曲线如图 6.4-2 所示，再入末制导参数变化曲线如图 6.4-3 所示。

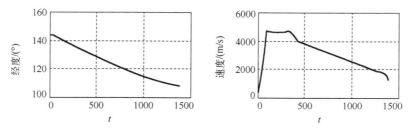

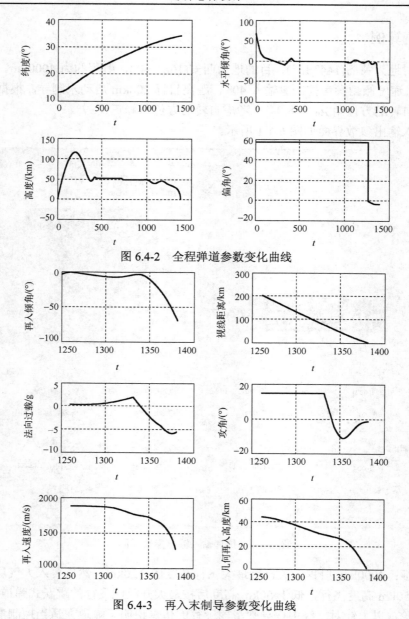

图 6.4-2　全程弹道参数变化曲线

图 6.4-3　再入末制导参数变化曲线

图 6.4-2 中的偏角曲线不连续是由于滑翔段在当地北天东坐标系，再入末制导偏角在目标坐标系输出，没有进行变换。

习　　题

6-1　按照 6.1 节的方法和步骤，编程仿真实现算例结果，完成大作业报告。

6-2　按照 6.3 节的方法和步骤，编程仿真实现算例结果，完成大作业报告。

6-3　按照 6.4 节的方法和步骤，编程仿真实现算例结果，完成大作业报告。

提示：报告中还可包含在案例实践过程中所遇到的问题及感想或心得体会。

第 7 章　姿态控制设计

姿态控制是制导指令的执行者、导弹稳定性与操纵性的关键，也是战术技术指标如精度、脱靶量等的重要保证。总体方案设计时要结合控制方案，分析论证弹体是否有足够的操控能力，以及所选择的舵机如频带、输出力矩等参数是否满足典型弹道的控制需求。

对于弹道式飞行器，如弹道导弹和运载火箭，由于事先设计了程序弹道，制导指令是俯仰、偏航和滚动的姿态角指令，姿控系统的任务就是使三通道稳定跟踪这三个姿态角指令；战术导弹根据比例导引攻击或拦截运动目标，制导给出的指令是弹体的法向、侧向过载指令，其任务就是提供所需要的过载跟踪。本章对这两种方式的控制设计方法进行简要研究。

7.1　弹道导弹传递函数模型和控制器设计

尽管导弹的飞行运动是时变非线性的，但目前工程实现上为简单可靠，仍采用线性化设计、三轴非线性仿真验证的办法研究姿态控制设计问题，选定一系列特征点，设计控制结构和校正网络，得到增益调度表或增益插值函数。

对于轴对称导弹，如果滚动角被限制为零，正如第 3 章研究 STT 的操纵一样，忽略通道间的耦合，独立设计三轴控制器或校正网络。此时，俯仰通道和偏航通道的传递函数模型在形式上完全一样。以俯仰通道为例，类似第 3 章弹体稳定性研究的线性小扰动方法，可得等效舵偏角到俯仰角的传递函数：

$$\frac{\varphi(s)}{\delta_\varphi(s)} = \frac{a_{25}s + a_{25}(a_{34} + a_{33})}{s^3 + (a_{22} + a_{34} + a_{33})s^2 + (a_{24} + a_{22}(a_{34} + a_{33}))s + a_{24}a_{33}} \tag{7.1-1}$$

图 7.1-1 中为传递函数结构图，其中 $W_c(s)$ 为校正网络，$W_\delta(s)$ 为舵机传递函数，$W_B(s)$ 为弹体传递函数。

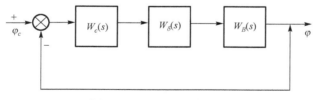

图 7.1-1　传递函数结构图

校正网络可以采用一阶超前校正网络或二阶超前-滞后校正网络，甚至三阶复合校正网络。

滚动通道中，副翼等效舵偏角到滚动角的传递函数比较简单，控制器设计虽然不难，但滚动控制的关键是滚动操纵力矩要有足够的裕度，往往因弹径受限而导致控制力矩不足，要对弹体不对称性和侧滑角引起的诱导滚动力矩进行足够的估计，避免发生意想不到的大滚动振荡，保证俯仰和偏航通道的稳定。

在导弹姿态控制设计中，也像其他工程领域中一样多使用串联校正，并且以 PD、PI 或 PID(误差反馈的比例、积分和微分校正)校正为主，包括时域和频域两种方法。频域的提法分别为超前校正(对应 PD 校正)、滞后校正(对应 PI 校正)和超前-滞后校正(对应 PID 校正)，时域要求有速率陀螺以测量姿态角速率，而频域只要求有姿态角陀螺传感器。例如，导弹俯仰角通道的时域 PID 控制器可写为如下形式：

$$\delta_\varphi(t) = K_p^\varphi(\varphi_c - \varphi) + K_d^\varphi(\dot\varphi_c - \dot\varphi) + K_I^\varphi\int(\varphi_c - \varphi)\mathrm{d}t \tag{7.1-2}$$

式中，δ_φ 为升降舵偏角；φ_c 为制导俯仰角指令；φ 为角度陀螺的姿态角测量值；K_p^φ、K_d^φ、K_I^φ 分别为俯仰通道的比例、微分和积分增益系数。

对于频域，超前校正控制器的传递函数为

$$W_c(s) = \frac{aTs+1}{Ts+1}, \quad a > 1 \tag{7.1-3}$$

其功能是在指定的频率附近产生相位超前角，提高系统的相角裕度。如果希望校正的截止角频率为 ω_c，并在 ω_c 附近相对于原系统提供 θ 的超前角，则

$$a = \frac{1+\sin\theta}{1-\sin\theta}$$

$$T = \frac{1}{\sqrt{a}\cdot\omega_c}$$

滞后校正的传递函数为

$$W_c(s) = \frac{Ts+1}{bTs+1}, \quad b > 1 \tag{7.1-4}$$

其功能是只降低中频段和高频段的开环增益而不影响低频段。如果希望校正的截止角频率为 ω_c，并在 ω_c 附近原系统的增益为 L，则

$$\frac{1}{T} = \left(\frac{1}{4} \sim \frac{1}{10}\right)\omega_c$$

$$L = 20\lg b$$

超前-滞后校正的传递函数为

$$W_c(s) = \frac{aTs+1}{Ts+1}\frac{Ts+1}{bTs+1}, \quad a > 1, b > 1 \tag{7.1-5}$$

其功能是增加相位稳定裕度，改善系统动态性能；同时，降低中频段增益，改善系统的静态性能。一般在使用超前校正或滞后校正无法实现控制目标的情况下采用超前-滞后校正。

考虑到舵机、姿态陀螺的动力学延迟影响，导弹的姿态控制器甚至要为三阶以上串联校正网络才能实现姿态控制目标。

如果借助 MATLAB 软件，甚至可以不借助这些经验公式，直接根据仿真曲线来选择 PID 参数，例如，MATLAB 的 2013 版本中就有自整定 PID 调节器模块，为选择单通道 PID 控制参数提供了方便。当然，在大多数情况下，根据经验公式进行设计还是很有必要的，可以指明参数选择和调整的趋势。

还要注意的是，截止角频率 ω_c 是控制系统通频带的指标，相角裕度是控制系统的稳定性指标，一般至少留出 15° 的设计裕度。

注意：完成单点线性化设计之后，要进一步利用欧拉非线性运动学和动力学方程组进行三轴非线性仿真，检查是否满足非线性条件下的稳定性。其实，在完成标称弹道所有特征点的控制器设计之后，还要进行 6-DoF 校核，有可能还出现不稳定的情况，需要重新设计控制器或调整增益。

例 7.1-1　导弹在以马赫数 4 滑翔时的质量 $m=1800\text{kg}$，倾角为 $-30°$，动压 $q = 296743\text{Pa}$，特征面积 $S = 1\text{m}^2$，特征长度 $l = 4.9\text{m}$，转动惯量 $I_z = 2616\text{kg}\cdot\text{m}^2$，$m_z^\delta = -0.015/(3\times57.3)$，$m_z^\alpha = -0.015/(3\times57.3)$，$C_y^\alpha = 0.22/(3\times57.3)$，舵机考虑 10Hz 二阶传递函数：

$$W_\delta(s) = \frac{\delta}{\delta_c} = \frac{1}{0.00025s^2 + 0.0341s + 1}$$

试设计纵向超前-滞后校正网络，并分析其控制性能。

解：首先计算对应的动力学系数。

通常忽略微小的气动阻尼，可令 $a_{22} \approx 0$

气动力矩动力学系数：
$$a_{24} = -\frac{m_z^\alpha qSl}{I_z}$$

操纵力矩动力学系数：
$$a_{25} = \frac{m_z^\delta qSl}{I_z}$$

法向力动力学系数：
$$a_{34} = \frac{C_y^\alpha qS}{mV}$$

重力动力学系数：
$$a_{33} = -\frac{g}{V}\sin\theta$$

于是，俯仰通道的传递函数为

$$W_B(s) = \frac{\varphi(s)}{\delta_\varphi(s)} = \frac{95.5s + 47.6}{s^3 + 0.498s^2 + 149.2s - 0.537}$$

假设如下二阶超前-滞后校正网络：

$$W_c(s) = \frac{0.5s^2 + 5s + 20}{0.001s^2 + s + 1}$$

得开环系统的传递函数：

$$G(s) = W_c(s)W_\delta(s)W_B(s)$$

由 MATLAB 工具，可计算系统的相位裕度和幅值裕度，绘制 Bode 图，如图 7.1-2(a)所示。

$$P_m = 11°$$

$$G_m = 1.65\text{dB}$$

幅值穿越频率：

$$\omega_c = 37.52\text{rad/s}$$

对应
$$f_c = 6.1\text{Hz}$$

闭环阶跃响应曲线如图 7.1-3(a)所示。

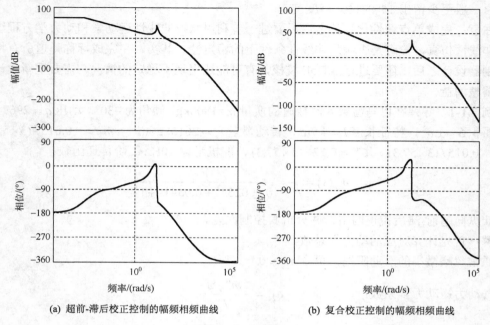

(a) 超前-滞后校正控制的幅频相频曲线　　　　　(b) 复合校正控制的幅频相频曲线

图 7.1-2　　Bode 图

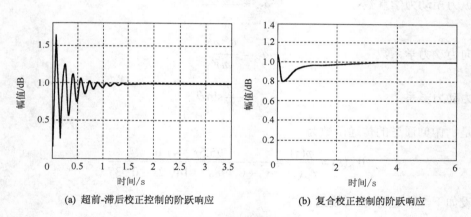

(a) 超前-滞后校正控制的阶跃响应　　　　　(b) 复合校正控制的阶跃响应

图 7.1-3　　阶跃响应曲线

为减少舵机低频和高阶带来的影响,可将上述超前-滞后校正环节进一步修改为三阶复合校正环节,以提高稳定性和过渡过程的动态品质。复合校正环节如下:

$$W_c(s) = \frac{0.5s^2 + 5s + 20}{0.001s^2 + s + 1} \cdot \frac{0.02s + 0.8}{0.001s + 1}$$

同理计算系统的相位裕度和幅值裕度:

$$P_m = 51.23°$$

$$G_m = 12.34\text{dB}$$

截止角频率为 $\omega_c = 40.17\text{rad/s}$,对应 $f_c = 6.39\text{Hz}$ 。

可见，为减少舵机动力学带来的影响，上述复合校正环节将相位裕度从 11°提高到 51.23°，幅值裕度从 1.65dB 提高到 12.34dB，开环系统的 Bode 图和闭环阶跃响应分别如图 7.1-2(b)、图 7.1-3(b)所示。

例 7.1-2 战术助推滑翔弹头在大气层内滑翔过程中，一般给出攻角、侧滑角和倾侧角指令 $\alpha_c(t)$、$\beta_c(t) = 0$、$\gamma_V(t)$，试问姿态控制跟踪指令。

解：捷联惯性导航 IMU 给出弹体坐标系中的视加速度，通过积分和坐标转换可得出其在发射惯性坐标系中的速度，再计算弹道倾角和弹道偏角 θ、σ，从而可计算滑翔弹头的欧拉姿态角即俯仰、偏航和滚动角输入指令 φ、ψ、γ，通过跟踪俯仰、偏航和滚动角的输入指令，就等效达到了跟踪滑翔弹头攻角、侧滑角和倾侧角指令的目的。

发射惯性坐标系中 3-2-1 欧拉姿态角指令如下：

$$B_A(\varphi, \psi, \gamma) = B_H(\alpha_c, \beta_c = 0, \gamma_V) H_A(\theta, \sigma) = E(e_{ij})$$

$$\psi = \arcsin(-e_{13})$$

$$\varphi = \tan 2^{-1}(\sin \varphi, \cos \varphi)$$

$$\gamma = \tan 2^{-1}(\sin \gamma, \cos \gamma)$$

其中，

$$\sin \varphi = \frac{e_{12}}{\cos \psi}, \quad \cos \varphi = \frac{e_{11}}{\cos \psi}$$

$$\sin \gamma = \frac{e_{23}}{\cos \psi}, \quad \cos \gamma = \frac{e_{33}}{\cos \psi}$$

这里之所以不直接采用攻角、侧滑角的反馈控制，是因为考虑到攻角、攻角变化率、侧滑角和侧滑角变化率都需要观测预估。

升力体滑翔弹头侧向转弯存在倾侧控制，但若不做剧烈机动，在抑制倾斜角速度的情况下，也可以使用独立解耦控制，7.2 节将阐述这个问题。由于使用了捷联惯组测量角速率，可以直接使用时域 PID 控制器或者频域串联校正。

$$\delta_\varphi(t) = K_p^\varphi(\varphi_c - \varphi) - K_d^\varphi \dot{\varphi} + K_I^\varphi \int (\varphi_c - \varphi) \mathrm{d}t$$

$$\delta_\psi(t) = K_p^\psi(\psi_c - \psi) - K_d^\psi \dot{\psi} + K_I^\psi \int (\psi_c - \psi) \mathrm{d}t$$

$$\delta_\gamma(t) = K_p^\gamma(\gamma_c - \gamma) - K_d^\gamma \dot{\gamma} + K_I^\gamma \int (\gamma_c - \gamma) \mathrm{d}t$$

积分环节的目的是消除常值干扰，应用时要避免对噪声的积分，处理不当会饱和溢出，从而导致该通道的发散。

以上属于连续量的控制，目前数字采样技术的发展使得导弹的姿态控制系统为离散控制系统，采样周期为 5～10ms，有必要指出，姿态控制设计还需将连续控制器通过 Z 变换转换成数字控制器，并考核其稳定性，将数字控制器转换为差分递推方程，才能编程写控制器代码。

7.2　面对称导弹大滚动角速度下的纵侧向交联问题

工程上为简化控制，升力体面对称飞行器也像轴对称导弹一样，直接采用三轴独立解耦控制，那么倾斜角速度是否会引起纵向运动与侧向运动交联从而导致不稳定呢？

引起纵向运动与侧向运动交联的问题有两个：一是攻角和侧滑角引起的交联；二是倾斜角速度引起的交联，这是姿态控制设计中需要考虑的问题。对于第一个问题，侧滑角在控制时使用了协调指令 $\beta_c = 0$，攻角也是有限制的，一般不超过 $20°$，下面以第二个问题为例进行阐述。

面对称导弹的欧拉动力学方程如下：

$$\begin{cases} I_x \dfrac{\mathrm{d}\omega_x}{\mathrm{d}t} + (I_z - I_y)\omega_z\omega_y + I_{xy}\left(\omega_z\omega_x - \dfrac{\mathrm{d}\omega_y}{\mathrm{d}t}\right) = M_x \\[2mm] I_y \dfrac{\mathrm{d}\omega_y}{\mathrm{d}t} + (I_x - I_z)\omega_x\omega_z - I_{xy}\left(\omega_z\omega_y + \dfrac{\mathrm{d}\omega_x}{\mathrm{d}t}\right) = M_y \\[2mm] I_z \dfrac{\mathrm{d}\omega_z}{\mathrm{d}t} + (I_y - I_x)\omega_y\omega_x + I_{xy}(\omega_y^2 - \omega_x^2) = M_z \end{cases} \tag{7.2-1}$$

飞行器的运动分解为纵向运动和侧向运动的基础是小扰动假设，即绕体轴的角速率 ω_x、ω_y、ω_z 都较小，而且 $I_{xy} \ll I_y$，$I_{xy} \ll I_z$，所以惯量积对俯仰和偏航的影响可以认为是小扰动；对倾斜通道，通过施加协调指令信号 $\beta = 0$ 使得 $\mathrm{d}\omega_y / \mathrm{d}t \to 0$。但是如果滚动角速率 ω_x 较大，引起的惯性交感项 $(I_x - I_z)\omega_x\omega_z$ 和 $(I_y - I_x)\omega_y\omega_x$ 在动态过程中的作用就不能随意忽略，考虑不周会引起侧滑角和攻角扩散到不可容许的程度，甚至不稳定。

下面仍然采用线性化方法研究某一大的滚动角速率 ω_x 导致的惯性交感耦合对俯仰通道的攻角 α 和偏航通道的侧滑角 β 的稳定性及其条件。

由于滚动角速度较大，可以预计速度矢量基本不变，为简便起见，略去切向力方程，而且假定 $\omega_x = \omega_{x0} = \mathrm{const}$，进一步略去滚动力矩方程，这样一来，六个动力学方程就剩下四个了，对质心运动方程采用速度坐标系较方便。

1. 法向运动方程的线性化

由于所研究的快速滚动是由副翼引起的，可以认为 $F_y = 0$，可得

$$m\left(\frac{\mathrm{d}V_y}{\mathrm{d}t} + V_x\omega_z - \omega_x V_z\right) = 0 \tag{7.2-2}$$

线性化后变为

$$\dot{\alpha} + \omega_{x0}\beta - \omega_z = 0 \tag{7.2-3}$$

2. 侧向运动方程的线性化

$$m\left(\frac{\mathrm{d}V_z}{\mathrm{d}t} + V_y\omega_x - \omega_y V_x\right) = 0 \tag{7.2-4}$$

经线性化后变为

$$\dot{\beta} - \omega_{x0}\alpha - \omega_y = 0 \tag{7.2-5}$$

3. 偏航力矩方程的线性化

只考虑 β、ω_x、ω_y 引起的偏航力矩，力矩方程如下：

$$I_y\dot{\omega}_y + (I_x - I_z)\omega_{x0}\omega_z = q_0 Sl\left[m_y^\beta \beta + \frac{l}{2V_0}(m_y^{\bar{\omega}_x}\omega_x + m_y^{\bar{\omega}_y}\omega_y) \right] \tag{7.2-6}$$

线性化可得

$$\dot{\omega}_y + a_{3\omega_y}\omega_y + \frac{I_x - I_z}{I_y}\omega_{x0}\omega_z + a_{3\beta}\beta = -a_{3\omega_x}\omega_{x0} \tag{7.2-7}$$

其中，

$$a_{3\omega_x} = -\frac{q_0 Sl}{I_y} m_y^{\bar{\omega}_x} \frac{l}{2V_0}$$

$$a_{3\omega_y} = -\frac{q_0 Sl}{I_y} m_y^{\bar{\omega}_y} \frac{l}{2V_0}$$

$$a_{3\beta} = -\frac{q_0 Sl}{I_y} m_y^\beta$$

4. 俯仰力矩方程的线性化

$$I_z\dot{\omega}_z + (I_y - I_x)\omega_y\omega_x = q_0 Sl\left[m_z^\alpha \alpha + \frac{l}{2V_0}(m_z^{\bar{\omega}_x}\omega_x + m_z^{\bar{\omega}_z}\omega_z) \right] \tag{7.2-8}$$

经线性化可得

$$\dot{\omega}_z + a_{4\omega_z}\omega_z + \frac{I_y - I_x}{I_z}\omega_{x0}\omega_y + a_{4\dot{\alpha}}\dot{\alpha} + a_{4\alpha}\alpha = 0 \tag{7.2-9}$$

其中，

$$a_{4\omega_z} = -\frac{q_0 Sl}{I_z} m_z^{\bar{\omega}_z} \frac{l}{2V_0}$$

$$a_{4\dot{\alpha}} = -\frac{q_0 Sl}{I_z} m_z^{\bar{\omega}_x} \frac{l}{2V_0}$$

$$a_{4\alpha} = -\frac{q_0 Sl}{I_z} m_z^\alpha$$

由以上四个动力学线性化方程消去 ω_y、ω_z 后，可得 α、β 的两个动力学方程如下：

$$\left(s^2 + a_{3\omega_y}s + a_{3\beta} - \frac{I_z - I_x}{I_y}\omega_{x0}^2\right)\beta + \left(-\frac{I_y + I_z - I_x}{I_y}\omega_{x0}s + a_{3\omega_y}\omega_{x0}\right) = -a_{3\omega_z}\omega_{x0}$$

(7.2-10)

$$\left(\frac{I_y + I_z - I_x}{I_y}\omega_{x0}s + a_{4\omega_z}\omega_{x0}\right)\beta + \left(s^2 + (a_{4\omega_z} + a_{4\dot\alpha})s - \frac{I_y - I_x}{I_z}\omega_{x0}^2\right)\alpha = 0$$

进一步消去 α、β，得如下特征方程式：

$$s^4 + A_1 s^3 + A_2 s^2 + A_3 s + A_4 = 0$$

(7.2-11)

式中，

$$A_1 = a_{3\omega_y} + a_{4\omega_z} + a_{4\dot\alpha}$$

$$A_2 = a_{3\beta} + a_{4\alpha} + a_{3\omega_y}(a_{3\omega_z} + a_{4\dot\alpha}) + \left(2 - \frac{I_x}{I_z} - \frac{I_x}{I_y}\right)\omega_{x0}^2$$

$$A_3 = a_{3\omega_y}a_{4\alpha} + a_{3\beta}(a_{4\omega_z} + a_{4\dot\alpha}) + \left(a_{3\omega_y} + a_{4\omega_z} - a_{4\dot\alpha}\frac{I_z - I_x}{I_y}\right)\omega_{x0}^2$$

$$A_4 = a_{3\beta}a_{4\alpha} - \left(a_{4\alpha}\frac{I_z - I_x}{I_y} + a_{3\beta}\frac{I_y - I_z}{I_z} - a_{3\omega_y}a_{4\omega_z}\right)\omega_{x0}^2 + \frac{I_y - I_x}{I_y}\frac{I_z - I_x}{I_z}\omega_{x0}^4$$

要想稳定，特征方程式的 4 个系数 A_1、A_2、A_3、A_4 都必须大于零，当 $I_x \ll I_y$，$I_x \ll I_z$ 满足时，前 3 个系数是大于零的，关键是 A_4 不一定满足。

令 $x = \omega_{x0}^2$，则 A_4 是 x 的二次方程式，具有下列形式：

$$A_4 = F(x) = ax^2 - bx + c$$

(7.2-12)

其中，

$$a = \frac{I_y - I_x}{I_y}\frac{I_z - I_x}{I_z}, \quad b = a_{4\alpha}\frac{I_z - I_x}{I_y} + a_{3\beta}\frac{I_y - I_z}{I_z} - a_{3\omega_y}a_{4\omega_z}, \quad c = a_{3\beta}a_{4\alpha}$$

显然，由初等数学原理，$A_4 > 0$ 的条件是

$$4ac > b^2$$

(7.2-13)

可得稳定的必要条件如下：

$$4a_{3\beta}a_{4\alpha}\frac{I_y - I_x}{I_y}\frac{I_z - I_x}{I_z} > \left(a_{4\alpha}\frac{I_z - I_x}{I_y} + a_{3\beta}\frac{I_y - I_z}{I_z} - a_{3\omega_y}a_{4\omega_z}\right)^2$$

(7.2-14)

I_x、I_y、I_z 是由导弹结构所决定的，$a_{3\beta}$、$a_{4\alpha}$、$a_{3\omega_y}$、$a_{3\omega_z}$ 这四个参数是由空气动力布局决定的，但有人工阻尼即存在角速率反馈时 $a_{3\omega_y}$、$a_{3\omega_z}$ 是可以改变的，因此当自动驾驶仪的人工阻尼使 $a_{3\omega_y}$、$a_{3\omega_z}$ 增大到一定程度时，该必要条件就可以满足，从而可保证较大滚动角速度情况的稳定性。

以上基于线性化理论，说明了面对称飞行器在俯仰偏航通道的人工阻尼下，可以使得短暂的大滚动角速度对攻角和侧滑角的扰动也是稳定的。

7.3　导弹加速度指令跟踪控制

7.3.1　飞航导弹三自由度比例导引仿真模型与方法

1) 目标的 2-3-1 型动力学与运动学方程

$$\begin{cases} \dot{v}_t = 0 \\ \dot{\theta}_t = n_{yt} g / v_t \\ \dot{\sigma}_t = -n_{zt} g / (v_t \cos \theta_t) \\ \dot{x}_t = v_t \cos \theta_t \cos \sigma_t \\ \dot{y}_t = v_t \sin \theta_t \\ \dot{z}_t = -v_t \cos \theta_t \sin \sigma_t \end{cases} \tag{7.3-1}$$

其中，n_{yt}、n_{zt} 分别为目标的法向过载和侧向过载；v_t 为目标的逃逸飞行速度；θ_t、σ_t 分别为目标的弹道倾角和弹道偏角；$[x_t \quad y_t \quad z_t]^T$、$[\dot{x}_t \quad \dot{y}_t \quad \dot{z}_t]^T$ 分别为目标的位置分量和速度分量。

2) 导弹的 2-3-1 型动力学与运动学方程

$$\begin{cases} \dot{v} = 0 \\ \dot{\theta} = n_y g / v \\ \dot{\sigma} = -n_z g / (v \cos \theta) \\ \dot{x} = v \cos \theta \cos \sigma \\ \dot{y} = v \sin \theta \\ \dot{z} = -v \cos \theta \sin \sigma \end{cases} \tag{7.3-2}$$

其中，n_y、n_z 分别为导弹的法向过载和侧向过载；v 为导弹追击速度；θ、σ 分别为导弹的弹道倾角和弹道偏角；$[x \quad y \quad z]^T$、$[\dot{x} \quad \dot{y} \quad \dot{z}]^T$ 分别为导弹的位置分量和速度分量。

3) 弹目相对运动方程

$$\begin{cases} x_r = x_t - x \\ y_r = y_t - y \\ z_r = z_t - z \\ v_{rx} = \dot{x}_t - \dot{x} \\ v_{ry} = \dot{y}_t - \dot{y} \\ v_{rz} = \dot{z}_t - \dot{z} \end{cases} \tag{7.3-3}$$

对地面坐标系的视线角速度为

$$\begin{cases} \Omega_x = y_r v_{rz} - z_r v_{ry} / r^2 \\ \Omega_y = z_r v_{rx} - x_r v_{rz} / r^2 \\ \Omega_z = x_r v_{ry} - y_r v_{rx} / r^2 \end{cases} \tag{7.3-4}$$

其中，$r^2 = x_r^2 + y_r^2 + z_r^2$。

4) 经典比例导引模型

$$\begin{cases} n_{yc} = N|\dot{r}|\dot{q}_\alpha / g \\ n_{zc} = -N|\dot{r}|\dot{q}_\beta / g \end{cases} \tag{7.3-5}$$

弹道坐标系中过载系数的符号由 $\dot{q} \times [|\dot{r}| \quad 0 \quad 0]^{\mathrm{T}}$ 决定，其中弹道坐标系中法向和侧向的视线转率是

$$\dot{q} = M_3[\theta]M_2[\sigma]\Omega \tag{7.3-6}$$

可得

$$\dot{q}_\alpha = \Omega_x \sin\sigma + \Omega_z \cos\sigma$$
$$\dot{q}_\beta = -\Omega_x \sin\theta\cos\sigma + \Omega_y \cos\theta + \Omega_z \sin\theta\sin\sigma \tag{7.3-7}$$

考虑到噪声，过载需要滤波，模型为

$$\begin{cases} T_c \ddot{n}_{yc} + n_{yc} = N|\dot{r}|\dot{q}_\alpha \\ T_c \ddot{n}_{zc} + n_{zc} = -N|\dot{r}|\dot{q}_\beta \end{cases} \tag{7.3-8}$$

其中，时间常数可假设为 $T_c \approx 0.01$，考虑重力加速度影响，法向过载指令还需加上 $\cos\theta$。

7.3.2　导弹加速度跟踪姿态控制

操纵指令是由制导或导引系统根据视线测量计算给出的，对于战术拦截导弹或者末制导弹头，通常为法向和侧向转弯加速度指令，这里以加速度控制为例，给出一种参考模型的控制律设计方法。

忽略重力影响，弹体运动纵平面线性化小扰动方程为

$$\Delta\ddot{\varphi} + a_{22}\Delta\dot{\varphi} + a_{24}\Delta\alpha = -a_{25}\Delta\delta_z$$
$$\Delta\dot{\theta} - a_{34}\Delta\alpha = a_{35}\Delta\delta_z \tag{7.3-9}$$
$$\Delta\alpha = \Delta\varphi - \Delta\theta$$

简记 $a_1 = a_{22}$，为阻尼动力学系数，正值；$a_2 = a_{24}$，为恢复动力学系数或攻角力矩动力学系数，正负取决于安定性；$a_3 = a_{25}$，为操纵力矩动力学系数，负值，舵偏角为正；$a_4 = a_{34}$，为法向力动力学系数，正值；$a_5 = a_{35}$，舵面力动力学系数。

$$\begin{bmatrix} \Delta\dot{\varphi} \\ \Delta\ddot{\varphi} \\ \Delta\dot{\theta} \end{bmatrix} = \begin{bmatrix} 0 & 1 & 0 \\ -a_2 & -a_1 & a_2 \\ a_4 & 0 & -a_4 \end{bmatrix} \begin{bmatrix} \Delta\varphi \\ \Delta\dot{\varphi} \\ \Delta\theta \end{bmatrix} + \begin{bmatrix} 0 \\ -a_3 \\ a_5 \end{bmatrix} \Delta\delta_z \tag{7.3-10}$$

忽略舵面力系数 a_5，得弹体传递函数：

$$\begin{cases} G_1 = \dfrac{\varphi(s)}{\delta_z(s)} = \dfrac{-a_3(s + a_4)}{\text{den}(s)} \\ G_2 = \dfrac{\theta(s)}{\delta_z(s)} = \dfrac{-a_3 a_4}{\text{den}(s)} \end{cases} \tag{7.3-11}$$

其中，

$$\text{den}(s) = s^3 + (a_1 + a_4)s^2 + (a_2 + a_1 a_4)s$$

法向加速度控制结构如图 7.3-1 所示，包括加速度反馈回路、姿态回路和阻尼回路，侧平面的加速度控制与之类似。

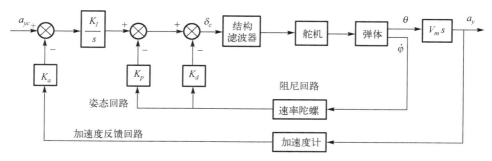

图 7.3-1 法向加速度控制结构

不含舵机和滤波器的闭环控制结构如图 7.3-2 所示。

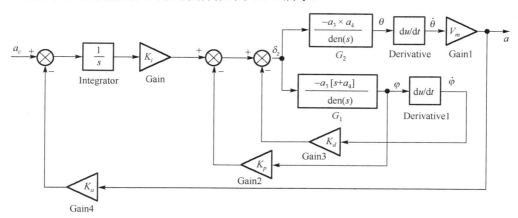

图 7.3-2 不含舵机和滤波器的闭环控制结构

图 7.3-2 所示加速度控制的闭环传递函数为

$$\frac{a(s)}{a_c(s)} = \frac{-K_i v_m a_3 a_4}{-a_3(K_p + K_d s)(s + a_4) - K_a K_i v_m a_3 a_4 + \text{den}(s)} \tag{7.3-12}$$

如何求 4 个反馈控制增益？

(1) 根据极点理论，容易构造同阶次闭环期望传递函数(或参考模型传递函数)。

(2) 利用 MATLAB 进行阶跃响应仿真，满足稳定性和快速上升时间或频宽、稳定裕度。

(3) 根据多项式系数和零静差条件，求解反馈回路的 4 个增益系数。

参考模型传递函数举例如下。

若闭环系统为二阶，设计参考模型闭环传递函数为

$$G_C = \frac{3600}{s^2 + 100s + 3600}, \quad f_c \approx 10\text{Hz}, \quad \xi = 0.7$$

若闭环系统为三阶，设计参考模型闭环传递函数为

$$G_C = \frac{1000}{s^2 + 30s + 1000} \cdot \frac{20}{s + 20}$$

利用 MATLAB 绘出随时间的阶跃响应，如图 7.3-3、图 7.3-4 所示。

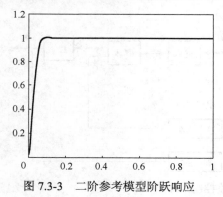

图 7.3-3　二阶参考模型阶跃响应

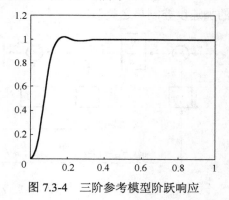

图 7.3-4　三阶参考模型阶跃响应

若闭环系统为四阶，设计参考模型闭环传递函数，阶跃响应如图 7.3-5 所示。

$$G_C = \frac{1000}{s^2+30s+1000} \cdot \frac{350}{s^2+30s+350}$$

若闭环系统为六阶，设计参考模型闭环传递函数，阶跃响应如图 7.3-6 所示。

$$G_C = \frac{1000}{s^2+30s+1000} \cdot \frac{1000}{s^2+30s+1000} \cdot \frac{300}{s^2+30s+300}$$

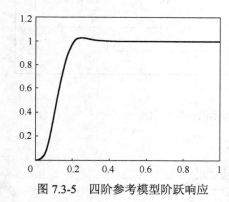

图 7.3-5　四阶参考模型阶跃响应

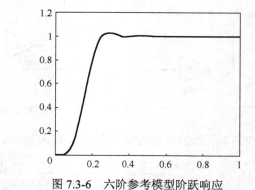

图 7.3-6　六阶参考模型阶跃响应

加速度输出反馈值：由体坐标系 B 加速度测量输出到弹道坐标系 H 中。

$$\begin{bmatrix} a_x \\ a_y \\ a_z \end{bmatrix} = H_O(\theta,\sigma,\gamma_V)O_B(\varphi,\psi,\gamma)\begin{bmatrix} a_{x1} \\ a_{y1} \\ a_{z1} \end{bmatrix} \tag{7.3-13}$$

一般来说，小型战术导弹各频率范围大概为制导回路频率>5Hz，闭环姿控>10Hz，舵机频率>20Hz，弹体结构频率>40Hz。

结构滤波器也可是复合校正环节，既要滤波，又要保证存在舵机环节的稳定性，可基于参数化求解或古典控制设计法。上面的加速度控制是在弹道坐标系中，因为加速度输出是弹道法向加速度，视线比例导引给出导弹视线坐标系中下一个时刻垂直视线的法向、侧向加速度，如图 7.3-7 所示，那如何得到弹道坐标系中的法向、侧向加速度指令？或者如何控制弹道法向、侧向加速度指令就能保证垂直视线的法向、侧向加速度指令呢？因为法向和侧向只有 2 个分量，参数转换需要 3 个分量。

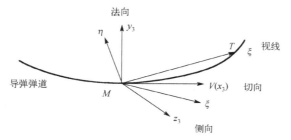

图 7.3-7　弹道坐标系和视线坐标系

协同指令：可由 IMU 测量的体系加速度求当前视线方向的加速度，那么下一个时刻的视线方向加速度指令就取当前时刻的，而垂直视线的法向和侧向使用比例导引指令。

$$\begin{bmatrix} a_\xi \\ a_\eta \\ a_\varsigma \end{bmatrix} = S_O(\lambda_D, \lambda_T)O_B(\varphi, \psi, \gamma)\begin{bmatrix} a_{x1} \\ a_{y1} \\ a_{z1} \end{bmatrix} \tag{7.3-14}$$

$$a_{\xi c} = a_\xi$$

再有

$$a_{\eta c} = NV_c\dot{\lambda}_D$$

$$a_{\varsigma c} = NV_c\dot{\lambda}_T$$

那么弹道坐标系的法向、侧向加速度指令 a_{yc}、a_{zc} 可以根据以下公式求出：

$$\begin{bmatrix} a_{xc} \\ a_{yc} \\ a_{zc} \end{bmatrix} = H_O(\theta, \sigma, \gamma_V)O_s(\lambda_T, \lambda_D)\begin{bmatrix} a_{\xi c} \\ a_{\eta c} \\ a_{\varsigma c} \end{bmatrix} \tag{7.3-15}$$

习　　题

7-1　目前弹道导弹一般都带有末制导，试问末制导前的姿态控制与末制导段的姿态控制有差别吗？

7-2　导弹的飞行过程是时变非线性的，为什么工程上导弹的姿态控制仍然倾向于三轴解耦，并且是线性化的控制器设计方法？

7-3　试用 MATLAB 的 Simulink 仿真例 7.1-1，比较含舵机与不含舵机控制器对姿态控制稳定性的影响。

7-4　针对四阶和六阶闭环参考传递函数，试用 MATLAB 的 Simulink 仿真导弹加速度姿态跟踪性能，包括正弦输入与阶跃输入。

7-5　视线比例导引，需要加速度指令，是什么含义？试用 Simulink 完成制导与姿态控制的仿真过程。

第8章   总体方案性能评估

导弹总体设计分为概念方案设计、初步方案设计、详细方案设计、初样、试样与定型几个阶段。在每一个阶段均需要对设计方案与性能进行评估，包括各子系统需要的设备、元器件、材料等在市场上的可购买性，以及气动外形、发动机、结构、制导、导航和姿控之间的匹配性，才能走入下一阶段。

8.1   评 估 内 容

飞行性能评估主要包括飞行能力、操控能力和打击精度的评估。前两项依赖于气动外形、发动机、结构和姿态控制机构等的设计；最后一项依赖于导航方案与导航设备、制导方案与制导律、姿态控制方案与控制律设计(即 GNC)。在飞行能力与操控能力可达条件下，精度保证就是 GNC 的任务。需要指出，精度包括制导方法和导航工具的精度，制导控制是不能修正导航工具的误差的，导航误差只能靠更高精度的导航设备修正。在能力可达条件下，理论上制导方法可以修正大气参数和气动系数的不确定性偏差干扰、质量不确定性干扰、推力变化干扰和姿控偏差干扰给精度带来的影响。

标称参数仿真和偏差参数仿真可用来评估飞行性能。标称参数仿真是假设所有参数如推力、总冲、初始质量、推进剂秒耗量、气动系数、大气参数等均为标准中值状态，考察在发动机推力、气动阻力情况下的理想射程或航程可达能力、弹体法向侧向机动过载能力、稳定操纵能力(分析操稳比、线性度、三轴耦合特性、快速响应能力)、防隔热能力、弹体结构的承载能力和气动特性、与制导控制方案的匹配性、导航方案及设备误差在飞行时间下的可行性和 CEP 命中精度或脱靶量。偏差参数仿真主要是考察在各项极限偏差和随机偏差干扰组合下的鲁棒抗干扰能力、改变程序弹道获得最大射程和最小射程的可达性。通常推力或推进剂秒耗量偏差扰动要假设 ±10%，气动力与气动力矩系数偏差要假设 ±15%，大气密度偏差假设 ±10%。

如果飞行能力与操控能力不满足，就需要修改方案，例如，调整气动外形以改善升阻比、弹体的法侧向过载能力、操控能力并降低耦合特性，调整发动机方案与参数以改善推重比和推进剂质量比。如果飞行能力(如射程、过载)与操控能力(如操控力矩)是足够的，而打击精度不够，就要修改制导、导航与控制方案及控制律。

8.2   评 估 方 法

评估方法不外乎三种：全数字仿真评估、半实物仿真评估和飞行试验评估。在总体方案初步设计阶段，以全数字仿真评估为主，随着设计的深入，加入半实物仿真评估和部分试验数据的评估。半实物仿真是有一部分设备在数字仿真系统的回路中代替部分数字仿真，比如，用三轴转台模拟导弹的 IMU 测量与姿控，可以较好地再现飞行过程中 GNC 系统的工作过程，检查飞控系统程序与信号的正确性。加入部分试验数据评估是利用可以获得的试验数据进行评估，如弹体外形的风洞试验数据表、发动机内弹道试验曲线、切变风剖面的数据、舵机产品的传递函数、燃气舵的工作数据等，这样可以大大提高评估的置信度。关键的工作是要搭建全数字仿真平台或半实物仿真平台，下面简要介绍全数字仿真平台搭建的要点。

全数字仿真平台框架如图 8.2-1 所示，需要结合制导、导航与控制进行六自由度积分的闭路仿真，包括参数输入模块、各类曲线输出显示模块和仿真模块。仿真模块包括气动预估模块、发动机参数模块、动力学模块、标称弹道设计模块、制导模块、导航模块、姿态控制模块等，为方便起见，可以使用 MATLAB 的 Simulink 环境，特别是用嵌入式函数功能搭建总体性能评估仿真系统，因为 MATLAB 的 Embedded Function 功能方便在 Simulink 的模块中用 MATLAB 语言编写复杂的程序。

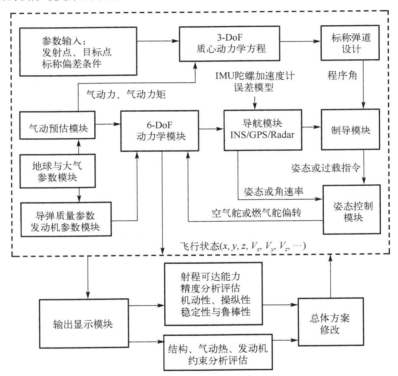

图 8.2-1　全数字仿真平台框架图

气动预估模块是根据 CFD 软件(如 Fluent)数值计算或风洞试验数据得到的气动六分量表构造气动数据插值程序，因为气动特性随速度马赫数、高度、攻角 α、侧滑角 β、舵偏角 $(\delta_x$、δ_y、$\delta_z)$ 等的不同状态组合，对应不同的六分量气动力系数 C_A、C_N、C_{Z1} 和气动力矩系数 m_{x1}、m_{y1}、m_{z1}，具有高度的非线性。

发动机参数模块是输出推力随时间的变化到动力学模块中，是否要包含发动机壳体与装药设计参数一体化计算，这与总体设计方式有关。如果是采用相对量间接参数设计法，就较简单，推力为近似的常值，而一体化计算就要计算固体火箭发动机内弹道，即燃烧面积、燃烧压力和推力曲线。

动力学模块就是导弹的 6-DoF 动力学方程，包括质心动力学与运动学方程、三轴欧拉动力学方程和姿态运动学方程，质心运动通常需要考虑地球旋转的影响。要注意根据弹道导弹和飞航导弹选择相应的欧拉角类型，包括速度倾角和速度偏角、姿态角。无论是 2-3-1 欧拉角、3-2-1 欧拉角，还是其他欧拉角类型，都只是速度方向或者弹体纵轴方向在某一坐标系中的一种分解形式，显然不同的欧拉角对应不同的运动学方程，但合成的物理指向是等价的。要注意参考系的选择，质心动力学方程一般为发射坐标系或弹道坐标系，姿态动力学方程为弹体坐标系，制导计算要根据飞行控制的需要选择好坐标系，比如，是发射惯性坐标系、视线坐标系，还是目标坐标系，要注意坐标转换和交接班转换条件。

标称弹道设计模块是对于给定的标称参数条件，按瞬时平衡假设，只考虑 3-DoF 质心动力学，快速设计一条满足各类约束的程序弹道，给出姿态角或攻角、侧滑角与倾侧角的飞行程序，为弹道式飞行器的制导提供参考基准，程序编制常见的问题在于找到满足多约束的可行解及弹道的收敛性。

制导模块是根据选择的制导方法和算法计算飞行过程中需要姿态控制实现的指令，如姿态角指令 φ_c、ψ_c、γ_c，以校正弹道偏差，或法向、侧向过载指令 n_{yc}、n_{zc}，以导引拦截目标，输入信号来自导航模块给出的位置、速度、姿态角和角速率，以及程序弹道或目标参数。

导航模块要完成 IMU 的陀螺与加速度计的误差模型计算、导航必需的坐标转换，如果还有 GPS、星光导航，就需要加入相应的模型。数字仿真时，输入信号是 6-DoF 动力学仿真输出值与陀螺漂移模型输出值之和。

姿态控制模块是根据姿态控制律，完成姿态校正计算、等效舵偏角的计算，以及到四个舵的舵偏角分配。

飞行试验评估是设计阶段最重要的评估，是定型鉴定的依据，需要在靶场通过遥外测获取导弹的飞行试验参数如射程、射高、落点精度或脱靶量、过载和各分系统的工作参数，评价是否满足设计要求、有可靠性、可使用性等多项综合指标。

习　　题

8-1　导弹质心动力学、运动学与姿态动力学、运动学之间的耦合信号或连接信号是什么？画出耦合信号的流程图。

8-2　综合实践(四)：在第 6 章综合实践(三)和第 7 章例题的基础上，进一步编写六自由度(6-DoF)仿真程序，分析在大气密度偏差、气动系数偏差、推力偏差均为 ±10%，但总冲不变的情况下，评估制导与姿态控制的精度性能，其中助推段和滑翔段采用弹道规划的程序制导，再入末制导采用带落地倾角约束 70°的最优比例导引律，利用 MATLAB 完成六自由度仿真与分析报告。

习题参考答案

请扫描下面的二维码，查看和下载习题参考答案。

下载习题参考答案

附 录

附录 1 无动力滑翔飞行器的平面运动方程

为了简化问题，对导弹滑翔飞行运动模型做出如下假设：

(1) 不考虑地球旋转，即 $\omega_e = 0$。

(2) 地球为一均质圆球，即引力加速度与地心距平方成正比，$g = \mu / r^2$。

(3) 滑翔弹头只在铅垂面内飞行，没有滚动和侧滑。

根据上述假设，建立导弹运动几何关系，见附图 1-1。其中发射系 $oxyz$，ox 轴在发射点水平面内指向目标，oy 轴垂直向上，则平面 xoy 即为滑翔弹头飞行弹道平面，右手定则决定 oz 轴。

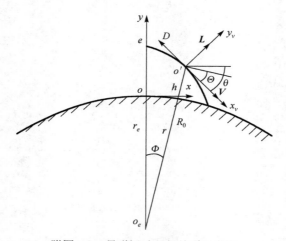

附图 1-1 导弹运动几何关系示意图

在发射系 $oxyz$ 的运动方程：

$$m\begin{bmatrix} \dot{V}_x \\ \dot{V}_y \end{bmatrix} = -mg\begin{bmatrix} \dfrac{x}{r} \\ \dfrac{R_0 + y}{r} \end{bmatrix} + \boldsymbol{G}_V\begin{bmatrix} -D \\ L \end{bmatrix} \tag{1-1}$$

式中，r、R_0、g、m 分别为导弹到地心的距离、地球平均半径、重力加速度和滑翔弹头质量；D、L 分别为所受到的阻力和升力，计算公式如下：

$$D = \frac{1}{2}\rho S C_D V^2 \qquad \text{(a)}$$

$$L = \frac{1}{2}\rho S C_L V^2 \qquad \text{(b)} \tag{1-2}$$

其中，C_L、ρ、S、C_D、V分别为升力系数、大气密度、参考面积、阻力系数和导弹速度；$\boldsymbol{G}_V$为速度系到发射系转换矩阵：

$$\boldsymbol{G}_V = \begin{bmatrix} \cos\theta & -\sin\theta \\ \sin\theta & \cos\theta \end{bmatrix} \tag{1-3}$$

由附图 1-1 可知

$$\frac{x}{r} = \sin\varPhi$$

$$\frac{R_0 + y}{r} = \cos\varPhi \tag{1-4}$$

式中，$\varPhi$ 为 r_e 与 r 之间的夹角，称为射程角，则 $S_L = R_0\varPhi$ 为滑翔射程。将式(1-3)、式(1-4)代入式(1-1)可得

$$m\begin{bmatrix} \dot{V}_x \\ \dot{V}_y \end{bmatrix} = -mg\begin{bmatrix} \sin\varPhi \\ \cos\varPhi \end{bmatrix} + \begin{bmatrix} \cos\theta & -\sin\theta \\ \sin\theta & \cos\theta \end{bmatrix}\begin{bmatrix} -D \\ L \end{bmatrix} \tag{1-5}$$

在式(1-5)两边乘以矩阵 $\boldsymbol{V}_G$，将其投影到速度坐标系，有

$$\begin{bmatrix} \cos\theta & \sin\theta \\ -\sin\theta & \cos\theta \end{bmatrix}\begin{bmatrix} \dot{V}_x \\ \dot{V}_y \end{bmatrix} = -g\begin{bmatrix} \cos\theta & \sin\theta \\ -\sin\theta & \cos\theta \end{bmatrix}\begin{bmatrix} \sin\varPhi \\ \cos\varPhi \end{bmatrix} + \frac{1}{m}\begin{bmatrix} -D \\ L \end{bmatrix} \tag{1-6}$$

展开可得

$$\dot{V} = -\frac{D}{m} - g\sin(\theta + \varPhi) \qquad \text{(a)}$$

$$V\dot{\theta} = \frac{L}{m} - g\cos(\theta + \varPhi) \qquad \text{(b)} \tag{1-7}$$

由附图 1-1 可知当地速度倾角(飞行路径角)：

$$\varTheta = \theta + \varPhi \tag{1-8}$$

可得

$$\dot{\theta} = \dot{\varTheta} - \dot{\varPhi} \tag{1-9}$$

由于有

$$\dot{\varPhi} = \frac{V\cos\varTheta}{r} \tag{1-10}$$

将式(1-8)~式(1-10)代入式(1-7)可得

$$\frac{\mathrm{d}V}{\mathrm{d}t} = -\frac{D}{m} - g\sin\varTheta \qquad \text{(a)}$$

$$\frac{\mathrm{d}\varTheta}{\mathrm{d}t} = \frac{L}{mV} + \left(\frac{V}{r} - \frac{g}{V}\right)\cos\varTheta \quad \text{(b)}$$

$$\frac{\mathrm{d}h}{\mathrm{d}t} = V\sin\varTheta \qquad \text{(c)}$$

$$\frac{\mathrm{d}\varPhi}{\mathrm{d}t} = \frac{V\cos\varTheta}{r} \qquad \text{(d)}$$

$$\tag{1-11}$$

式中，h 为飞行高度，h 和 r 的关系为 $r = h + R_0$。

将 D、L、r 代入式(1-11)，进一步转换，可得无动力滑翔导弹运动方程模型：

$$\frac{\mathrm{d}V}{\mathrm{d}t} = -\frac{\rho S C_D V^2}{2m} - g\sin\Theta \qquad (a)$$

$$\frac{\mathrm{d}\Theta}{\mathrm{d}t} = \frac{\rho S C_L V}{2m} + \left(\frac{V^2}{h + R_0} - g\right)\frac{\cos\Theta}{V} \qquad (b)$$

$$\frac{\mathrm{d}h}{\mathrm{d}t} = V\sin\Theta \qquad (c)$$

$$\frac{\mathrm{d}\Phi}{\mathrm{d}t} = \frac{V\cos\Theta}{h + R_0} \qquad (d)$$

$$(1\text{-}12)$$

平衡滑翔是每一时刻滑翔弹头所受向上的力(升力+离心力)和向下的力(重力)平衡，即 $\dot{\Theta} = 0$ 的状态。由式(1-12b)转换可得平衡滑翔状态受力关系为

$$\frac{1}{2}\rho(h)V^2 S C_L(Ma, \alpha) + \frac{mV^2\cos\Theta}{h + R_0} = mg\cos\Theta \qquad (1\text{-}13)$$

助推滑翔导弹在临近空间滑翔，滑翔弹道高度变化范围基本在 30km 之内，对于钱学森弹道模式而言，弹道倾角及弹道倾角变化率均很小，为了研究方便，可认为 $\Theta = 0$、$\dot{\Theta} = 0$，代入式(1-13)中可得

$$\rho = \frac{2m[g(h + R_0)^2 - V^2(h + R_0)]}{S C_L V^2 (h + R_0)^2} \qquad (1\text{-}14)$$

将重力加速度 $g = g_0 \dfrac{R_0^2}{(h + R_0)^2}$ 代入式(1-14)可得

$$\rho = \frac{2m[g_0 R_0^2 - V^2(h + R_0)]}{S C_L V^2 (h + R_0)^2} \qquad (1\text{-}15)$$

由式(1-12a)及式(1-12d)，并结合平衡滑翔条件，可处理得到平衡滑翔条件下射程角与滑翔速度关系：

$$\frac{\mathrm{d}\Phi}{\mathrm{d}V} = -\frac{2m}{\rho S C_D V(h + R_0)} \qquad (1\text{-}16)$$

结合式(1-13)，经转换有

$$\frac{\mathrm{d}\Phi}{\mathrm{d}V} = -\frac{\dfrac{C_L}{C_D} V(h + R_0)}{g_0 R_0^2 - V^2(h + R_0)} \qquad (1\text{-}17)$$

令 $K = \dfrac{C_L}{C_D}$，代入式(1-17)可得

$$\frac{\mathrm{d}\Phi}{\mathrm{d}V} = -\frac{KV(h + R_0)}{g_0 R_0^2 - V^2(h + R_0)} \qquad (1\text{-}18)$$

假若近似认为滑翔弹头在飞行时升阻比 K 和滑翔高度 h 保持不变，设 V_0 和 h_0 分别为滑

翔起始点的速度和高度，由 $\Theta = 0$ 知 $h = h_0$，经积分，得到平衡滑翔射程角 Φ 与速度 V 的关系式：

$$\Phi = \frac{K}{2}\ln\frac{V^2(h+R_0)-g_0R_0^2}{V_0^2(h+R_0)-g_0R_0^2} \tag{1-19}$$

相应的平衡滑翔射程为

$$R = R_0\Phi = \frac{KR_0}{2}\ln\frac{V^2(h+R_0)-g_0R_0^2}{V_0^2(h+R_0)-g_0R_0^2} \tag{1-20}$$

附录 2　球面三角形的基本知识

1.　球面三角形

将球面上的三个点用三个大圆弧连接起来所围成的图形称为球面三角形，这三个点称为球面三角形的顶点。

2.　简单球面三角形

将三条边都小于半圆周的球面三角形称为简单球面三角形，如附图 2-1 所示。

3.　球面角

两个大圆必相交，相交而成的角称为球面角，交点为球面角的顶点；大圆弧本身称为球面角的边，球面角是二面角。球面三角形边长用大圆弧对应的球心角来度量，球面三角形的顶角用球面角来度量，单位均是弧度。

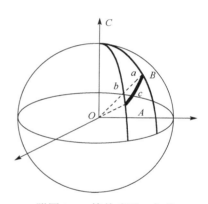

附图 2-1　简单球面三角形

4.　球面三角形边的余弦定理

$$\cos a = \cos b\cos c + \sin b\sin c\cos A$$
$$\cos b = \cos c\cos a + \sin c\sin a\cos B$$
$$\cos c = \cos a\cos b + \sin a\sin b\cos C$$

5.　球面三角形角的余弦定理

$$\cos A = -\cos B\cos C + \sin B\sin C\cos a$$
$$\cos B = -\cos C\cos A + \sin C\sin A\cos b$$
$$\cos C = -\cos A\cos B + \sin A\sin B\cos c$$

6.　球面三角形的正弦定理

$$\frac{\sin a}{\sin A} = \frac{\sin b}{\sin B} = \frac{\sin c}{\sin C}$$

例 1 已知地心 O，发射基地 A 与目标 B 的经纬度分别为 (a_1, δ_1)、(a_2, δ_2)，地球半径为 R，试求射程和发射方位角 A(发射方位角是发射方向与当地正北方向的夹角)。

解： 球面角 $\angle ACB = a_2 - a_1$，球面三角形边长 $a = \pi/2 - \delta_2$，$b = \pi/2 - \delta_1$，射程 $s = Rc$，射程角 c 的余弦为

$$\cos c = \cos a \cos b + \sin a \sin b \cos C = \sin \delta_2 \sin \delta_1 + \cos \delta_2 \cos \delta_1 \cos(a_2 - a_1)$$

由正弦定理得

$$\sin A = \frac{\sin(\lambda_2 - \lambda_1)}{\sin c} \sin a$$

由余弦定理得

$$\cos A = \frac{\cos a - \cos b \cos c}{\sin b \sin c}$$

故

$$A = \arctan 2(\sin A, \cos A)$$

附录 3 平均气动弦长

平均气动弦长不同于平均几何弦长，平均几何弦长为 S/b，b 为展长。

1. 意义和方法

(1) 早期为研究任意非矩形翼(附图 3-1)气动特性而引入。

(2) 薄壁矩形翼的气动系数和压心已知，压心在 1/4 弦长处，如附图 3-2 所示。

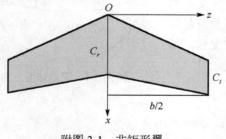

附图 3-1 非矩形翼

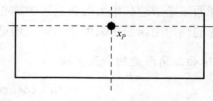

附图 3-2 矩形翼

(3) 在 CFD 出现之前，如何确定任意形状机翼的压心或焦点。

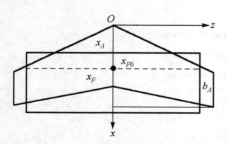

①用一个假想矩形机翼代替原非矩形机翼；
②面积
相同，展长不限；
③俯仰力矩特性相同，如附图 3-3 所示。

2. 平均气动弦长计算

定义：面积和俯仰力矩相同的矩形翼所对应的弦长。

附图 3-3 非矩形翼与矩形翼的俯仰力矩等效

假想矩形翼的俯仰力矩：

$$M'_{z0} = m_{z0} q b_A S$$

这里的平均气动弦长 b_A 类似于特征长度。

真实翼的俯仰力矩：

$$\mathrm{d}M_{z0} = q m'_{z0}(z) c^2(z) \mathrm{d}z$$

假设各剖面之间流动互不影响，则实际机翼的俯仰力矩：

$$M_{z0} = 2\int \mathrm{d}M_{z0} = 2q\int m'_{z0}(z) c^2(z) \mathrm{d}z$$

由于俯仰力矩特性要求相同：

$$M_{z0} = M'_{z0}$$

故

$$2q\int_0^{b/2} m'_{z0} c^2(z)\mathrm{d}z = m_{z0} q S b_A$$

假设满足相似原理，则力矩系数相同：

$$m_{z0} = m'_{z0}$$

即力矩与参考长度、参考面积成正比，于是真实翼的平均气动弦长：

$$b_A = c_{\mathrm{MAC}} = \frac{2}{S}\int_0^{b/2} c^2(z)\mathrm{d}z$$

3. 真实翼的焦点(或压力中心)

翼对前缘尖点的总俯仰力矩等于各微元的俯仰力矩之和：

$$C_L q S \cdot x_F = 2\int_0^{b/2} C_L q c(z)\mathrm{d}z \cdot \left[x_0(z) + \frac{1}{4}c(z) \right]$$

翼的焦点：

$$
\begin{aligned}
x_F &= \frac{2}{S}\int_0^{b/2}\left[x_0(z) + \frac{1}{4}c(z) \cdot c(z) \right]\mathrm{d}z \\
&= \frac{2}{S}\int_0^{b/2} x_0(z)c(z)\mathrm{d}z + \frac{1}{2S}\int_0^{b/2} c^2(z)\mathrm{d}z \\
&= x_A + x_{F0}
\end{aligned}
$$

其中第一项为 x_A，即假想矩形的摆放位置，与前缘曲线 $x_0(z)$ 有关。

$$x_A = \frac{2}{S}\int_0^{b/2} x_0(z)c(z)\mathrm{d}z$$

第二项为

$$x_{F0} = \frac{1}{2S}\int_0^{b/2} c^2(z)\mathrm{d}z = \frac{1}{4}b_A$$

正好是一个面积与原翼相等，弦长为 b_A，前缘 $x_0(z) = 0$ 的矩形翼的焦点。

例 2　对于后掠梯形翼，有

$$c(z) = c_r + (c_t - c_r)\frac{z}{b/2}, \quad \eta = \frac{c_r}{c_t}$$

$$c(z) = c_r\left[1 + \frac{2z}{b}\left(\frac{1}{\eta} - 1\right)\right]$$

$$S = \frac{c_r + c_t}{2}b = \frac{bc_r(1 + 1/\eta)}{2}$$

后掠梯形翼的平均气动弦长：

$$c_{\text{MAC}} = b_A = \frac{2}{3}c_r\frac{1 + \frac{1}{\eta} + \left(\frac{1}{\eta}\right)^2}{1 + \frac{1}{\eta}} = \frac{2}{3}c_t\frac{1 + \eta + \eta^2}{1 + \eta}$$

附录 4　国内外部分固体导弹基本参数

序号	名称	级数	射程/km	最大高度/km	起飞质量/t	最大载荷/kg	长度/m	直径/m
1	M11	1	300		3.8	500	7.5	0.8
2	M20	1	280		4	600	7.8	0.75
3	DF-11	1	500		4.2	500	8.5	0.8
4	DF-15	1	600		6.2	500	9.1	1
5	DF-21	2	3000		15	600	10.5	1.4
6	Iskander-E	1	280		3.8	500	7.2	0.95
7	布拉瓦(潜射)		8000		36.8	1200(6 个)	12.1	2
8	白杨-M	3	9976		35	762	19	1.8
9	潘兴-Ⅱ	2	1800		7.26		10	1.0
10	三叉戟Ⅱ(潜射)	3	7400		58	2722	14	1.89
11	民兵-2	3	12500		33.1	726	17.53	1.84
12	民兵-3	3	12500		34.5	1088	18.2	1.84
13	和平卫士	3+1	11000		87.5	3150(10 个)	21.6	2.33
14	GBI	3	6000	2000	22.5	63.5	16.8	1.27
15	PAC-2	1	100	25	1	91	5.31	0.41
16	PAC-3	1	25	15	0.312	73	5.31	0.25
17	ThADD	1	200	150	0.9	63(EKV)	6.17	0.34
18	Arrow-2	2	100	50	1.3	120	7	0.8 0.5
19	SM-3	3	500	160	1.49	动能射弹	6.55	0.53 0.34
20	S-300	1	200	25	1.8	145	7.82	0.5
21	S-400	1	400		2		8.4	0.5
22	BGM-109 战斧	2	2500	巡高：0.15 巡度：0.72Ma	1.2	122.5 翼展：2.65m	5.6	0.53
23	AGM-84 鱼叉	2	100	巡高：贴海 巡速：0.85Ma	1.1	221 翼展：0.91m	4.63	0.34
24	AM-39 飞鱼	2	50	巡高：贴海 巡速：0.9Ma	0.65	165 翼展：1.1m	4.7	0.35

参 考 文 献

陈小庆, 2012. 高超音速飞行器动力学与控制[D]. 长沙: 国防科技大学.

程国采, 1987. 弹道导弹制导方法与最优控制[M]. 长沙: 国防科技大学出版社.

方国尧, 张中钦, 余立凤, 等, 1988. 固体火箭发动机总体优化设计[M]. 北京: 北京航空航天大学出版社.

甘楚雄, 刘冀湘, 1996. 弹道导弹与运载火箭总体设计[M]. 北京: 国防工业出版社.

耿永兵, 刘宏, 雷麦芳, 等, 2006. 高升阻比乘波构型优化设计[J]. 力学学报, 38(4): 540-546.

过崇伟, 郑时镜, 郭振华, 2002. 有翼导弹系统分析与设计[M]. 北京: 北京航空航天大学出版社.

黄圳圭, 1997. 航天器姿态动力学[M]. 长沙: 国防科技大学出版社.

贾沛然, 陈克俊, 何力, 1993. 远程火箭弹道学[M]. 长沙: 国防科技大学出版社.

科尔库诺夫, 1966. 弹性壳体计算的基本理论[M]. 张维嶽, 译. 北京: 高等教育出版社.

乐贵高, 马大为, 李自勇, 2006. 椭圆锥乘波体高超声速流场数值计算[J]. 南京理工大学学报(自然科学版),
    30(3): 257-260.

李新国, 方群, 2005. 有翼导弹飞行动力学[M]. 西安: 西北工业大学出版社.

刘文伶, 朱广生, 2002. 浅析再入机动飞行器十字布局与叉字布局的气动特性差异[J]. 导弹与航天运载技
    术(4): 33-38.

刘新建, 2006. 导弹总体设计与分析[M]. 长沙: 国防科技大学出版社.

刘新建, 2017. 导弹总体设计导论[M]. 北京: 国防工业出版社.

刘新建, 徐后华, 1993. 多级固体导弹质量分配的动态规划与总体参数设计[J]. 固体火箭技术(3):10.

刘兴堂, 2006. 导弹制导控制系统分析、设计与仿真[M]. 西安: 西北工业大学出版社.

刘兴堂, 戴革林, 2009. 精确制导武器与精确制导控制技术[M]. 西安: 西北工业大学出版社.

尼尔森, 2008. 飞行稳定性和自动控制[M]. 顾均晓, 译. 北京: 国防工业出版社.

欧阳黎明, 2001. MATLAB 控制系统设计[M]. 北京: 国防工业出版社.

钱杏芳, 林瑞雄, 赵亚男, 2000. 导弹飞行力学[M]. 北京: 北京理工大学出版社.

任萱, 1988. 人造地球卫星轨道力学[M]. 长沙: 国防科技大学出版社.

沈如松, 2010. 导弹武器系统概论[M]. 北京: 国防工业出版社.

宋忠保, 1993. 探空火箭设计[M]. 北京: 中国宇航出版社.

万耀青, 1983. 最优化计算方法常用程序汇编[M]. 北京: 中国工人出版社.

王元有, 1984. 固体火箭发动机设计[M]. 北京: 国防工业出版社.

西蒙斯, 2007. 模型飞机空气动力学[M]. 肖治垣, 马东立, 译. 北京: 航空工业出版社.

肖峰, 1989. 球面天文学与天体力学基础[M]. 长沙: 国防科技大学出版社.

肖顺达, 1980a. 飞行自动控制系统(上册)[M]. 北京: 国防工业出版社.

肖顺达, 1980b. 飞行自动控制系统(下册)[M]. 北京: 国防工业出版社.

于剑桥, 文仲辉, 梅跃松, 等, 2010. 战术导弹总体设计[M]. 北京: 北京航空航天大学出版.

赵承庆, 1996. 火箭导弹武器系统概论[M]. 北京: 北京理工大学出版社.

赵汉元, 1997. 飞行器再入动力学和制导[M]. 长沙: 国防科技大学出版社.

FLEEMAN E L, 2006. Tactical missile design[M]. Virginia: AIAA Educational Series.

PAMADI B N, 2003. Performance, stability, dynamics, and control of airplanes[M]. New York: AIAA Educational Series.

SIOURIS G M, 2004. Missile guidance and control systems[M]. Berlin: Springer.

YOUSSEF H, CHOWDHRY R, LEE H P, et al., 2003. Hypersonic skipping trajectory[C]. AIAA guidance, navigation, and control conference and exhibit. Austin.

ZARCHAN P, 2002. Tactical and strategic missile guidance[M]. Massachusetts: AIAA Educational Series.